수학은 우주로 흐른다

수학은 우주로 흐른다

송용진 지음

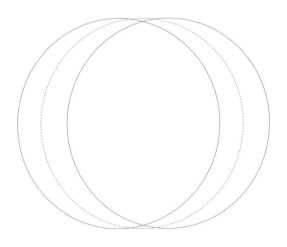

브라이트

과학이 바꿀 1만 년 후의
세상이 궁금합니다

저는 위상수학자로서 수학을 연구하고, 학생들에게 수학을 가르치는 한편 우리나라 최고 수준의 수학영재들을 가르치는 일을 해왔습니다. 지금까지 해오던 수학 연구와 교육도 재미있고 보람 있는 일이었지만 최근에는 오래전부터 하고 싶었던 또 다른 일을 시작했습니다. 수학과 과학을 주제로 한 유익하고 읽기 쉬운 인문학 책을 쓰는 일입니다. 어렵고 딱딱한 수학을 공부해 온 수학자가 수학을 넘어 과학기술 전반에 대한 이야기와 역사, 종교, 문화, 인류의 삶 등을 담은 인문학적인 책을 쓴다는 것이 좀 특이해 보일 수도 있겠습니다만 저는 여러 해 동안 대학에서 수학사 강의를 해왔고 중고등학생들을 대상으로 수십 차례 대중강연도 했습니다. 이 책은 제가 그동안 해온 강의 내용을 모으고 정리하여 쓴 책입니다.

수학의 역사는 과학의 역사이자 인류 문화의 역사입니다. 수학은 지금까지 인류가 이룩한 지성의 정수로서 인류 문화와 함께 자연스럽게 발전해 왔습니다. 수학은 수천 년간 지식을 축적하며 발전해 온 학문인지라 수학자가 수학의 역사에 관심을 갖게 되는 것은 자연스러운 과정입니다.

이 책의 제목과 주제를 잘 느끼기 위해서는 과거로부터 미래까지를 나타내는 시간이라는 긴 직선을 상상하면 좋을 것 같습니다. 그 직선 위에 현재라는 점이 놓여 있습니다. 인류가 진화를 시작한 머나먼 과거로부터 현재에 가까워질 때까지 인류의 삶은 크게 변하지 않다가 현재에 거의 다 이르러서야 과학에 의해 크게 변해갑니다. 과학은 약 200년 전부터 인류의 삶을 크게 바꾸었습니다. 그런 의미에서 지금 우리는 과학의 태동기에 살고 있습니다. 얼마 전부터 과학은 지구상의 모든 사람에게 매우 중요한 관심사가 되었습니다. 그 중요성이 앞으로 더욱 커질 것은 당연하고 인류는 과학이 세상을 지배하는 시대를 맞이할 것입니다.

저는 1만 년이라는 먼 미래를 상상해 봅니다. 그 이유는 과학의 절대성을 강조하기 위해서입니다. 앞으로 과학이 이루게 될 수없이 많은 성취에 대해 상상해 보는 것은 현재의 과학이 갖는 가치를 이해하는 데에 도움이 됩니다. 그냥 막연히 현재 과학은 발전의 한계에 이르러 있다고 느끼는 사람들도 많습니다. 하지만 기나긴 시간이 우리의 앞에서 기다리고 있고, 인류가 멸망하지 않는 한 과학은 발전을 지속할 것입니다. 발전의 속도도 점점 빨라질 것으로 예상할 수 있습니다. 과학이 언젠가 해결해 줄 문제들과 과학을 통해 발견될 중요한 진리들이 인류의 삶을 크게 변화시킬 것은 당연합니다.

대략 1000년 전부터 수학이 눈에 띄게 발전하기 시작했습니다. 수학 외에도 천문학, 의학, 재료학, 건축학, 화학 등 다양한 과학 분야가 같이 발전했습니다만, 옛날에는 요즘과 같이 학문 분야가 세분화되지 않아 여러 학문을 수학이 대표해 왔다고 할 수 있습니다. 적어도 유럽의 전통에서는 그렇습니다. 1000년 전에 이슬람 세계는 황금기를 맞이하고 있었고, 이 시기에 수학은 크게 발전했습니다. 유럽은 십자군전쟁을 통해 이슬람 세계라고 하는 바깥세상을 접했고 이를 통해 문화적, 정치적, 종교적인 각성의 시대를 열기 시작했습니다. 송나라 시기이던 1000년 전에 중국은 기독교 세계나 이슬람 세계보다 더 앞선 과학 문명을 꽃피우고 있었습니다. 인도는 바스카라 2세(Bhāskara, 1114-1185)가 남긴 업적에서 알 수 있듯이 가장 앞선 수학을 갖고 있었습니다. 저는 1000년 전부터 본격적으로 발전한 수학에 대한 이야기와 함께 앞으로 먼 미래까지 발전할 과학에 대해 이야기하고자 합니다.

수학과 과학은 우주와 대화하기 위해 연구되고 발전된 언어입니다. 아직은 충분한 의사소통을 하기에는 많이 부족하지만, 먼 훗날 언젠가는 수학과 과학을 통한 우주와의 소통이 원활해질 것입니다. 과학과 수학은 우주의 섭리, 자연의 섭리를 밝히고자 발전해 왔습니다. 신(神)이 우주를 창조하고 주재하는 절대 신이라면 신의 섭리는 우주의 섭리라는 말과 같습니다. 즉, 신과 우주와 자연은 모두 동일체로 간주할 수 있습니다. 다만 신이라는 개념에게 인간들이 부여한 신이 갖는 '인간성'을 배제한다면 말입니다. 신은 '자연현상'이라는 말로 의사표현을 합니다. 인간은 과학과 수학이라는 언어를 통해 그의 의사를 이해하려고 합니다.

수학자나 과학자가 쓰는 교양서적은 대개 저자가 공부해 온 수학이나 과학에 대한 내용과 중요성을 대중이 이해하기 쉽게 풀어 쓴 책들입니다. 하지만 이 책은 그런 책이 아닙니다. 저는 이 책에서 수학이나 과학의 구체적인 내용은 최소화하고 수학과 과학을 주로 인문학적인 측면에서 다루고자 했습니다. 이 책에는 수학과 과학의 역사, 사회적 역할과 의의, 앞으로의 전망 등에 대한 지식과 비전이 담겨 있습니다. 역사, 종교, 문화, 전쟁, 정치 등 다양한 이야기가 나오고 아울러 제가 평소에 갖고 있던 생각들도 곳곳에 등장합니다. 저의 생각들은 그냥 쉽게 얻어진 것은 아닙니다. 저 나름의 경험, 사고, 지식, 대화 등을 통해 얻어진 것들입니다. 저는 독자들이 이 책에 담긴 지식과 메시지를 통해 과학에 내한 호의적인 관심과 새로운 시각을 갖게 되기를 바랍니다.

저는 예전에 박사과정을 밟을 때나 그 이후 젊은 수학자로서 수학 공부를 할 때, 종종 제가 하고 있는 수학 공부에 대한 회의에 빠지곤 했습니다. 전혀 실용적이지도 않고 추상적이기만 한 수학을 공부하는 것이 우리 사회에 무슨 도움이 될까 하는 회의였습니다. 그 후 수학과 과학 전반에 대한 이해의 폭이 넓어지면서, 수학이나 순수기초과학은 비록 즉각적으로 실용되지 않더라도 어차피 과학은 먼 미래까지 발전할 것이니 언젠가는 활용될 수 있다는 것을 깨닫게 되었습니다. 또한 수학은 수천 년간 발전해 온 학문이기 때문에, 본격적으로 발전하기 시작한 지 이제 200년 정도밖에 되지 않은 응용과학에 비해 축적한 지식이 많으므로 응용과학이 수학의 내용을 충분히 활용하는 것은 아직은 시기상조라는 것도 알게 되었습니다.

실용적 가치는 일단 뒤로 밀어두고 진리 탐구의 가치를 중시하는 과학철학이 지난 수백 년간 유럽의 과학이 크게 발전하는 데에 기여했습니다. 그것이 유럽이 중국을 앞서게 되는 근본적인 요인이기도 합니다. 과학은 그 지식을 탑을 쌓듯 쌓아가며 발전해 왔고 앞으로도 그렇게 할 것입니다. 진리 탐구 정신을 근간으로 한 피타고라스, 아리스토텔레스 등 그리스 학자들의 과학철학은 르네상스 이후 데카르트, 뉴턴 등의 과학철학으로 이어졌고 지금까지도 유지되고 있습니다. 대한민국은 후발 주자로서 선진국을 따라가기 바빠서 그런지 과학의 실용적인 가치만 중시해온 경향이 있습니다. 과학기술이 어느 임계점을 넘어 선진국과 어깨를 나란히 하게 되려면 수학과 기초이론과학도 선진국 수준에 이르러야 합니다. 인공위성을 쏘아 올리는 과제를 아직 해결하지 못하고 있는 상황이 좋은 교훈을 주고 있습니다. 과학도 무작정 사회적 필요에 의해서만 발전해 온 것이 아닙니다. 그의 배경이 되는 과학철학이 매우 중요한 역할을 해왔습니다.

이 책에는 다양한 이야기가 등장합니다. 유럽, 아라비아, 몽골족, 19세기 과학 등에 대한 역사 이야기도 나오고 중국, 일본, 한국의 발전 과정과 현재에 대한 이야기, 인류에게 영향을 많이 미친 과학과 인물에 대한 이야기, 과거와 현재의 수학에 대한 이야기, 미래의 과학에 대한 이야기 등 여러 가지 이야기가 나옵니다. 그중에는 조금 뜬금없어 보이고 어떤 맥락에서 등장했는지 애매한 이야기들도 있을 수 있습니다. 나름 다 연관이 있다고 생각하여 소개한 것들이지만 그 내용이 많다 보니 다소 산만하게 느껴질 수도 있겠습니다. 독자들에게 좀 더 명료하고 단순한 메시지를 전달하는 책이면 더 좋을 것 같다는 의견을 준 전문가들도 있었으나, 저는 이것저것 다양한 이야기를 이 책에 담고 싶었습니다. 그런 이야기들이 독자들이 과학에 대한 이해와 호의적인 관심을 늘리는 데에 도움이 될 것이라는 믿음 때문입니다. 혹시 너무 길거나 지루하게 느껴지는 내용이 나온다면 그 부분은 건너뛰고 읽어도 무방합니다. 이 책의 각 장은 어느 정도 서로 독립적인 주제의 내용을 담고 있습니다.

이 책에는 '우리나라'나 '한국'이라는 단어가 자주 나옵니다. 제가 평소에 애국이라는 가치를 중시하다 보니 그런 내용들이 많아졌습니다. 요즘 같은 글로벌 시대에 좀 촌스럽다고 느끼는 독자들도 있을지 모르겠습니다. 우리나라는 전 세계에서 유일하게 후진국에서 시작하여 선진국 수준까지 발전한 위대한 나라입니다. 아직은 최고 선진국에 비해 1% 부족한 우리나라의 분발과 깨달음을 촉구하고자 하는 저의 의지가 이 책에 담겨 있습니다.

인류는 먼 미래까지 생명을 이어나갈 하나의 군(群)생명체입니다. 과학 발전과 더불어 인류의 삶이 크게 바뀔 것은 당연합니다. 사람들은 과학의 미래를 생각할 때 요즘은 대부분 인공지능(AI)을 먼저 떠올립니다. 인공지능이 많은 사람의 직업을 빼앗아 가거나 인간의 삶을 어렵게 만들 것이라고 염려하는 사람들이 많습니다. 그뿐 아니라 인구 증가나 기후 변화 등으로 지구환경이 나빠지고, 생명과학의 발전이 계층 간의 갈등을 심화시킬 것이라는 염려도 있습니다. 하지만 지난 200년을 보면 알 수 있듯이 앞으로 인류는 과학의 도움으로 더 행복한 삶을 영위할 수 있게 될 것입니다.

저는 과학이 바꿀 1만 년 후의 세상이 궁금합니다. 100년만 해도 먼 미래이고 그때까지 인류가 멸망하지 않고 존재할지조차도 의문이라는 사람들도 있지만, 저는 인류가 먼 미래까지 과학을 발전시키며 살아남을 확률이 크다고 믿고 있습니다. 제가 연구하고 있는 위상수학이 언제쯤 어디에 쓰일지 궁금하고, 인간이 영원히 살 수 있게 될지, 뇌를 완전히 이해하고 활용하게 될지, 외계인은 존재하는지, 우주는 어떻게 생겼으며 다른 별로의 여행이 가능할지 등 수없이 많은 내용이 궁금합니다. 모두 제가 죽은 후에 일어날 일이지만, 제가 이바지한 인류라고 하는 군생명체의 일이라 더 큰 호기심이 생깁니다. 이제 그런 호기심으로 수학과 과학이 펼치는 흥미진진한 인문학의 세계로 저와 함께 여행을 시작해 보면 어떨까요?

제 글을 꼼꼼히 검토해 주신 신동훈, 김정호, 탁진국 교수님께 감사드립니다. 원고를 책으로 만들어주신 다산북스의 김선식 대표님께도 감사의 말씀을 드립니다. 글의 세세한 부분까지 검토하고 정리해 주신 서희주 교수님께 특별한 감사를 드립니다. 무엇보다 집필을 성원해 준 가족들과 제자들에게 진심으로 고맙다는 말을 전하고 싶습니다.

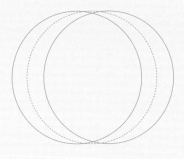

과학은 이제 막 태동하기
시작했다

$$\Sigma$$

인류는 수백만 년 전부터 진화해 왔다. 현생 인류인 호모 사피엔스가 지구상에서 삶을 영위하기 시작한 것도 10만 년이 넘는다. 터키 남부에 있는 괴베클리 테페(Göbekli Tepe)의 대규모 신전은 놀랍게도 무려 1만 2000년 전에 세워졌다. 이처럼 인류의 문명은 아주 오랫동안 발전해 왔다. 그렇지만 '과학'이 인류의 삶을 본격적으로 바꾸고, 사람들이 과학의 영향력 아래에 살기 시작한 것은 불과 200~300년밖에 되지 않았다. 긴 인류의 역사의 흐름과 우리가 앞으로 맞이할 머나먼 미래를 생각해 볼 때, 지금 우리는 과학이 막 태동하는 시기에 살고 있다.

최신 과학의 시대

○

우리가 현재 최첨단 과학의 시대에 살고 있다는 것은 시간이 과거부터 흘러왔고 그 흐름의 제일 앞, 즉 최첨단을 '현재'라고 부르기 때문이다. 하지만 인류가 겪은 긴 과거와 앞으로 맞이할, 어쩌면 그동안 겪은 과거보다도 더 긴 시간이 될, 먼 미래까지의 흐름을 고려한다면 어떨까? 지금은 과학의 태동기임을 받아들일 수밖에 없다. 현재 우리는 IT와 같

● 무려 1만 2000년 전에 세워진 괴베클리 테페 신전. 호모 사피엔스가 지구상에서 삶을 영위하기 시작한 것은 10만 년이 넘는다.

은 과학기술의 발전과 더불어 인류 최초의 최신 과학의 시대에, 어쩔 수 없이 빠른 변화에 적응하며 살아야 한다. 물론 그것이 힘들거나 거북해서 자연과 동화하는 삶을 살고자 하는 사람들도 있지만 대다수의 현대인은 과학에 의해 변화된 삶의 방식에 적응하며 살아가고 있다.

과학이 이제 막 시작하는 단계에 있음을 받아들인다면, 우리는 인류와 과학의 관계에 대한 생산적인 통찰에 도달할 수 있다. 첫 번째 통찰은, 과학이 인류의 삶에 미친 영향에 비해 앞으로 과학이 미칠 영향이 더욱 지대할 수 있다는 인식이다. 이러한 인식은 현 시점의 과학을 새롭게, 더 긍정적으로 바라볼 수 있게 해준다.

지난 200년 동안 과학기술이 발전함에 따라 인류가 문명의 이기를 누리게 되었음은 분명하지만 부작용 또한 적지 않았다. 공기와 물의 오염, 바닷물 속에 떠다니는 엄청난 양의 플라스틱 쓰레기, 지구온난화, 핵무기와 전쟁의 위협, 인간에 의한 생물종들의 멸종 등이 그 예이다. 하지만 우리가 겪어온 부작용들은 과학이 아직 설익은 시기, 발전의 태동기였기 때문에 일어난 것들이고 앞으로는 전혀 다른 패러다임으로 과학이 발전할 것이다. 미래의 과학이 가져올 우리 사회의 변화에 대해 두려움이나 거부감을 가질 필요는 없다. 과학과 좀 더 친숙해지고 과학자들이 하는 일과 결과에 대해 호의적인 관심을 기울이는 태도가 필요하다. 대중의 이런 태도는 과학이 긍정적인 방향으로 발전하는 데에도 도움을 줄 것이다.

두 번째 통찰은, 지금 연구되고 있는 수학이나 여러 가지 기초적인 이론과학이 미래 언젠가는 유용하게 쓰일 것이라는 믿음이다. 지금의 과학은 시작 단계에 불과하고 앞으로 아주 먼 미래까지 과학이 발전할 시간이 충분하기 때문에 지금 당장은 별 쓸모가 없어 보이는 과학적, 수학적 발견이라 할지라도 언젠가는 분명 쓰임이 생기게 될 것이다. 앞으로 인류가 쌓아올릴 거대한 과학의 탑은 필수적으로 과거와 현재의 과학자, 수학자들의 노력과 결실을 밑받침으로 삼게 될 것이다.

풍요로워지면 선량해진다

○

그리 머지않은 미래에 인공지능의 발달로 많은 사람이 직장을 잃게 될 것이고 사람들이 살기 어려운 세상이 오지 않을까 불안해하는 사람들도 있다. 과학기술 발전에 따라 발생하는 여러 가지 변화 때문에 일부의 사람들만 행복해지고 대다수의 사람이 더 불행해지지 않을까, 지구 환경이 더 나빠지지 않을까, 나는 도태되지 않을까 하는 막연한 불안감을 가질 수도 있다. 하지만 과학과 기술은 그동안 우리 사회의 여러 가지 조건과 조화를 이루며 사람들의 필요에 부응하는 방향으로 발전해 왔다. 과학은 앞으로도 그렇게 발전해 갈 것이며 (그 과정에서 일부 부작용이 발생하더라도) 결국에는 사람들의 행복지수를 높여주는 쪽으로 진화할 것이다. 대부분의 과학자는 합리적이고 정의롭기도 하거니와, 삶이 풍요로워질수록 대체적으로 사람들은 점점 더 선량해지는 법이다.

과학기술은 눈에 띄는 발전을 거듭하고 있지만, 순수과학의 경우에는 많은 사람이 (과학자 자신들까지 포함하여) 이제 새로운 과학적인 발견은 거의 한계에 도달했다고 생각하는 듯하다. 실제로 20세기 중반까지는 굵직한 과학적 성과가 줄지어 등장했고, 그것들은 과학적 기술과 연결이 되어 인류의 삶에 직접적인 변화를 가져다주었다. 20세기 초에 발표된 아인슈타인의 상대성 이론은 고전적인 물리학을 완전히 새롭게 바꾸었고, 그 이후에 발전한 양자역학, 핵물리학, 위상수학 등의 발전도 우리가 살고 있는 세상(우주)을 보고 해석하는 방식을 크게 바꾸었다. 물론 우리가 생활 속에서 크게 느끼는 변화들은 의학과 생물학, 화학제품, 전기제품, 자동차와 항공기, 우주개발, 컴퓨터 등의 발전에 따른 것들이다.

나는 어렸을 때 어른들이 나일론 양말을 좋아하시던 기억이 생생하다. 동네에 천연두에 의해 얼굴이 얽은 어른들과, 소아마비로 다리를 저

● 모니터와 본체가 일체형인 애
플 컴퓨터의 초기 모델.

는 친구들도 여럿 있었다. 하늘을 날아다니는 비행기가 너무나 신기했
고 달나라에 사람이 발을 디디는 것도 너무나 신기했다. 대학 시절에 전
산 과목[1]을 신청해서 포트란(FORTRAN)과 코볼(COBOL)이라는 프로그
래밍 언어를 배울 때, 그 학기 말쯤에 전산실에서 모니터라는 걸 처음 보
고 무척 놀란 기억이 생생하다. 당시 막 들어온 모니터는 전산 전공 대학
원생과 일부 고학년 학부생들만 사용 가능했는데 펀칭 카드를 쓰지 않
고 모니터를 통해서 프로그래밍을 직접 입력한다는 게 신기했다. 그런
데 얼마 뒤 모니터와 본체가 일체형인 애플 개인용 컴퓨터가 나왔고 그
컴퓨터에는 마우스라는 것이 달려 있었다. 애플 모니터에 떠 있는 아이
콘이란 것도 너무나 신기했다.

　21세기에 접어든 지도 20년이 넘은 지금 어떤 이들은 "과학기술의 발

전 속도는 점점 빨라져서 향후 몇십 년 후에는 세상이 지금과는 완전히 달라질 것이다"라고 하고 또 대다수의 사람은 인공지능, 빅데이터 등의 발전으로 곧 4차 산업혁명이 도래할 것이라고 믿고 있다. 하지만 지난 200년간 인류가 과학기술의 발전에 따라 겪은 변화에 비하면 앞으로 겪을 변화는 오히려 충격은 더 적을 것이다. 증기기관이라는 것이 산업생산의 기본을 완전히 바꾸고, 철로 만든 기차가 연기를 뿜으며 달리고, 전기의 힘으로 궁전과 도시의 밤거리를 밝히고, 전화로 먼 거리의 사람들과 대화하고, 소리를 녹음하여 축음기로 음악을 듣고, 비행기가 하늘을 날아다니는 것을 보는 충격에 비하면 최근의 IT 산업이 우리에게 주는 변화의 상대적 충격은 더 작지 않을까?

인류 최대 관심사의 변화

○

과학이 우리의 삶을 어떻게 바꾸었는지 인류가 가져왔던 관심사를 살펴보면 쉽게 이해할 수 있다. 예전에는 대부분 사람들의 최대 관심사는 빈곤, 종교, 전쟁, 죽음이었다. 동서양을 막론하고 일부 계층을 제외한 사람들에게 기아로부터 벗어나 의식주를 해결하는 것이 가장 큰 문제였다. 현대에도 기아에서 벗어나지 못하고 절대 빈곤상태에서 살고 있는 사람들이 많다. 세계은행은 하루에 1.9달러 미만, 1년 700달러 미만을 빈곤선으로 정하고 있다. 〈월스트리트저널〉 보도에 따르면 전 세계 인구의 약 9% 정도인 6억 명 정도가 극빈층에 속한다. 요즘에는 TV에서 자주 보는 유니세프, 굿네이버스, 월드비전 등의 후원광고를 통해서도 그

● 예전에는 종교와 전쟁과 죽음의 문제가 사람들의 최대 관심사였다. 늘 죽음을 가까이하며 살았고, 종교를 통해 죽음을 편한 마음으로 받아들였다.

심각함을 느낄 수 있다. 옛날에는 빈곤율이 지금보다 훨씬 높았을 것이니 많은 '지독한 가난'에 처한 사람들이 겪었을 고통을 상상할 수 있다. 이처럼 빈곤문제는 현재에도 어느 정도 실감할 수 있다. 하지만 종교와 전쟁과 죽음의 문제는 현대인들이 상상하기 어려울 정도로 당시 사람들의 일상과 사상에 있어서 차지하는 비중이 엄청나게 컸다.

옛날 사람들은 늘 죽음을 가까이하며 살았다. 상상해 보자. 툭하면 자기의 가족 중에 한 명씩 죽어나가고, 친구가 죽고, 친척이 죽고, 이웃이 죽는 것을 보며 일생을 보낸다. 사람들은 죽음이 늘 가까이 있다는 느낌을 가지며 살 수밖에 없었고 그래서 지금보다 종교가 더 중요했다. 500

년 전 유럽 사람들의 삶에 종교가 얼마나 절대적인 요소였는지는 현대에 사는 우리로서는 상상하기조차 쉽지 않다. 유일신을 믿는 종교이든 힌두교와 같이 다양한 신을 믿는 종교이든, 종교는 오랫동안 사람들의 일상과 정신에 지배적인 영향을 미쳐왔다.

죽음과 종교는 늘 짝으로 다닌다. 사람들은 종교를 통해 죽음을 좀 더 편한 마음으로 받아들인다. 심지어는 죽음을 반기기도 한다. 죽음이 모든 것의 끝이 아니며 내세가 기다리고 있다고 믿기 때문이다. 반면 현대인들은 죽음에 대해 예전 사람들과 전혀 다른 태도를 보인다. 죽음은 신성시되거나 미화되지 않는다. 죽음은 자신에게는 모든 것의 끝이고 언젠가는 닥칠 일이지만 아직은 멀리 있다. 죽음은 현대인에게는 한편으로는 해결해야 하는 과학적인 문제이고, 다른 한편으로는 죽음을 어떤 마음가짐으로 받아들여야 하느냐 하는 철학적 문제이다. 죽음이라는 문제에 대해 과거의 사람들은 성직자들에게 의지했지만 지금은 많은 사람이 의사, 과학자, 심리학자에게 의지한다.

전쟁은 100년 전까지만 해도 모든 사람에게 너무나 중요한 이슈였다. 국가가 전쟁에서 승리하느냐 패배하느냐가 국가의 운명을 좌지우지했을 뿐 아니라 전쟁이 나면 사람들은 피난을 다니거나 떼죽음을 당하기도 했다. 그리고 참혹하기 짝이 없는 전쟁터로 사랑하는 자식, 형제들을 내보내야 했다. 옛날 사람들이 전쟁에서의 승리를 얼마나 갈망했는지 현대에 살고 있는 우리가 실감하기는 쉽지 않다. 역사적 상상력을 잘 발휘해야만 일부나마 느낄 수 있을 뿐이다. 나는 프랑스 파리의 군사박물관에 가본 적이 있다. 원래는 방문한 날 아

● 파리의 군사박물관. 전쟁은 100년 전까지만 해도 너무나 중요한 이슈였다. 승리하느냐 패배하느냐가 국가의 운명과 개인의 삶을 좌지우지했고, 사람들로 하여금 과학 발전의 현실적 필요성을 느끼게 해주었다.

침에 들렀다가 오후에는 다른 곳을 가볼 예정이었지만 그곳에서 전시물에 깊은 감명을 받아 그 박물관이 문을 닫는 시간까지 나오지 못했다. 그 박물관에는 옛날 프랑스에서 전 국민과 정부가 전쟁에서의 승리를 얼마나 열망했는지, 무기 개발을 위한 과학기술의 발전에 얼마나 큰 노력을 기울였는지를 잘 표현하는 기획 전시물이 수없이 많았다. 그날 그곳에서 나는 옛날 프랑스 국민들이 승리를 위해 얼마나 많은 노력을 기울였고, 얼마나 많은 희생을 치렀는지를 조금이나마 느낄 수 있었다.

　너무나 당연한 이야기지만 과학의 발전은 전쟁과 깊은 연관성을 가져

왔다. 과학기술이 앞서는 나라가 전쟁에서 승리할 수 있기 때문에 국가적 차원에서 과학 발전을 지원했다. 역사적으로 한 나라(또는 한 문명권)의 과학 수준은 항상 그 나라의 총체적 국력과 비례해 왔다. 그래서 한 나라 또는 한 문명권의 과학의 역사는 문화의 역사와 그 흐름이 거의 겹친다. 옛날에는 과학은 늘 종교와 필연적으로 밀접한 상관관계를 이루어왔다. 유럽에서 종교의 사회적, 정신적 지배가 지나쳐서 과학 발전이 억제되던 시절조차 사람들은 과학의 발전을 간절히 바랐다. 전쟁은 과학 발전의 현실적 필요성을 느끼게 해주었고, 종교는 사람들이 과학을 바라보는 관점에 있어 깊은 영향을 미쳐왔다.[2]

옛날 사람들의 주요 관심사가 종교, 전쟁, 죽음이었다면, 현대인들의 주요 관심사 3가지로는 무엇을 고를 수 있을까? 당연히 엄밀한 정답은 '사람마다 다르다'이다. 지금은 그만큼 다양한 가치를 추구하는 시대가 되었다. 그럼에도 사람들에게 가장 큰 관심사 3개만 꼽으라고 한다면 아마도 돈, 일, 건강을 꼽는 사람이 제일 많지 않을까. 물론 종교, 사랑, 가정, 정치, 사회 정의, 환경, 스포츠, 취미, 교육, 진리 탐구, 육아 등 행복 추구와 연관된 다양한 관심사가 존재할 수 있지만 말이다.

사람들이 가난, 죽음, 전쟁에서 벗어난 삶을 살게 된 것은 사람들의 경제 수준과 문화 수준이 향상한 덕분이고, 이것은 과학기술의 발전에 따른 결과이다. 역사적으로 보면 과학기술의 발전에 의해 산업혁명이 시작될 시기에 새로운 패러다임의 산업이 사람들의 일자리를 빼앗거나 환경오염을 일으켰다. 과학기술의 발전에 따른 무기 개발 경쟁은 프로이센-프랑스 전쟁(보불전쟁, 1870-1871), 더 나아가서는 제1차 세계대전

(1914-1918), 제2차 세계대전(1939-1945)과 같은 참혹한 전쟁으로 이어졌다. 이는 과학기술 발전과 신무기 개발이 군국주의를 더 부추긴 결과로 일어난 전쟁들이다. 그러한, 너무나 어리석은 군국주의는 끔찍한 제2차 세계대전과 히로시마, 나가사키에 원자폭탄을 터뜨리는 것으로 그 절정에 이르게 된다. 이 모든 비극이 과학 발전의 경쟁과 관련이 있다. 그 이전에는 종교의 차이, 민족의 차이로 갈등이 발생하고 전쟁으로 이어지는 경우가 많았다.

과학의 부작용은 과학 발전이 세상을 바꾸기 시작한 태동기였기에 일어났을 뿐이다. 앞으로 과학은 (최근에 그래왔듯이) 우리의 삶의 질과 행복지수를 향상시키는 방향으로 나아가게 될 것이라는 믿음을 가져주기 바란다.

과학이 맞이할 미래

인류가 앞으로 맞이할 미래가 길다면, 과학이 지속적으로 발전한다면 1000년쯤 뒤에는 이 세상이 어떤 모습일지 궁금하다. 우선 나는 현대 과학자들이 연구하고 있는 것들이나 모르고 있는 것들이 먼 미래에 어떻게 밝혀질 것인지 궁금하다. 나는 그러한 궁금증이 현대의 과학철학에 도움이 된다고 믿는다.

어떤 사람들은 과학적 수준이나 경제적 수준이 높아진다고 반드시 사람들이 더 행복해지는 것은 아니라는 생각을 하기도 한다. 중앙아메리카의 아름다운 나라 코스타리카(Costa Rica, 영어로는 'Rich Coast'란 뜻)는 영국의 신경제재단(New Economics Foundation, NEF)이 2012년 발표한 행복지수 순위에서 1위를 차지했고 그 이후에도 꾸준히 행복지수 순위에서 상위권에 있는 나라이다. "코스타리카 사람들을 보라. 그들은 가난하고 과학기술의 혜택도 덜 받고 있지만 그들이 느끼는 행복지수는 선진국 국민들보다 더 높다. 돈이나 문명의 이기들이 사람들의 행복과는 무관하다는 증거이다"라는 생각을 가질 수 있다. 그중 대표적인 사람이 유발 하라리이다.

그의 책 『호모데우스』에서 그는 "생산이 중요한 것은 그것이 행복의 물질적 바탕을 제공해주기 때문이다. 생산은 수단일 뿐 목적이 아니다. 코스타리카 사람들이 싱가포르 사람들보다 삶의 만족도가 훨씬 높다는 조사결과가 줄을 잇고 있다"라며 1인당 GDP(국내총생산, Gross Domestic Product)를 GDH(국내총행복, Gross Domestic Happiness)로 보완하거나 대체해야 한다고 말했다. 이러한 논제는 '석가모니의 가르침' 같은 종교적이거나 철학적인 주제이므로 여기서 상세히 다루기에는 적절하지 않다. 하지만 사람들의 행복지수는 설문조사 결과 같은 통계자료로 나타내기 어렵다는 것, 즉 "당신은 행복합니까?"라는 질문에 대한 각자의 대답이 그 사람의 행복지수를 직접적으로 알려주지는 못한다는 것, 코스타리카 사람들도 돈과 문명의 이기들을 더 갖기를 원하고 신체 건강과 수명 연장을 갈망할지도 모른다는 점을 언급하고 싶다.

최근에는 천재 스티브 잡스(Steve Jobs, 1955-2011)의 개발로부터 시작된 스마트폰의 압도적인 영향력과 그에 따른 일상생활의 변화, SNS 문화의 발달, 인공지능의 가시적 발전 등을 떠올릴 수 있다. 이런 과학 발전의 예시는 대부분 가시적인 기술(technology)에 해당한다. 이외에 순수과학에 있어 최근에 어떤 굵직한 발전이 이루어졌는가 생각해 보면 안타깝게도 적절한 예시가 금세 떠오르지는 않는다. 일반 대중뿐만 아니라 과학자, 공학자 사이에서도 순수과학은 어느 정도 한계에 가까워진 것이 아닌가 하는 생각을 가질 수도 있다. 그런데 과연 그럴까?

인간은 죽음을 극복할까?

○

과학의 힘으로 인간들이 죽음을 극복하고 영원한 삶을 얻게 될 것이라고 말하는 과학자들도 많다. 노화(aging) 분야의 세계적인 학자 오브리 드 그레이(Aubrey De Grey, 1963-)와 데이비드 싱클레어(David Sinclair, 1969-)가 그 대표적인 사람들이다(그레이는 『노화의 종말(Ending Aging)』의 저자이자 SENS연구재단의 창업자로 "노화는 질병이며 질병은 치료할 수 있다"라는 유명한 말을 했다. 재미있는 것은 우리나라에서 베스트셀러인 싱클레어의 책 제목도 『노화의 종말』이란 것이다. 원제는 『수명 : 왜 우리는 늙고 왜 안 늙어도 되나(Lifespan : why we age and why we don't have to)』이다).

이들은 2013년에 노화와 장수에 대한 연구를 하는 칼리코(Calico)라는 자회사를 설립했다. 구글의 벤처투자회사 구글벤처스는 보유자산 20억 달러 중 36%를 생명연장 프로젝트에 투자하고 있다. 〈블룸버그〉의 보도에 따르면, 구글벤처스의 사장 빌 마리스(Bill Maris)는 인간이 500세까지 사는 것이 가능하다며, 그는 죽음과의 승부에서 몇 년 더 살고자 하는 것이 목표가 아니고 완전한 승리가 목표라고 말했다.[3]

싱클레어는 그의 책 『노화의 종말』에서 다음과 같이 설명한다.

"늙음은 때로 삶을 끝내는 근본 요인이라고 여겨지지만 의사들은 그것이 사망의 직접적인 원인이라는 말은 결코 하지 않는다. 현재 우리가 알고 있는 최대수명은 120세지만 그 수명이 동떨어진 극단값임이 확실하다고 생각할 이유는 전혀 없다. 그리고 변화하는 광경을 맨 앞줄에서 지켜보고 있고 강력하게 표현할 필요성을 느끼기에 나는 공식적으로 이렇게 말하련다. 우리가 세계 최초로 150년까지 살 수 있을 것이라고. 세포 재프로그래밍의 잠재력이 실현된다면 금세기 말에는 150세에 다다를 수 있을지 모른다. 이 글을 쓰고 있는 현재 지구에서 120세를 넘은 사람은 아무도 없다. (중략) 언젠가는 150세까지 사는 것이 표준이 될 날이 오리라는 예측은 결코 터무니없는 일이 아니다. 그리고 '노화의 정보 이론'이 타당하다면 상한 같은 것은 아예 없을 수 있다. 우리는 후성유전체를 영구히 재설정할 수 있을 테니까."

사람들은 미래에 인간들이 지금보다 훨씬 더 오래 산다거나 인공지능이 지금까지 사람들이 하던 일들을 떠맡게 된다는 등 과학의 발전에 따른 새로운 패러다임의 세계에 대한 이야기를 들을 때 (특히 나이가 많은 사람일수록) 고개를 가로저으며 미래가 달갑지 않다고 생각하는 경우가 많다. 사실 과학자들은 굳이 세상 모든 사람을 설득할 필요가 없다. 새로운 변화에 반대하거나 불편해하는 사람들은 결국 죽어 사라지고 새로운 과학적 환경에 익숙한 새로운 세대가 자라면서 새로운 시대를 시작할 것이기 때문이다. 물리학자 막스 플랑크(Max Plank, 1858-1947)도 죽기 전에 이와 유사한 취지의 말을 남겼다고 한다.

석가모니는 '깨달음'을 통해 생로병사의 쳇바퀴에서 벗어날 수 있다는 고대 브라만교의 믿음을 스스로 깨닫고 그를 통한 해탈을 실현함으로써 부처님이 되었다. 하지만 그도 긴 세월이 지난 어느 날 많은 제자 앞에서 자신의 죽음을 보여주었다. 세계 3대 종교의 창시자 석가모니, 예수, 무하마드가 모두 죽음을 맞이했다. 그들의 죽음은 세속적인 의미에서의 죽음일 뿐이고 영적인 또는 종교적인 죽음은 맞이한 적이 없다고 할 수도 있다. 이제 사람들은 몇백 년 이내에 생로병사의 고통으로부터 벗어나는 해탈을 과학의 힘으로 이룰 수 있을 것이다. 과학의 힘에 의해 병에 걸리는 것, 늙어가는 것, 그로 인하여 죽음을 맞이하는 것으로부터 벗어나게 될 것이기 때문이다.

중요한 사실은 과학은 인류가 멸망하지 않는 한 지속적으로 발전한다는 것이다. 100년 전 당시 사람들이 과학의 발전이 비약적이었다고 느꼈다면 그것은 그때가 과학의 태동기였기 때문이다. 현재는 우리가 피부로 느끼든 그렇지 않든 전 세계의 많은 우수한, 아마도 뉴턴이나 알베르트 아인슈타인(Albert Einstein, 1879-1955)보다도 더 우수한 과학자들의 연구들이 지속적으로 축적되고 있어 과학은(기술과 순수과학 모두) 계속 발전할 것이다. 모름지기 과학이든 뭐든 변화는 천천히 오는 듯하다가도 어느 날 갑자기 도래하는 법이다. 탁구나 배드민턴, 테니스 같은 운동을 배워본 사람들은 실력이 늘 때 꾸준히 조금씩 느는 것이 아니라 계속 늘지 않다가 어느 날 갑자기 느는 것을 느끼게 된다. 수학을 공부할 때도 바둑을 공부할 때도 비슷한 경험을 한 사람들이 있을 것이다. 반대 방향의 변화도 비슷하다. 사람들이 늙을 때도 몸이 나빠질 때도 어느 날 갑자기 변화가 찾아온다. 우리가 과학기술의 발전에 따라 맞이할 변화들도 어느 날 갑자기 우리를 찾아올 것이다. 그러니 당장 그 변화가 피부에 와 닿지 않는다고 해서 과학(특히 순수과학)의 발전에 대해 비관적인 생각을 할 필요는 없다. 다만, 조금의 인내와 기다림이 필요할 뿐이다.

일단 인류가 멸망에 이르지는 않을 것이라는 가정 아래 미래의 과학 발전과 세상의 변화에 대해 상상해 보자. 어쩌면 가까운 미래보다는 오히려 다소 먼 미래의 과학적 성취를 상상하는 것이 더 쉬울지도 모른다. 요즘 중점적으로 연구되고 있는 인공지능, 빅데이터, 뇌과학, 암, 노화 등의 연구 주제들은 먼 미래에는 대부분 해결이 될 것이므로 오히려 상상의 나래를 펴기 더 쉬울 수도 있다. 과학이 사람들의 삶에 지대한 영향을 미치며 빠른 변화를 가져다준 것은 비교적 최근의 일이다. 아직 과학의 앞에는 창창한 미래가 기다리고 있다.

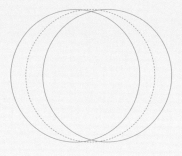

인류라는
하나의 군생명체

$$\Sigma$$

호모 사피엔스가 지구 최강의 생물로 자리 잡은 지 수만 년이 지났고, 앞으로 지구상에서 이들의 지배력이 점점 더 강해질 것은 분명하다. 오늘날 인류는 지구의 지배종으로서 지구환경과 다른 생명체의 삶에 대해 큰 책임을 지고 있다. 나는 이 장에서 인류를 하나의 유기적인 생명체로 보는 시각에 대해 이야기하고자 한다.

개인은 수십 년, 길어야 100년 정도를 산다. 그러나 인류는 다음 세대를 키우고 소멸하기를 거듭하며 앞으로 오랜 세월을 영위할 것이다. 인류는 지구상의 모든 다른 생물종과 마찬가지로 하나의 집단 생명체로서 진화해 왔고 이 군생명체가 영속할 수 있도록 인간 개체들의 최적의 수명, 최적의 체격, 최적의 임신 기간 등이 오랜 시간에 걸쳐 정해져 왔다. 생물 각자의 평균수명은 그것이 속한 집단생명체의 영속에 최적화되도록 진화의 과정에서 조정되어 온 것이다. 사람은 그 수명이 평균 70~80년, 개는 15년, 바다거북은 100년 이상, 하루살이 성충은 불과 며칠로, 지구상의 생물들은 그 종에 따라 평균수명이 제각각이다.

일본의 식물학자 이나가키 히데히로(稻垣榮洋)는 『생명 곁에 앉아 있는 죽음』에서 각각의 생물종이 자연에서 순환하는 과정, 다음 세대를 위한 죽음의 방식을 감동적으로 그려낸다. 그에 따르면 죽음은 1억 년에 걸친 생명체의 역사 속에서 생물이 스스로 만들어낸 위대한 발명이다. 생명체는 원래의 개체에서 유전 정보를 가져와 새로운 개체를 만드는 방법을 짜냈고, 이것이 수컷과 암컷이라는 성이다. 이와 동시에 또한 생물은 죽음이라는 시스템을 고안해냈다. 여름 한철 세상을 요란하게 울려대는 매미는 땅속에서 무려 일곱 해를 굼벵이로 지낸다. 그렇게 오랜 애벌레 시기를 보내고 나서 지상에 나와 고작 일주일을 살며 짝짓기와 산란을 하고 장엄하게 생을 마감한다. 모든 생명체는 태어날 때부터 죽음이라는 운명이 정해져 있다.

개개의 생명체가 적당한 기간 동안 살다가 맞이하는 죽음은 그 생명체가 자손을 번식하기 위해 행하는 생식활동 못지않게 집단생명체 전체의 삶을 지속시키는 데 도움이 된다. 즉, 각 개체의 죽음은 그 개체가 속한 군생명체의 수명 연장에 도움이 된다고 볼 수 있다. 그러한 관점에서 본다면 우리 모두는 언젠가 죽게 되지만 그 죽음이 꼭 덧없는 사라짐을 의미하지는 않을 수도 있다. 우리의 죽음은 궁극적으로 인류의 영속과 발전에 도움이 되니 결코 헛되지 않다. 이러한 인식은 언젠가는 죽음을 맞이할 우리에게 조금이나마 마음의 위안을 선사해 줄 수 있다. 또한 우리가 죽은 후에도 계속 지구상에 살고 있을 미래의 인류, 그리고 그들이 살아갈 미래의 지구환경과 그들이 언젠가 이룰 미래의 과학적 성취에 대해 조금 더 호의적으로 관심을 가지게 할 수 있다.

집단을 이루어 생활하는 대표적인 종인 개미를 생각해 보자. 어떤 개미종은 수백만 마리가 하나의 집단을 이루어 산다. 각각의 개미는 마치

● 개미는 집단을 이루어 생활하는 대표적인 종이다. 각각의 개미는 집단 유지에 필요한 일들을 하며 일생을 보낸다.

한 집단 생명체의 일부인 양 각자 집단 유지에 필요한 일들을 하면서 일생을 보낸다. 예를 들어, 병정개미들은 자기를 희생해 싸우면서 동료의 생명을 구한다. 자신은 죽더라도 동료는 살아남아서 자신과 같은 종이 영속하게 하려는 것이다. 이러한 개미들의 삶은 인류 삶의 축소판으로 볼 수도 있다. 사람들의 삶은 개미들의 삶보다 훨씬 복잡하고 훨씬 지적이다. 하지만 정도의 차이가 있을 뿐이다. 우주를 창조한 신의 시각과 같은 거시적인 시각에서 바라본다면 종의 영속을 위해 살아가고 죽는다는 점에서 별 차이가 없을 수도 있다.

7000년간 뼈 무덤을 쌓은 하이에나

○

개미나 벌은 대표적인 군집생활을 하는 종이지만 곤충이기에 고등동물인 인류와는 아무래도 큰 차이가 있지 않을까 생각하는 사람도 있을 수 있다. 그러나 포유류와 같은 고등동물 중에도 군생명체를 연상하게 하는 종도 여럿 있다. 하이에나도 그중 하나이다. 하이에나는 그 모습이 다소 흉측하고 떼로 몰려다니며 초식동물들을 잡아먹는다는 것 때문에 이미지가 별로 좋지 않지만, 사실 매우 영리하고 사회성이 좋은 동물이다. 2021년 8월 초에 〈스미소니언 매거진〉은 사우디아라비아 북동부 움지르산 용암동굴 지대에서 줄무늬 하이에나가 7000년 동안 잡아먹은 동물 뼈를 저장해온 동굴을 발견했다는 고고학자들의 탐사 결과를 소개했다.[4] 줄무늬 하이에나는 아프리카 대륙 전역에 사는 점박이 하이에나와 달리 아프리카 북부와 아라비아 반도에 사는 하이에나이다. 이 소굴에는 오랜 세월 하이에나들이 모아 둔 동물의 뼈 수만 개가 쌓여 있고, 이를 나열하면 그 길이가 1.5km에 이른다고 한다. 하이에나 각 개체의 평균수명은 15년도 채 되지 않지만 7000년 동안 세대를 교체하며 이 거대한 동물의 뼈 무덤을 쌓는 데에 기여했다. 마치 인류가 태어나서 죽을 때까지 각자의 노력으로 거대한 과학 지식의 탑에 기여하듯이 말이다.

인간의 수명에 대해 나와 다른 각도에서 바라보는 사람도 있다. 데이비드 싱클레어와 매슈 러플랜트(Matthew Laplante)는 『노화의 종말』이라는 책의 '종을 위해 죽는다고?'라는 장에서 인류라는 군생명체에 대해 다음과 같이 서술하고 있다.

● 줄무늬 하이에나는 각 개체의 평균수명이 15년도 채 되지 않지만 7000년 동안 세대를 교체하며 거대한 뼈 무덤을 쌓는 데에 기여했다.

"20세기 후반까지는 생물이 '종을 위해' 늙어 죽는다고 널리 받아들여졌다. 이는 적어도 아리스토텔레스(Aristoteles, BC 384-BC 322)까지 거슬러 올라가는 개념이다. 이 개념은 꽤 직관적으로 느껴진다. 하지만 이 개념은 완전히 틀렸다."

노화 분야의 최고 전문가인 그로서는 이제는 인간의 수명을 과학의 힘으로 늘릴 수 있는 시대가 되었음을 강조하기 위해 이런 말을 한 것이다. 그는 인간 개개인의 수명이 인류라는 군생명체의 영속을 위해 자연적으로 최적화된 것을 넘어서 이제는 과학적으로 개개인의 수명을 조정 가능하다고 주장한다. 하지만 내가 이 책에서 말하는, 인류는 하나의 군생명체이므로 후세를 위해 죽는 것이라는 관점은 진화론에 입각한 철학적인 관점일 뿐 그것이 옳은지 옳지 않은지를 과학자들이 증명할 필요는 없다. 이는 철학적인 관점이기에 옳고 그름을 따지기보다는 그 관점을 취함으로써 우리가 새로이 인식하게 된 것들에 초점을 맞추었으면 한다.

우리 몸을 이루는 많은 세포 중 피부세포, 점막세포, 혈액세포 등은 수명이 그리 길지 않아 불과 며칠 또는 몇 주 사이에 죽고 또 태어난다. 사람 역시 인류라는 하나의 군생명체의 세포로서 그렇게 태어나고 죽어간다고 비유할 수도 있다. 어느 순간 죽고 태어나는 세포처럼 나의 탄생과 죽음이 인류라는 생명체의 영속에 도움이 될 것이라고 믿는다.

나 자신을 돌이켜 보면, 인류는 하나의 군생명체라는 관점을 가지면서부터 실제로 인류가 먼 미래에 성취할 과학의 발전에 대한 관심이 더 많아졌다. 인류는 싱클레어의 말처럼 앞으로는 지난 수억 년 동안 쌓아온 유전자에만 의존하지 않고 인류가 이룬 과학적 성취에 의해 스스로의 생명을 연장할 수도 있을 것이다. 사람들 개개인은 인류의 영속을 위해 죽어갈 필요가 없는 세상이 올지도 모른다. 하지만 그런 날이 오기 전까지는 누구나 죽음을 피할 수 없기 때문에 죽음이라는 가장 심각하고 중요한 문제를 어떻게 받아들이고 어떻게 해결해 나갈지 고민해야 한다. 나는 죽음이라는 이슈와 인류 전체가 하나의 생명체라는 인식이 서로 연관성을 갖고 있다고 생각한다. 이 새로운 인식은 자기 자신의 죽음을 받아들이는 데에 심리적인 도움을 얻을 수 있을 뿐 아니라, 그러한 관점을 통해 인류의 미래에 대한 호의적인 관심을 더 키울 수도 있다고 믿는다.

인간의 몸이 바뀌고 있다

○

생활환경에 따라 인류는 매우 빨리 변화한다. 인류만 그런 것이 아니라 대부분의 동식물이 환경 변화에 따라 매우 민감하게 변화한다. 그러한 변화가 오랜 세월 축적되어 오늘날의 생명체가 형성된 것이다. 인류는 최근 100여 년 간 급속히 바뀌어가는 환경 속에서 키도 커지고, 수명도 길어지고, 문화적 감수성도 두뇌도 더 좋아지고 있다. 후성유전학(epigenetics)의 관점에서 본다면 이러한 인간들의 변화는 유전을 통해 후대에 이어질 것이다. 후성유전학이란 환경이 유전자에 영향을 미친다는 이론이다. 한 세대에 특정하게 나타나는 형질, 즉 후성유전체(epigenome)가 대를 이어 유전될 수 있다는 이론으로 최근 과학적으로 어느 정도 입증되고 있다. 유전정보가 DNA에 저장되는 것과 유사하게 후성유전체도 어딘가에 저장되어 후대에 이어진다는 것이다. 좋은 영양 섭취로 신체가 커지고, 좋은 교육환경으로 두뇌가 발달한다면 그러한 후천성 형질들이 다음 세대로 전해질 수 있다는 뜻이다. 나는 여기서 이런 생물학적 이론이 반드시 옳다고 주장하려는 것은 아니다. 다만, 그 원인과 과정이 어떻게 해석되든 하여간 인류가 빠르게 변화하고 있다는 사실을 강조하고자 한다.

"인간들이 변화한다고? 키가 커진 것은 어려서부터 잘 먹으며 자랐기 때문이고 수명이 길어진 것은 의술이 발달하고 좋은 것들을 많이 먹어서 그런 것이지 어차피 DNA는 똑같은데 인간들이 바뀐다 한들 얼마나 바뀌겠는가?"라고 단순하게 생각하는 사람들이 많다. 하지만 나는 인류가 잘 먹어서 키가 커지고 의학, 약학, 영양학 등의 발달로 수명이 길어지는 수준 이상으로 무언가 좀 더 큰 변화가 인류에게 일어나고 있다고 생각한다. 물론 그러한 변화가 일어나는 것은 지난 100여 년간 급속히 일어나고 있는 생활환경의 변화 때문이다. 인간뿐만 아니라 대부분의 동식물들은 생활환경이 변하면 그에 따라 아주 빠르게 변화한다. 지구 온난화 등의 환경 변화에 따른 생물종들의 변화는 심각한 문제들을 일으키기도 하는데 여기서도 우리는 생물종의 빠른 변화를 감지할 수 있다. 예를 들어 야생의 멧돼지는 털이 길고 긴 송곳니도 갖고 있지만 멧돼지와 집돼지는 환경에 따라 그렇게 달라진 것일 뿐, 근본적으로는 같은 종이라고 한다.

2021년 9월에 열린 US 오픈 테니스대회 남자 단식 결승전은 그 어느 때보다도 큰 관심을 끌었다. 노바크 조코비치(Novak Djokovic) 선수가 이 대회에서 우승을 한다면, 그는 1969년 로드 레이버(Rod Laver) 이래 52년 만에 캘린더 그랜드 슬램[5]이라는 위대한 업적을 달성하게 될 뿐 아니라 오랜 라이벌인 로저 페더러(Roger Federer)와 라파엘 나달(Rafael Nadal)을 제치고 역사상 가장 위대한 테니스 선수로 꼽힐 수도 있는 상황이었다. 하지만 그는 결승전에서 관중의 열렬한 응원에도 불구하고 러시아의 다닐 메드베데프(Daniil Medvedev)에게 힘과 빠르기에서 밀리며 3대 0으로 지고 만다. 키가 198cm인 메드베데프가 강력한 서브로 상대를 압박하는 것은 당연해 보였지만 코트 전체를 커버하는 그의 민첩한 몸놀림은 사람들을 놀라게 했다. 원래 체격이 큰 사람은 힘에서 앞서고, 작은 사람들은 민첩함에서 앞서는 법인데 그는 큰 체격임에도 불구

● 러시아 테니스 선수 다닐 메드베데프. 현재 역사상 최강자들로 꼽히는 세계 테니스계의 젊은 선수들은 매우 큰 체격에도 불구하고 엄청나게 빠르게 움직인다.

하고 상대보다 더 빠르게 움직였다.

역사상 최강자들로 꼽히는 현재 세계 테니스계의 '빅 3'(조코비치, 페더러, 나달)의 벽을 넘고 있는 젊은 선수들은 신기하게도 모두 체격이 아주 크다. 조코비치는 결승전 상대인 메드베데프 외에도 준준결승전에서 이탈리아의 마테오 베레티니(Matteo Berrettini, 196cm)를, 준결승전에서 독일의 알렉산더 츠베레프(Alexander Zverev, 198cm)를 만났다. 또다른 신예 강자 중에는 세계 랭킹 3위인 그리스의 스페타노스 치치파스

(Stefanos Tsitsipas, 195cm)도 있는데 이들의 공통점은 매우 큰 체격에도 불구하고 엄청나게 빠르게 움직인다는 점이다.

인간의 변화에 대한 예를 운동선수들의 체격과 운동 능력의 변화에서 드는 것은 내가 운동을 좋아해서 그동안 관찰하고 생각할 기회가 많았기 때문이다. 나는 전국교수테니스대회를 비롯해 수차례 입상한 경력이 있다. 지금은 테니스 관련 책을 여러 교수와 공동으로 저술하고 있는데, 책 내용에 대해 논의하던 중 "유명한 비에른 보리(Björn Borg)나 존 매켄로(John McEnroe)가 40년 전에 시합하던 동영상을 지금 보면 움직임이 느리고 공도 약하게 치는데 그 이유가 뭘까" 하고 이야기를 나눈 적이 있다. 어느 교수는 "지금은 테니스 라켓이 좋아져서 공을 빠르고 정확하게 칠 수 있기 때문"이라는 해석을 내놓았지만 나와 몇몇 교수는 생각이 달랐다. 테니스뿐만이 아니라 축구나 농구도 40년 전의 경기 모습을 지금 보면 선수들의 움직임이 너무 느려 유치해 보일 정도이기 때문이다.

운동선수들의 체격이 커지고 운동능력이 발전한 것은 영양 섭취가 좋아졌고 과학적 훈련이나 조기 교육이 발전했기 때문이라고 해석하는 사람이 많다. 물론 그런 요인도 중요하게 작용하겠지만 그것만으로 설명하기에는 발전 속도가 너무 빠르다. 50년 전 최고의 테니스 선수인 로드 레이버나 켄 로즈월(Ken Rosewall) 등은 키가 170cm가 조금 넘었고, 이들을 힘과 체격에서 압도한 젊은 신인 지미 코너스(Jimmy Connors)도 키가 178cm 정도였는데 요즘 선수보다 영양 섭취를 못 해서 작은 것이라고 하기에는 뭔가 석연치 않다. 미국의 프로 미식축구 선수나 프로 농구 선수들의 경우에도 과거에 비해 뛰어난 신체 조건을 갖추게 된 것을 영양 상태로만 설명하기에는 좀 부족하다. 미국에서는 50년 전 사람들의 영양 섭취가 요즘에 비해 모자라지 않았기 때문이다.

역사상 가장 위대한 대제국을 건설한 로마 군사들의 평균 신장은 163cm에 불과했다.[6] 조선 시대의 남자 평균 신장은 161cm, 여자는 149cm 정도였다. 사람들의 평균 신장이 단순히 잘 먹느냐 아니냐로 결정된다면 옛날의 왕들과 귀족들은 아주 잘 먹으며 자랐을 것이므로 평균 신장이 요즘 사람들만큼 컸어야 하는데 그런 증거는 찾아볼 수 없다.

운동선수들의 능력 향상은 구기 종목보다는 육상, 수영, 스피드스케이팅, 역도 등과 같은 기록경기를 보면 좀 더 잘 느낄 수 있다. 사람들은 육상의 경우 흔히 100m 경기의 기록을 떠올리지만 이 종목은 그리 좋은 예가 아닌 것 같다. 우사인 볼트의 9.58초라는 세계 기록이 대단하기는 하지만 10초 이내를 기록한 선수는 많고 일반인들이 0.1~0.2초의 차이를 실감하기는 어렵기 때문이다. 오히려 중장거리 달리기 종목의 경우에 변화의 속도와 폭을 쉽게 느낄 수 있다.

육상 중장거리의 기록이나 수영의 기록이 향상되는 속도와 폭은 놀랍다. 수영 자유형 100m의 경우 50초의 벽을 깨는 것은 불가능하다고 여기던 시절이 오래 지속되었지만 지금은 세계 신기록이 46.91초이다. 나는 초등학교 시절 스피드스케이팅 500m 종목에서 하세 뵈리에스(Hasse Börjes)라는 선수가 38.9초라는 기록으로 39초의 벽을 깼다는 뉴스를 듣고 놀랐던 기억이 생생하다. 그런데 지금 세계 기록은 2019년에 러시아의 파벨 쿨리즈니코프(Pavel Kulizhnikov)가 세운 33.61초이다.

육상에서는 50년 전의 세계 신기록을 이제 고등학생들도 쉽게 달성한다. 혹시 예전에는 운동선수들의 수가 요즘보다 더 적었거나 선수들의 훈련 동기나 사회적 보상이 적지 않았을까 하고 추측하는 독자들이 있을 법한데, 운동 경기에 대한 사회적 관심의 비중은 결코 요즘보다 작지 않았다. 올림픽 메달리스트들의 유명세는 대단했다. 특히 제2차 세계 대전 이후 축구(미국의 경우에는 미식축구, 야구, 농구)에 대한 사람들의 관심과 사회적 비중은 대단히 컸다.

육상 기록 변화의 수많은 예시 중 마라톤을 한번 보자. 1936년 손기정 선수가 최초로 2시간 30분의 벽을 깬 이후 꾸준히 기록이 단축되어 오다가 최근에는 단축 속도가 가속되고 있다. 여기서 잠시 계산을 해보자. 총 거리 42.195km를 달릴 때 1,000m당 평균 3분이 걸린다면 총 2시간 6분 36초가 걸린다. 그런데 그게 쉽지 않다. 나는 고등학생일 때 입시를 위한 체력시험에서 1,000m 달리기를 해본 경험이 있지만 당시에 전교 720명의 학생 중 3분 이내의 기록을 낸 학생은 한 명도 없었다. 3분이 180초이니까 3분에 1,000m를 달리려면 100m를 평균 18초에 달려야 하는데 그게 어려운 것이다.

2시간 6분 36초의 벽이 깨진 지 20년 정도가 지난 현재 세계 신기록은 케냐의 엘리우드 킵초게(Eliud Kipchoge)가 2018년에 세운 2시간 1분 39초이다. 더욱 놀라운 것은 그가 2019년에 1시간 59분 40초라는 비공인 기록[7]을 세웠다는 사실이다. 100m당 평균 17초 이내의 속도로 달려야 달성할 수 있는 기록이다. 이러한 기록 향상의 속도와 폭은 단순히 훈련 방식의 과학화나 특수소재의 개발 덕분이라고 설명하기에는 너무 빠르고 커 보인다.

요즘에는 수학도 더 잘한다

○

사람들의 능력 발달 현상은 다양한 곳에서 엿볼 수 있다. 나는 수학 영재교육을 하면서 학생들의 학업 능력 향상을 실감하고 있다. 국제수학올림피아드(IMO)에 30년쯤 전에 출제되었던 문제들을 보면 최근의 문제들에 비해 훨씬 쉽다. 국제수학올림피아드와 한국수학올림피아드(KMO) 최종시험은 이틀에 걸쳐 이루어지고, 하루에 3개의 문제를 4시간 30분간 푼다. 첫째 날과 둘째 날의 마지막 문제는 매우 어렵다. 대회 때마다 이번 문제는 너무 어려워서 과연 주어진 시간 안에 푸는 학생들이 있을까 싶은데, 그런데도 늘 그런 문제를 풀어내는 학생들이 여러 명 나온다. 심지어 만점을 받는 학생들도 있다. 국제수학올림피아드에 국가대표로 참가한 적이 있는 젊은 수학 교수들도 나에게 종종 이렇게 물어본다.

"아니, 요즘 애들은 어떻게 그렇게 수학을 잘하지요?"

내가 학생들을 지도하며 관찰한 바로는, 최근 학생들의 실력 향상은 흔히 생각하듯 조기교육이나 사교육의 효과 때문만은 아니다. 나는 10세 전후의 어린이 중에서 엄청난 수학적 능력을 가진 학생들을 여러 명 가르쳤다. 그들과 그들의 부모들에게 물어보면 특별한 조기교육을 받지 않았으며 그저 좋은 재능과 수학에 대한 관심 덕에 그런 실력을 갖추게 되었음을 알 수 있다. 놀라운 수학적 능력을 가진 어린 학생들이 매년 수백 명씩 나오는 것을 조기교육의 활성화 때문이라고 해석할 수도 있지만 20~30년 전에도 조기교육 열풍은 대단했다.

내가 대학교 입학시험을 볼 때는 본고사라는 것이 있었다. 당시 서울대 이공계나 의대에 합격한 학생들의 수학 평균 점수가 30점대였다. 그때는 어느 대학이든 본고사 수학시험은 매우 어려웠다. 하지만 30년쯤 지난 후 우연히 당시의 서울대 본고사 수학 문제들을 보게 되었는데 문제들이 너무 쉬워서 놀랐다. 요즘 상위권 고등학생들에게는 어렵지 않은 문제들이 당시에는 너무나 어려웠다. 당시에도 학생들이 어릴 때부터 치열한 학업 경쟁에 내몰렸고 고등학교, 대학교의 입시 열기는 대단했다. 사교육 시장도 나름 활성화되어 있었다.

운동이나 수학에서만이 아니다. 음악이나 미술 같은 예술 분야에서도 새로운 세대의 능력 신장 현상을 엿볼 수 있다. 어느 신세대의 한 개인이 특정 분야에서 더 나은 능력을 보이는 것은 그 개인이 그 분야에서 어릴 때부터 좋은 교육을 받았기 때문일 수도 있다. 하지만 거시적 관점에서 본다면 신세대 전체가 그 전 세대보다 더 좋은 환경에서 자랐기 때문에 특정 분야에서 더 좋은 능력을 가진 사람이 나올 확률이 높아진 것이라고 해석할 수 있다.

"그것은 극히 일부 최상위 계층의 변화인 것이지 평균적인 사람들의 변화를 의미한다고 할 수는 없지 않은가?"라고 반문할 수 있다. 하지만 최상위층의 그러한 경향은 평균적인 사람들의 변화를 충분히 시사할 수 있다. 과학에서의 노벨상은 과학자들 중 극히 일부만이 받는 상이지만 한 나라의 노벨상 수상자의 수가 그 나라의 평균적인 과학자들의 수준을 대표하는 것과 유사하다.

인류의 변화가 가져올 미래

○

인류의 이러한 변화는 '진화(evolution)'라는 관점보다는 환경 변화에 따른 '적응(adaptation)'의 관점에서 보는 것이 좋다. 인류가 진화론적인 이론에 입각하여 본질적인 진화를 이루었다고 보기는 어렵기 때문이다. 내가 말하고 싶은 것은 생활환경의 변화에 따라 인류는 사람들이 생각하는 것보다 훨씬 빠른 속도로 변화하고 있다는 것, 그리고 이러한 변화는 곧 인류라는 군생명체의 진화라는 시각을 통해 인류가 앞으로 맞이할 먼 미래까지 관심을 갖자는 것이다.

나는 리처드 도킨스(Richard Dawkins)가 1976년 그의 저서 『이기적 유전자』에서 처음 제기한 밈(meme) 학설[8]이 어느 정도 일리는 있다고 생각한다. 밈은 모방자, 즉 그리스어로 모방을 뜻하는 'mimesis'와 유전자 'gene'의 합성어로서 생물학적 유전자 외의 문화적 유전자를 지칭하

● 리처드 도킨스는 밈 학설을 제기해 삶을 형성하는 여러 가지 문화적 요소의 전달이 일어나는 현상을 설명한다. 밈이라는 개념을 인류라는 군생명체의 관점에서 볼 수도 있다.

는 말이다. 인간을 포함한 모든 생물이 교배를 통해 DNA 정보를 후대에 전달한다는 기본 생물학적 원리만으로는 삶을 형성하는 여러 가지 문화적 요소의 전달이 일어나는 현상을 설명하기 어렵다는 생각으로부터 밈이라는 가상적인 문화적 유전자가 설정된 것이다. 생물학의 기본 원리로서 자연선택과 유전자가 존재한다면 인간들에게는 그와 유사하게 문화선택과 밈이 존재한다는 학설이다.

나는 밈의 과학적인 실체라던가 기존의 생물학에서도 설명할 수 있는지 여부는 관심이 없다. 이 학설은 과학자들의 엄밀한 과학적 연구 대상이 되기에는 아직 과학적 정의와 설정이 부족하다. 하지만 나는 그 '개념'과 '용어' 자체에 의미가 있다고 생각한다. 인간들이 갖는 놀라운 문화의 횡적, 종적 전파력을 생물학적으로 설명하기란 아직 쉽지 않기 때문에 새로운 개념을 도입하여 그러한 현상을 설명하려는 시도만으로도 충분히 의미가 있는 학설이라고 생각한다.

인간들이(다른 동물은 잘 모르니) 갖춘 엄청난 문화적 감수성과 전파력은 수리적, 물리적으로 설명하기 쉽지 않다. 동시대 사람들이 공유하는 횡적인 문화전파력은 우리의 DNA 속에 내재되어 있는 신비한 능력이라고 해도, 후대에게 종적으로 전달되는 문화는 단순한 DNA라고 하는 물질의 전달로 이해하기에는 어려운 점이 있다. 실체적인 밈이 존재하지 않아도 된다. 지적 능력이 거의 없어 보이는 2~3세 아이들의 놀라운 문화 습득 능력이 어른들에게는 일종의 유전 효과로 보일 수도 있다. 그것이 무엇이든 밈이라고 하는 종적인 문화 유전자의 개념을 만들고 연구하다 보면 그것의 실체 또는 의미가 점점 더 명확해질 것이다.

밈이라는 개념을 인류라는 군생명체의 관점에서 볼 수도 있다. 동물의 몸을 이루고 있는 세포들은 수명이 다하면 죽고 새로이 복제된 세포가 생성된다. 각 인간이 인류라는 군생명체의 세포라고 치면 밈은 이 군생명체가 지속적으로 유지하고 발전시키는 정신이라고 보면 될 듯하다.

몇 년 전 밈이라는 개념을 처음 접했을 때 나에게는 불교에서 쓰는 아뢰야식(阿賴耶識, 또는 아라야식阿羅耶識)이라는 개념이 떠올랐다. 내용은 많이 다르지만 밈과 아뢰야식은 유사한 점이 있다. 전자는 문화, 정신, 습관 등을 담은 밈이 후대에 유전된다는 개념이고, 후자는 윤회의 개념에서 볼 때 그 이전 삶에서의 아뢰야식이 다음 생으로 이어진다는 개념이다.

윤회라고 하는 것은 석가모니 이전부터 인도의 종교들이 공통적으로 갖고 있던 전통적인 교리이다. 인도 종교의 영향을 받은 일부 다른 종교들도 유사한 교리를 갖는다. 그런데 이 윤회에는 중대한 허점이 있다. 예를 들어 갑이라는 사람이 죽어서 다음 생애에 을이라는 사람(또는 동물)으로 다시 태어났다고 하자. 그런데 을은 갑의 생을 기억하지 못할 뿐만 아니라 갑의 삶과는 교차점이 전혀 없는 삶을 산다. 갑 입장에서는 죽어서도 다음 생에 다시 태어난다니 죽을 때 좀 덜 허무할지도 모른다. 그러나 자기와의 사이에 아무런 연결고리나 공유점이 없다면 을이 자기의 다음 생이라는 것이 무슨 의미가 있겠는가?

그러한 허점을 메우기 위해 등장한 것이 아뢰야식연기론(阿賴耶識緣起論)이다. 아뢰야식은 제8식으로도 불린다. 인간에게는 기본적인 6개의 감각과 의식 외에 제7식인 말나식(末那識)이 있고, 제8식은 그보다 더 마음속 깊은 곳 어딘가에 내재된 무의식을 의미한다. 아뢰야식은 육체가 죽더라도 생전에 지은 행위의 결과인 업을 씨앗처럼 품고 있기에 종자식(種子識)이라고도 부른다. 육신이 소멸되어도 이 식이 다음 생으로 이관된다는 개념이 바로 아뢰야식연기론이다. 도킨스의 밈이라는 개념과 유사한 점이 많다고 느껴지지 않는가?

사람들은 미래를 생각할 때 거의 본능적으로 대개 30~40년, 길어야 100년 정도의 미래에만 관심을 보인다. 자기가 죽은 이후의 미래에 무슨 일이 일어나든 나의 일이 아니니 별 관심을 갖지 않는 것이다. 우리가 속한 종인 인류를 하나의 군생명체로 인식한다면, 우리 개개인이 죽어 이 세상에 없는 다소 먼 미래에도 우리의 생명체인 인류는 아직도 살아가고 있을 것이므로 미래에 대해 좀 더 호의적인 관심이 생길 수 있다.

그래서 나는 사람들이 각자 호모 사피엔스라는 하나의 생명체의 일원이라는 인식을 가지기를 희망한다. 그런 인식을 바탕으로 하여 현 시점의 과학을 바라볼 때에도 과학이 먼 미래까지 발전할 것이라는 믿음을 가져주기를 희망한다. 과학의 먼 미래를 인식함으로써 "그런 과학적 연구는 어떤 기술에 응용되나요?", "그런 어렵고 추상적인 수학이 어디에 쓰이나요?", "이 문제가 풀리면 인류에게 어떤 도움이 되나요?", "과학자들이 말하는 광활한 우주에 대한 이야기나 소립자와 같은 미세의 세계에 대한 이야기에는 흥미가 없어요. 우리가 먹고사는 문제와는 관계가 없지 않나요?"와 같은 질문들을 하는 사람들의 시각에도 변화가 일어나기를 기대한다.

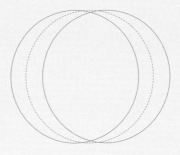

자연철학은 어떻게
과학이 되었나

Σ

과학은 자연과학과 사회과학으로 나눌 수 있다. 수학이나 논리학, 컴퓨터언어와 구조와 같은 학문을 형식과학(formal science)이라는 이름을 붙여서 별도로 분류하기도 하는데 실험적 연구가 뒤따르지 않는 분야를 과학이라고 불러도 되는지에 대해서 통일된 의견은 없는 듯하다. 과학은 어떤 사실의 발견과 옳고 그름을 합리적인 사고와 관찰(실험)을 통해 밝히는 체계적이고 이론적인 지식의 체계이다. 내가 이 책에서 다루는 과학은 주로 자연과학을 의미하고 사회과학은 포함하지 않는다.

이 책에서 과학은 과학기술을 의미하기도 하지만 순수과학과 응용과학을 구분할 때는 기초과학과 기술이라는 말로 표현되기도 할 것이다. 또 어떤 때는 과학이라는 단어가 기술과 수학까지 포함한 넓은 의미로 사용될 수도 있다. 문맥에 따라 과학이라는 말을 해석해 주길 바란다.

자연의 원리를 탐구하다

○

유럽에서 16세기경 과학이 크게 발전하는 일종의 과학혁명(scientific revolution)이 일어나고 그 이후 19세기까지 오늘날의 자연과학은 자연철학(natural philosophy)이라는 말로 불렸다. 18세기까지는 학문 분야가 세분화되기 전이어서 수학(mathematics)이라는 말은 요즘으로 치면 천문학, 물리학, 음악, 광학 등에 걸친 꽤 넓은 영역의 학문을 의미했다. 영어 'mathematics'의 어원인 그리스어 '마티마(mathema)'는 '배워서 얻은 것'이란 뜻이고 'mathematics'는 복수형으로부터 온 것으로 '배워서(또는 공부하여) 얻은 모든 것'이라는 뜻이다. 18세기 이전까지 유럽에서는 과학(science)이 수학에서 분화되어 진화하지 않았으며 당시 과학이나 물리학(physics)이란 용어는 지금과 같은 의미로 쓰이지 않았다.

자연의 섭리를 연구하는 체계적인 학문 분야를 자연철학이라고 부르기 시작한 것은 16세기 말이고 본격적으로 사용한 것은 18~19세기라고 할 수 있다. 자연철학이라는 말은 고대 그리스 시대 이래로 자연의 원리를 탐구하는 체계적인 연구 분야를 뜻하며 mathematics라는 단어와 비슷한 의미로 사용되어 왔다. 이탈리아의 야코포 자바렐라(Jacopo Zabarella, 1533-1589)가 1577년에 파우다 대학의 자연철학 교수로 임명될 때 자연철학이라는 말이 처음으로 사용되었다.

역사상 가장 위대한 과학 서적 3개를 꼽는다면 우리는 유클리드(Euclid, 그리스어로 Eukleides, BC 330?-BC 275?)의 『원론(Stoicheia, 영어로는 Elements)』, 그리고 2세기 알렉산드리아의 프톨레마이오스(Ptolemaios, 영어로는 Ptolemy) 등이 쓴 것을 아라비아어로 번역한 책인 『알마게스트(Almagest, '위대한 것'이라는 뜻)』, 그리고 아이작 뉴턴(Isaac Newton, 1642-1727)의 『프린키피아(Principia)』를 꼽을 수 있다.

자신을 수학자로 알았던 뉴턴

○

3대 과학서 중에서도 뉴턴의 『프린키피아』는 으뜸으로 꼽을 수 있을 것이다. 이 책은 워낙 유명하여 우리나라 중고등학생들에게도 잘 알려진 책이지만 원본의 내용은 대중이 이해하기 쉽지 않다. 하지만 다행히 여러 작가가 쓴 다양한 해설서가 출간되어 있다. '프린키피아'는 원리라는 뜻의 라틴어로서 영어 'principle'의 어원이다. 그런데 왜 로마가 소재한 이탈리아 발음인 '프린치피아'가 아니라 '프린키피아'로 발음하는 걸까? 유럽의 공식 라틴어 발음은 당시 유럽의 공식적인 로마제국이던

● 영국에서 뉴턴의 『프린키피아』 출간을 기념하며 발행한 우표 (1982). 원래 제목인 '자연철학에 대한 수학적 원리(Philosophiae Naturalis Principia Mathematica)' 가 함께 적혀 있다.

신성로마제국의 발음을 따르기 때문이다. 뉴턴이 그동안 자신이 찾은 만유인력의 법칙과 행성운동의 법칙을 정리하여 1687년에 출간한 이 책의 원래 제목은 '자연철학에 대한 수학적 원리(Philosophiae Naturalis Principia Mathematica)'로, 여기에서도 자연철학이라는 단어가 등장하고 있다. 19세기 영국의 위대한 물리학자 윌리엄 톰슨(William Thomson, 1824-1907), 피터 거스리 테이트(Peter Guthrey Tait, 1831-1901)의 논문들도 자연철학에 대한 논문이라고 불린 것을 보면 자연과학이나 물리학이라는 의미로 자연철학이라는 말이 19세기 중후반까지 사용되었음을 알 수 있다.

과학이라는 의미의 'science'라는 단어(또는 그것의 변형)는 영국, 프랑스, 스페인, 이탈리아 등에서 사용되고 있는데,[9] 그 어원은 라틴어 '스키엔티아(scientia)'로 '지식'이라는 뜻이다. 이 단어는 19세기 초부터 자연철학(natural philosophy)을 대신하기 시작한 자연과학(natural science)의 의미를 내포하게 되었다. 그전까지 science는 어떤 성향을 보이는 지식을 의미했지, 특정한 학문 분야를 의미하지는 않았다. 그러니 'science라는 말은 19세기 초부터 사용되었다'라고 해도 틀린 말은 아니다. 영어에서 과학자를 뜻하는 'scientist'와 물리학자를 뜻하는 'physicist'는 1830년대에 영국의 유명한 철학자이자 역사학자인 윌리엄 휴얼(William Whewell, 1794-1866)이 만든 말이다.

지금은 위대한 물리학자로 불리는 뉴턴도 평생 자신을 수학자로 알았다. 당시는 아직 물리학이 독자적인 학문 영역으로서 수학으로부터 완전히 분리되기 전이었기 때문이다. 몇백 년 전까지는 지금 과학에 속하

● 과학자를 뜻하는 'scientist'와 물리학자를 뜻하는 'physicist'라는 용어는 영국의 철학자이자 역사학자였던 윌리엄 휴얼이 만들었다(캠브리지 대학의 동상).

는 몇 가지 학문들이 수학의 부분집합이었는데, 현대에 와서는 과학의 의미와 역할이 커지고 수학의 의미는 축소됨에 따라 거꾸로 수학이 과학의 부분집합이 된 셈이다.

예전에는 수학자, 과학자들이 매우 유명했다. 요즘에는 연예인, 운동선수, 정치인, 예술가 등 대중의 관심을 받는 유명 인사들이 많지만, 예전에는 사람들의 일상 대화에 등장할 만한 사람들은 왕과 귀족, 성직자들 외에는 별로 없었고 의외로 과(수)학자들에게 관심이 많았다. 갈릴레오 갈릴레이(Galileo Galilei, 1564-1642), 르네 데카르트(René Descartes, 1596-1650), 블레즈 파스칼(Blaise Pascal, 1623-1662), 뉴턴, 레온하르트 오일러(Leonhard Euler, 1707-1783), 카를 프리드리히 가우스(Carl Friedrich Gauss, 1777-1855) 등은 당시에 유럽 전체에서 모르는 사람이 없을 정도로 유명했고 뉴턴 같은 경우는 그의 일상생활, 성격까지도 일상 대화의 대상이 될 정도였다. 수학자들에 대한 사람들의 관심이 컸던 만큼 그들을 경제적으로 지원하는 군주, 귀족들도 꽤 많았다. 군주나 귀족들은 수학자들을 지원함으로써 자신들의 권위와 품위를 선전하는 효과를 얻을 수 있었다.

한자어로 번역된 용어들

○

19세기 후반 동양의 개화기에 과학(科學)이라는 말을 비롯해 서양의 많은 용어가 한자어로 번역된다. 새로운 개념을 나타내는 수많은 단어를 만드는 것은 어려운 만큼 그 규모가 큰 사업이었다. 번역의 주역은 당연히 중국과 일본이 맡았고 중국 측의 주역으로는 옌푸(嚴復, 1853-1921), 마건충(馬建忠, 1845-1900) 등이 나섰다.

중국 사람들의 번역은 음을 따기도 하고 의미를 따기도 했는데 대부분 후에 일본에서 건너온 용어로 대체된다. 옌푸의 번역을 예로 들면 '천연(天演)'이 '진화(進化)'로, '모재(母財)'가 '자본(資本)'으로, '군학(群學)'이 '사회학'으로, '격치학(格致學)'이 '자연과학'으로, '이학(理學)'이 '철학'으로 대체된다. 중국과 일본의 용어가 일본식 조어 위주로 통일이 된 것은 중간에 낀 우리나라 입장에서는 다행이라고 할 수 있다. 20세기에 한국은 일본식 한자어의 영향을 크게 받는 상황이어서 두 나라의 용어가 서로 많이 달랐다면 불편한 점이 많았을 것이다. 우리나라에서 현재 쓰고 있는 한자어가 대부분 일본식 한자어인 것은 40년간의 일제강점기의 영향 때문이기도 하지만 해방 후에도 일본인들이 만든 한자어가 계속 우리의 한자어로 받아들여졌기 때문이기도 하다.

중국이 일본식 한자어(일본인들은 와세이칸고和制漢語라고도 한다)를 받아들이게 된 데에는 역사적인 사연이 있다. 19세기 중반 제2차 아편전쟁(1856-1860) 때문에 영국으로부터 더할 수 없는 수치를 당한 중국은 유럽의 문물을 받아들여야 한다는 의식이 강했다. 그러던 중 1894년 청일전쟁에서 일본에게 참패하고 1898년 정치개혁운동인 무술변법이 실패로 돌아간 뒤, 많은 젊은 지식인이 서양의 학문을 배우기 위해 일본으로 유학을 간다. 1896~1911년 사이에 모두 958권의 일본어 서적이 중국어로 번역되었다고 하고, 1905~1906년에 일본의 중국인 유학생이 8,000명을 넘었다고 한다.[10]

이렇게 많은 중국의 젊은이가 일본 유학을 갔다 오면서 중국식 번역어는 자연스럽게 일본식 번역어로 대체된다. 당시 유학생들 중에는 20세기 초 중국 최고의 지식인들인 왕궈웨이(王國維, 1877-1927), 루쉰(魯迅, 1881-1936), 루쉰의 동생 저우쮀런(周作人, 1885-1967), 궈모뤄(郭沫若, 1892-1978) 등이 있었다. 특히 중국 사람들이 존경하는 국부 쑨원(孫文, 1866-1925)도 그중 한 명이었다. 오늘날 중국의 주요 도시에는 중산(中山)이라는 이름이 붙은 도로 또는 광장이 많은데, 이때 중산은 쑨원의 호로, 그가 일본 유학 시절에 지은 일본식 이름 나카야마(中山)이다.

한편 일본은 청일전쟁(1894)과 러일전쟁(1904-1905)에서의 승리 이후 군국주의로 치닫는다. 조선의 국권을 강탈한 뒤, 세계적 대공황기에 만주를 침범하고 결국에는 중국과의 전면전인 중일전쟁을 일으킨다. 중국은 이때 수도였던 난징에서 수십만 명이 학살당하는 등 일본군에 의해 2,000만 명 이상이 사망하고 주요 도시가 파괴되는 참혹한 피해를 입는다. 그래서 중국 본토의 많은 사람은 오래전부터 일본을 매우 싫어한다(타이완 국민들은 현재 일본 정부와 문화에 우호적인 편이다). 중국 공산당은 일본의 침략이 없었다면 정부군에 의해 괴멸되었을 것이고, 그랬으면 지금과 같이 중국을 공산화하는 데에 실패했을 것이라는 점은 아이러니하다. 하지만 최근에는 중국인들이 일본인들을 높이 평가하는 편이다. 나는 지난 약 10년간 중국의 대학을 자주 방문해 왔는데, 요즘 중국 사람들이 일본에 대해 평가하는 것을 보면 과거에 막대한 피해를 입었음에도 불구하고 일본에 대한 중국 사람들의 정서가 100년 전 일본을 높이 평가하던 때와 비슷해진 것 같은 느낌을 받는다.

중국 사람들은 음차한(발음을 딴) 조어들을 많이 만들었는데 지금 우리가 사용하는 기하(幾何)라는 말이 대표적이다. 기하는 중국 발음으로 '지허'인데 기하를 뜻하는 단어 'geometry'의 어두 'geo'를 음차한 것이다. 이때 'geo'는 '땅' 또는 '지구'라는 뜻이고 'metry'는 '측량'이라는 뜻이다. 18세기 초부터 중국어 발음에서는 [k]와 같은 발음이 [j]나 [ch]와 같은 발음으로 바뀌는 구개음화가 일어난다. 베이킹(北京)이 베이징으로, 기번(基本)이 지번 등으로 발음이 변한 것이 그러한 예이다. 따라서 '기하'라는 단어가 만들어진 것은 이러한 변화가 일어난 이후라는 것을 알 수 있다.

수학 용어로 멱급수(power series)나 방멱정리라는 것이 있는데 이때의 멱을 한자로 '冪'이라고 쓴다. 이 한자는 중국 북방 유목민족의 이동식 가옥 '파오'를 의미하는 글자이고 멱은 바로 영어의 'power'를 음차한 것이다. 영어의 'power'는 '승'이라는 뜻으로 예를 들어 2^n을 영어로는 "two to the power n"이라고 읽는다. 이것을 우리말로는 "2의 n승"이라고 읽는데, 그 이유는 '승(乘)'이 '올라탄다'는 뜻으로 n이 2에 올라탄 형태이기 때문이다. 멱(冪)은 수학 이외의 곳에서는 잘 쓰지 않는 어려운 한자이고, 현대 중국 표준어(중국에서는 보통화 또는 관화라고 하고 국제적으로는 만다린이라고 한다) 발음으로는 '미'인데 어떻게 우리나라에서는 '멱'이라고 발음하게 된 것일까? 예전에 일본이나 한국에 영향을 미친 중국어 발음이 지금 표준어인 북경어보다는 남방의 언어에 더 가깝기 때문이다. 광동어로 '冪'의 발음은 우리 귀에는 '멕' 또는 '멭'으로 들린다.

중국 사람들은 원래 과학을 나타내는 말 'science'를 '새인사(賽因斯)'라고 했는데(지금은 '과학'이라고 한다) 중국 발음으로는 '싸이인스'이다. 수학에서 쓰는 함수라는 용어도 'function'을 음차한 것이라는 설과 그렇지 않다는 설이 공존한다.

'수학', '과학'이라는 용어

○

중국 발음에 익숙하지 않은 우리나라 사람들에게는 일본식 조어가 좀 더 사용하기 쉽게 느껴질 수 있다. 과학이라는 단어는 일본 근대 철학의 아버지라 불리는 니시 아마네(西周, 1829-1897)가 지은 것으로 알려져 있다. 이것은 그가 'science'라는 말을 오해하여 빚어진 오역이라고 주장하는 사람들도 있지만 나름 의미가 통하기도 한다. 니시는 19세기 후반의 문명 개화론자로서 후쿠자와 유키치(福澤諭吉, 1835-1901) 등과 함께 많은 용어를 만들었다. 철학, 자유, 주의, 예술, 경제, 귀납, 연설, 사회, 개인, 자연, 과학, 문학, 물리 등 많은 용어가 이때 만들어졌다.

'수학(數學)'은 중국에서 19세기 중반에 영국 선교사 알렉산더 와일리(Alexander Wylie, 1815-1887)와 리산란(李善蘭, 1810-1882)이 유럽의 수학책을 번역할 때 처음 썼다고 하는데, 후에 일본에서도 사용되었다. 당시 일본에서 수학이라는 말은 수학 전체를 의미하기보다는 말 그대로 수에 관한 학문, 즉 산술(arithmetic)이라는 의미였다고 한다.

'Mathematics'를 '수학'이라고 번역한 것은 그것이 수학의 극히 일부분인 수론(number theory)만을 의미하는 것처럼 들린다. 수학의 주요 분야인 위상수학, 기하학, 해석학, 조합론 등에서는 수 자체를 다루지는 않는다. 따라서 수학이라는 이름은 수학의 범위나 의미를 크게 축소하는 느낌을 준다. 심지어 내가 대학생이던 시절 한 교수님은 수업시간에 "수학이 뭔지 알아? 이름을 봐. 수를 공부하는 학문이잖아"라고 한 적도 있다고 들었다. 수학 교수도 그런 오

● 일본 근대 철학의 아버지라 불리는 니시 아마네. 과학이라는 단어를 지은 것으로 알려져 있다.

해를 하는 것을 보면 이름이 참 중요하다는 느낌이 든다.

수학의 '수'를 넓은 의미로 해석하는 게 좋을 것 같다. '수'는 수(number) 외에 '이치, 규칙, 운명 등을 헤아림'이라는 뜻도 있으므로, 수를 넓은 의미로 해석한다면 수학이라는 이름에 오해가 없을 것이다.

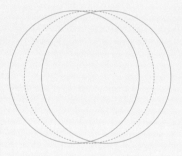

"1만 년 후의
과학이라고요?"

$$\Sigma$$

나는 과학은 이제 막 태어난 아기와 같은 존재이고 앞으로 무궁무진하게 성장할 예정이라는 것, 그리고 과학의 발전은 무한하다는 것과 과학적 진리가 절대적이란 것을 강조하기 위해 오래전부터 주변 사람들과 학생들에게 '100만 년 후의 과학과 인류'에 대해 이야기를 해왔다. 그럴 때 사람들의 반응은 대개 비슷하다. 세상이 그리 오래 갈 것 같지 않은데 너무 터무니없이 먼 미래에 대한 이야기를 한다고 느끼는 것이다. 독자들도 비슷한 느낌을 받았으리라 생각된다. 1만 년만 해도 얼마나 긴 세월인가? 1만 년은커녕 100년 앞을 내다보는 것도 버거운데 말이다.

내 이야기를 처음 듣는 사람들이 그런 반응을 보이는 이유는 내가 미래의 시간을 턱없이 길게 잡아서만은 아니다. 사람들은 앞으로 지구환경은 점점 더 나빠져서 언젠가는 지구를 버려야 할지 모르고, 머지않은 미래에 치명적인 바이러스의 출현이나 소행성과의 충돌, 지구 지각 변동 등의 예측하기 어려운 대재앙이 닥칠지 모른다는 막연한 불안감을 갖고 있는 경향이 있다. 그런데 내가 뜬금없이 1만 년 후의 과학을 이야기하니 심정적으로 받아들여지지 않는 것이다. 하지만 앞에서도 말했듯이 인류가 머지않은 미래에 멸망할 확률은 그리 크지 않다. 과학이 발전해 어느 정도 수준을 넘어서면 과학의 힘으로 인류를 지켜낼 확률은 점점 더 커질 것이다.

100년 후라면 우리가 죽은 다음이니 세상이 어떻게 바뀌든 궁금하지 않다고 할 수도 있다. 더구나 몇백 년 후라면 인류가 지구에 살고 있을지 아닐지도 모르니 더 관심 없다고 할 것이다. 하지만 고개를 들어 하늘의 별을 보며 광활한 우주를 상상해 보자. 별들의 세계에서 1만 년은 그리 먼 미래가 아니다. 몇백 년 후에 아주 성능 좋은 우주선을 개발하여 빛의 속도에 가깝게 날아갈 수만 있다면 그것을 타고 몇 년간 여행하고 돌아온 후에는 (아인슈타인의 상대성 이론에 따라 우주선 내의 시간은 천천히 흐르므로) 1만 년 후의 지구를 볼 수도 있다. 우주의 수없이 많은 은하 중에 우리 태양계가 속해 있는 은하는 지름이 10만 광년[11]쯤 되고 우리 태양계는 은하 중심으로부터 약 2만 7000광년 떨어져 있다. 지구는 무려 초속 200km의 빠른 속도로 움직이며 은하의 중심 주위를 공전하는데, 한 바퀴 도는 데 무려 2억 5000만 년이 걸린다. 우리 은하와 가장 가까운 이웃 은하인 안드로메다은하는 우리 은하에서 250만 광년이나 떨어져 있다. 우주의 신비를 통 크게 보면 1만 년 정도는 긴 시간도 아니다.

지식은 언젠가 반드시 쓰인다

○

내가 1만 년 후의 과학에 대해 상상해 보자고 하는 것은 3가지 이유 때문이다.

첫째, 과학의 먼 미래를 상상해 봄으로써 과학은 궁극적으로 절대적

● 지식의 추구는 인간의 본능일지도 모른다. 인류는 결국 과학에 의해 우주가 언제 어떻게 탄생했는지, 우주여행은 가능한지, 외계의 지적 생명체는 존재하는지 등에 대해 결국 알게 될 것이다.

인 진리를 탐구하는 학문이고, 과학이라는 탑은 끝없이 높이 올라갈 것이라는 생각을 해볼 수 있다. 과학이 앞으로도 무궁무진하게 발전할 것이라는 관점은 과학을 좀 더 호의적이고 합리적인 시각에서 볼 수 있게 도와준다. 사람들은 막연히 '과학의 발전은 이제 거의 한계에 다다른 것이 아닌가?'라든지 '순수기초과학자들이 하는 연구가 뭔지는 모르지만 과연 인류의 삶에 도움이 될까?'라는 생각을 하는 경우가 많다. 우리 각자는 인류라는 군생명체의 일원이다. 인류가 1만 년 후 과학에 의해 어떤 모습으로 살게 될지 관심을 갖는 것은 의미 있는 일이다. 인간들은 지식을 갈망하며 수천 년간 발전해왔다. 지식의 추구는 인간의 본능일지도 모른다. 인류는 결국 과학에 의해 우주가 언제 어떻게 탄생했는지, 우주는 얼마나 크고 어떻게 얼마나 휘어 있는지, 우주여행은 가능한지, 외계의 지적 생명체는 존재하는지 등에 대해 결국 알게 될 것이다. 우리 인체의 노화를 중지시키고, 뇌의 기전을 이해하고 그 기능을 개선하고, 모든 단백질의 구조와 성질을 이해하고 그것들을 인공적으로 만드는 날이 올 것이다. 또한 핵융합 등의 기술을 이용하여 무한의 에너지원을 찾아낼 것이다. 환경을 걱정하지 않아도 되고 지구상의 모든 식물과 동물이 예전부터 누리던 자연스러운 삶을 살게 할 수도 있을 것이다. 나는 먼 미래에 과학이 인류에게 알려줄 지식과 가져다줄 변화들이 매우 궁금하다.

둘째, 수학자나 순수이론학자들 중에는 자신들이 하는 연구의 가치와 필요성에 대해 회의하는 학자들이 많다. 과학에는 먼 미래가 있고 그들이 수행하는 연구들이 언젠가 유용하게 쓰일 것이라는 믿음은 자신의 연구에 대한 회의감을 줄여줄 수 있다.

나는 해군사관학교 수학교관이던 시절에, 그리고 박사과정 학생이던 시절에 대부분의 수학도들이 그렇듯이 추상적이고 건조한 학문인 수학이 우리 사회에 무슨 도움이 되는지 잘 이해하지 못했다. 순수수학이 인류에게 어떤 도움을 줄 수 있고 수학자들은 어떤 역할을 하는 것인지 잘 이해하지 못했다. 박사과정에서 섬유과학을 공부하고 있던 아내의 공부 주제는 눈에 보이는 현실적인 내용이었다. 그래서 당시 아내가 하는 공부는 이 세상 사람들에게 도움이 되는 반면에 내가 공부하는 수학은 별 쓸모가 없는 것 같다는 회의가 들기도 했다. 그럼에도 불구하고 수학 공부를 열심히 한 것은 그저 수학이 인생을 걸고 공부할 만큼 중요하고 멋져 보였기 때문이다. 당시에 내겐 절대 진리를 추구하는 수학의 철학적 고상함과, 오랫동안 수많은 수학자가 이루어낸 아름다운 정리와 이론들이 숭고해 보였다.

내가 해결하고자 하는 수학 문제들을 푼다 한들 이 세상에 무슨 도움이 될까 싶은 회의는 박사학위를 받고 난 후 신임교수 시절까지도 지속되었다. 당시 내가 느꼈던 회의감을 지금 젊은 수학자와 순수이론과학자들도 느낄 것이다. 그래서 뛰어난 수학적 재능을 가진 젊은 수학도들 중에는 보다 실용적이고 성과가 눈이 보이는 일을 하기 위해 수학 공부를 그만두고 연봉이 더 많은 투자회사나 유명 컴퓨터 관련 회사에 취직하는 경우가 많다.

그런데 어느 날, 젊은 교수이던 시절 나에게 갑자기 깨달음이 찾아왔다. 수학의 중요성과 필요성을 이해하려면 수학과 과학의 미래를 좀 더 멀리 봐야 한다는 것을 깨달았다. 수학이든 순수과학이든 궁극적으로는 절대 진리를 탐구하는 학문인데 가까운 미래에 쓸모가 있나 없나가 뭐가 중요한 것이겠는가? 현대의 수학은 그동안의 과학보다는 역사가 길고 쌓아올린 지식의 탑이 높아서 현대 과학보다 다소 앞서가고 있다. 그렇기에 지금은 당장 쓰이지 않을 수학적 지식과 이론들이 많지만 언젠가는 결국 쓰일 날이 올 것이다. 현대의 수학 및 순수이론과학의 지식과 이론은 언젠가 과학 발전에 반드시 기여할 것이니 마음을 너무 조급하게 가질 필요가 없다.

셋째, 과학의 미래를 좀 더 낙관적으로 볼 수 있다. 과학은 이미 발전할 만큼 발전했으며 현대는 이미 첨단과학시대라고 여기는 사람들은 앞으로 다가올 미래에 대해 막연히 지금보다 조금 더 발전한 인공지능이나 빅데이터가 사람들을 지배하거나, 사람들의 자연스러운 삶이 과학에 의해 훼손되거나, 지구환경이 점점 나빠져서 사람이 살기 어려운 행성으로 변할 것이라는 느낌을 갖기 쉽다. 미래를 그렇게 그린 SF 영화나 소설도 영향을 미쳤을 것 같다. 밝은 미래보다는 어두운 미래를 주제로 한 소설이나 영화가 이야기를 만들기도 편하고, 사람들도 그런 장르에 좀 더 재미와 깊은 인상을 느끼는 듯하다. 과거 과학에 의해 환경이 나빠지고 전쟁의 비극이 초래되던 100년쯤 전에는 당연해 보이던 어두운 미래라는 소재는 SF 소설가들과 대중이 자연스럽게 받아들였다. 그것이 지금까지도 이어져 오고 있다. 그렇다면 100년 후에 지구는 어떻게 변해 있을까? 그때도 지구환경이 점점 더 나빠지고 사람들은 살기 더 힘들어질까?

환경오염과 저출산 문제

○

여러 가지 매체를 통해 지구온난화, 기아, 자연재해, 오염, 테러뿐만 아니라 코로나19 팬데믹과 같은 뉴스를 접하며 사는 현대인이 미래에 대한 비관적인 시각을 갖게 되는 것은 상당히 자연스럽다. 실제로 지구온난화 문제는 심각하다. 북극과 남극의 빙하가 녹아 해수면이 상승하고, 지구 곳곳이 폭우와 가뭄으로 시달리고 있다. 숲이 줄어드는 문제도 심각하다. 아마존 밀림이 있는 브라질을 중심으로 한 세계적인 열대우

● 지구온난화 문제는 심각하다. 수온 상승으로 산호초도 빠른 속도로 사라지고 있다.

림의 파괴에 대해 많은 사람이 걱정하고 있다. 2019년 영국 〈데일리 메일〉의 보도에 따르면 한때 지구 면적의 14%를 차지하던 열대우림이 지금은 8%밖에 남지 않았다. 매년 1200만 헥타르(ha)의 열대우림이 사라지고 있는데 이는 1분에 축구장 30개의 면적에 해당하는 밀림이 없어지는 것이다. 플라스틱에 의한 환경오염 문제는 더욱 심각하다. 태평양 한가운데에는 한반도 면적의 7배가 넘는 플라스틱 섬(Great Pacific Plastic Garbage Patch)이 있다.

● 웹사이트 '데이터로 본 우리 세계(Our World in Data)'는 우리가 당면한 문제들을 쉽게 볼 수 있게 잘 정리해 두었다.

웹사이트 '데이터로 본 우리 세계(Our World in Data)'는 우리가 당면한 문제들을 쉽게 볼 수 있게 잘 정리해 두었다. 이 웹사이트의 데이터에 따르면 2015년에 전 세계적으로 3억 8,100만 톤(t)의 플라스틱이 생산되었고 그중 약 55%가 쓰레기로 버려졌다. 2010년 기준으로는 2억 7,000만 톤이 생산되었고 그중 약 3%인 800만 톤의 플라스틱이 바다에 버려졌다. 많은 사람이 걱정하고 있는 인구 문제는 의외로 그리 심각해 보이지는 않는다. 현재 78억인 세계 인구는 유엔의 예상에 따르면 2100년도에는 108억 명이 될 것이라고 하지만 지구와 과학이 그 정도의 인구는 감당할 수 있을 것이라 믿는다. 오히려 인구증가율과 출산율이 계속 낮아지고 있는 추세이다. 1800년에는 전 세계 인구가 10억 명뿐이었고, 50년 전에는 매년 인구 증가율이 2.2%였지만 현재는 1.05%이다. 출산율

네 번째 이야기

도 평균 2.5명으로 50년 전에 비해 반으로 줄었다. 물론 인류의 불행은 아직도 진행형이다. 매년 550만 명 정도의 아이들이 5세 이전에 사망하고 전 세계 인구의 약 10분의 1이 절대 빈곤(하루 1.9달러 이하) 상태에 놓여 있다.

사람들이 미래를 얼마나 비관적으로 보고 있는지 설문조사한 자료가 있다. 영국의 세계적인 시장조사 및 데이터분석 회사인 유고브(YouGov)가 2015년에 9개 국가 1만 8,235명을 대상으로 조사한 결과에 따르면 국가에 따라 3~10%의 사람들만이 미래에 좀 더 나아질 것이라고 대답했다.[12] 2020년 초부터 코로나19 사태로 전 세계 사람들이 큰 고통을 겪었기에 비관적인 시각이 더 악화되었을 수도 있다.

지구를 위한 노력

○

현재 우리 지구는 여러 가지 어려운 문제에 직면해 있다. 하지만 사람들이 문제들을 이미 잘 인식하고 있으며 해법을 찾기 위해 과학적, 정치적, 경제적으로 많은 노력을 기울이고 있다는 사실이 중요하다. 지금은 심각한 문제들이지만 나는 언젠가는 과학이 이 문제들을 해결해 줄 것이라고 믿는다.

미국의 스미소니언 재단(Smithsonian Institution)[13]은 정부 예산과 각종 기부금으로 운영하는 세계 최대의 박물관, 교육, 연구의 집단으로 미국 각지에 연구센터와 박물관을 보유하고 있다. 나는 워싱턴DC에 있는 스미소니언 자연사박물관과 미술관을 수차례 갔는데 방문할 때마다 그

규모와 전시물의 수준에 깊은 감명을 받는다. 자연사박물관은 공룡 화석, 각종 동물 박제 등 전시물 내용이 다양하지만, 특히 '인류의 진화' 부분을 매우 중시하여 전시하고 있다는 인상을 받았다. 스미소니언 산하에 여러 박물관과 연구소로 이루어진 스미소니언 보존 집단(Smithsonian Conservation Commons, SCC)에서는 지구환경 보존과 개선을 위한 연구, 교육, 정보 공유 등 다양한 노력을 하고 있다. 스미소니언 보존 집단은 지구온난화 문제, 생명다양성(biodiversity) 문제, 공기 및 해양 오염 문제, 숲 등의 환경 보존 문제 등 우리 지구가 당면한 다양한 문제에 대해 연구하고 사람들을 대상으로 홍보와 교육을 진행한다.

자연보존국제연합(The International Union for Conservation of Nature, IUCN)이라는 기구도 있다. 전 세계의 1,400개 기관과 약 1만 6,000명의 과학자, 전문가들이 참여하는 대규모 기관이다. '자연의 보존과 지구 자원의 지속적인 사용'이라는 목표를 가지고 연구를 하며 많은 정보를 모으고 공유하고 있다. 스위스 글랜드에 본부가 있으며 현재 회장은 중국의 장신성(章新胜)이다.

지구온난화 문제는 미래의 지구를 위하여 무엇보다도 중요하고 어려운 문제이다. 이 문제에 관해 유엔이 제시한 글로벌 핵심 키워드는 '금세기 말까지 섭씨 1.5도 이하 상승 유지'이다. 1997년에 채택된 후 2005~2012년 효력을 발휘한 교토 의정서는 유엔의 기후변화협약(United Nations Framework Convention on Climate Change, UNFCCC)의 수정안으로 192개국이 참여한 역사상 가장 획기적인 협약이다. 유엔의 반기문 당시 사무총장의 주도 아래 2014년에 열린 기후 정상 2014(Climate

Summit 2014)에서는 기온을 산업혁명 전 대비 2°C 미만으로 유지하는 목표를 채택했다.

2015년 12월 12일에 파리에서 열리고 195개국이 참여한 파리 기후협약(Paris Climate Agreement)에서 채택되고 2016년 11월부터 효력을 발휘한 강력한 협약은, 기온 상승을 산업혁명 전의 기온 대비 2°C 미만으로 유지하고 나아가 1.5°C 이하로 제한하는 것을 목표로 하고 있다. 2017년 6월 당시 미국 대통령 트럼프가 파리 기후협약에서 탈퇴하겠다고 선언한 후 2020년 11월 미국은 탈퇴했으나, 2021년 1월에 취임한 바이든 대통령은 첫 업무로 기후협약에 복귀하는 행정명령에 서명했다.

2021년 11월 1~12일 영국 글래스고에서 열리는, 일명 COP26[14]으로 불리는 제26차 유엔기후변화협약(UNFCC)은 197개 나라가 합의한 '글래

● 제26차 유엔기후변화협약 당사국총회(COP26)의 의장 알록 샤마가 발언하고 있다. COP26는 석탄 사용을 줄여나간다는 문구를 합의문에 담아내는 성과를 냈다.

스고 기후협정'을 발표했고 석탄 사용을 줄여나간다는 문구를 합의문에 담아내는 성과를 냈다.

세계 최대의 가스 배출국은 중국으로 배출량이 2위인 미국의 거의 두 배에 가깝다. 몇 년 전 방문했던 중국 내몽골 자치구의 대평원에서 달리는 차창 밖으로 수많은 풍력발전기가 끝없이 펼쳐진 장관을 보며 놀란 적이 있다. 사진을 찍기 위해 발전기 근처에서 차를 멈추고 다가갔는데 웅장한 발전기 몸체에 '한국전력'이라고 써 있는 것이 아닌가. 한국과 멀리 떨어진 오지에서 그 글자(물론 한자로 써 있었지만)를 보니 정말 놀랍기도 하고 반갑기도 했다. 나중에 검색해 보니 한국전력은 2004년부터 중국의 풍력발전에 투자하기 시작했고 이제는 그 규모가 제법 크다고 한다. 2017년 7월 〈서울신문〉의 보도에 따르면 한국전력의 중국 내 연 매출액은 700만 달러 정도이고 22개 단지에 732개의 풍력발전기를 운용하고 있는데, 이는 국내의 약 10배 정도라고 한다.

중국 정부의 친환경에너지에 대한 투자 의지는 기대 이상이다. 중국은 세계 재생에너지 시장의 약 29.6%를 차지한다. 중국으로부터 날아오는 오염된 공기와 먼지로 고통을 겪고 있는 한국 입장에서는 매우 다행스러운 일이다. 2020년 9월에 유엔 총회에서 2060년까지 탄소 중립을 달성하겠다고 선언한 중국은 탄소 배출 감축에 매우 적극적이다. 2020년 12월에 시진핑 주석은 현재 450GW인 풍력과 태양광 발전량을 2030년까지 1200GW로 확대하겠다고 밝혔다. 2012년에 6.5GW에 불과했던 중국의 태양광 발전은 5년 만인 2017년에는 130GW 발전에 이르는 폭발적인 성장을 이루었다.

● 2012년에 6.5GW에 불과했던 중국의 태양광 발전은 5년 만인 2017년에는 130GW 발전에 이르는 폭발적인 성장을 이루었다.

　2021년 3월 5일 전국인민대표회의에서 발표된 제14차 경제5개년 계획에는 2021~2025년 에너지 집약도(energy intensity)[15]를 13.5% 낮추고 탄소 집약도(carbon intensity)[16]를 18% 낮추는 계획이 포함되어 있다. 또한 에너지 생산에 있어서 비화석에너지(non-fossil energy)의 비율을 15.8%에서 20%로 높이고, 국토 면적에서 숲의 비율을 24.1%로 높이는 계획도 포함돼 있다. 원자력 발전에도 박차를 가하고 있어 2021년에는 52기인 원자로를 2035년경까지 매년 10기 꼴로 증설할 것으로 예상한다. 세계 최고의 핵에너지 공급 국가이다. 중국의 핵발전소가 주로 황해 연안에 지어지고 있기 때문에 만일 후쿠시마 원전과 같은 사태가 벌어진다면 한국에도 대재앙이 될 수 있어 우려하는 사람이 늘어나고 있는 상황이다.

　지구온난화를 억제하기 위한 스미소니언 재단과 자연보존국제연합,

그리고 유엔의 기후변화협약에 참여하고 있는 각국 정부와 기관들의 노력과 심지어 중국 정부까지도 적극적으로 나서 힘을 쏟는 모습을 보면, 유엔기후변화협약에서 목표로 하는 산업혁명 전 대비 1.5°C 이하 유지의 목표는 금세기 내에 달성될 것으로 기대된다.

지구온난화 문제 외에 1990년대 초에 세상을 떠들썩하게 만든 오존 홀 문제는 인류의 생존을 위협하는 환경문제에 세계 각국이 공동으로 대처해 결실을 거두기 시작한 대표적인 사례다. 2014년 세계기상기구(World Meteorological Organization, WMO)와 유엔환경계획(United Nations Environment Programme, UNEP)은 계속 커져만 가던 남극 오존 홀이 처음으로 작아졌다고 발표했다. 오존층 파괴 주범으로 불리던 염화불화탄소는 단계적으로 퇴출되어 97%가 감소했다. 몬트리올 의정서 과학위원회가 2018년 발표한 예상에 따르면 오존홀은 2060년경 완전히 복원될 것으로 보인다.

인류는 답을 찾을 것이다

○

우리나라 기업들의 2021년 신년 경영 계획이 좀 유별나다. 대부분의 대기업에서 '환경·사회·지배구조(Environmental, Social, Governance) 경영'을 선언한 것이다. 환경문제, 사회문제 등에 관심을 가지고 지배구조를 개선하여 지속 가능한 발전을 추구한다는 의미이다. '기업은 이익만 추구한다'라는 오랜 고정관념도 이제는 변하고 있다. 우리나라 기업들도 세계적인 흐름에 동참하고 있다.

2021년 지구의 인구는 78억 명이다. 지난 20년 사이에 15억 명이나 늘었다. 특히 중국의 인구를 넘어선 인도의 인구 증가 속도는 걱정스러울 정도이다. 지구에서 과연 얼마나 많은 인구가 (비교적 자연스러운 환경 속에서) 살 수 있을까? 이러한 질문에 대한 답으로는 미국 매릴랜드 대학의 환경시스템학 교수 얼 엘리스(Earl Ellis)의 〈뉴욕타임즈〉 기고문[17]이 설득력이 있어 보인다. 그의 글은 요약하면 다음과 같다.

"오늘날에도 나의 동지 과학자들이 인구가 지구의 자연적 수용능력을 넘어서면 지구는 버틸 수 없다고 이야기하고 있고 나도 한때 그런 말을 믿었다. 하지만 그 말은 엉터리이다. 지구의 상황은 배양접시 위에 박테리아를 배양하는 것과는 다르다. 만일 지구에 어떤 자연적인 한계 같은 것이 있다면 인류는 이미 수만 년 전에 그 한계를 넘어섰다. 우리의 조상들은 더 나은 영양 섭취를 위해 음식을 요리하는 법, 사냥하는 법을 개발해 왔으며 돌을 이용하여 집을 짓는 법, 농사하는 법 등을 통해 환경의 한계를 극복해 왔다. 유엔식량농업기구(Food and Agriculture Organization of the United Nations, FAO)는 2050년에 지구의 인구가 90억 명에 달할 것이라 예상하며 인구 과잉을 경고했지만, 미래의 과학기술이 어떤 것을 가능하게 할지 모르는 것이 아닌가? 인구의 한계란 존재하지 않는 것이다."

현대인의 삶은 전혀 '자연적'이지 않다. 심지어 TV 프로그램 〈나는 자연인이다〉의 주인공들도 산속에 살기만 할 뿐 자연적이지 않은 삶을 산다. 그들은 현대 문명의 이기를 상대적으로 조금 덜 사용하고, 가공식품을 덜 먹으며 살고 있을 뿐이다. 지구의 모든 사람은 편안한 삶을 살기 위해 집을 짓고, 우물을 파고, 요리를 하고, 용기와 도구를 사용하며 살고 있다. 이 모든 것이 수만 년 동안 인류가 지구상에서 전보다 나은 삶을 살기 위해 개발해 온 것이다. 인류는 앞으로도 그러한 과학적 개발을 통해 아주 오랫동안 살아남을 것이다.

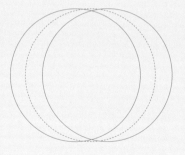

수천 년간
지속 발전해 온 유일한 학문

Σ

현대 사회에는 수많은 학문 분야가 존재한다. 그중에 오직 수학만이 갖는 특징이 있다. 그것은 바로 수학은 수천 년간 지식을 쌓아가며 지속적으로 발전해 왔다는 점이다. 나는 평소에 이 말을 자주 하는데 이 이야기를 처음 듣는 이들 중에는, 심지어는 수학자들 가운데에서도 "어? 그런가?" 하는 이들이 많다. 사람들은 대부분 그저 막연히 '서양의 학문 중에는 철학이나 천문학, 법학 등이 오래되지 않았나?' 생각했을 테지만 막상 한번 따져보면 금방 이 말에 동의하게 된다. 수학은 다음과 같은 3가지 특징이 있다.

1│ 수천 년간 지속적으로 발전해 온 유일한 학문이다.
2│ 완벽한 해(解)를 추구하는 학문이다.
3│ (언어교육과 더불어) 기초소양 교육의 핵심이다.

서양의 학문 중에 역사가 2000년 이상 된 학문은 수학 외에도 철학, 법학, 천문학, 의학, 음악, 지리학, 역사 등 여러 개를 꼽을 수 있지만 그중에 수학만큼 지식을 축적하며 발전해 온 학문은 없다. 서양의 철학은 강력한 종교의 독점으로 1500년 이상 그 존재 자체가 확실치 않았고, 법학은 시대와 상황에 따라 모습과 가치가 변했으니 꾸준히 탑을 쌓듯 지식을 발전시키기 어려웠다. 의학은 전문 분야로 성장한 지 그리 오래되지 않았을 뿐 아니라 과학이 발전하면서 약 300년 전부터는 그전의 의학과 완전히 이별하고 새로운 패러다임이 시작되었다.

거대한 지식의 탑을 쌓다

○

천문학이나 음악은 수학 못지않게 오랜 세월 지속적으로 발전해 온 학문이지만 천문학과 음악은 2000년 이상 수학 내의 분야로 인식되어 왔다. 피타고라스(Pythagoras, BC 570-BC 495)는 수학을 기하, 산술(정수), 음악, 천문 4개의 과목으로 나누었고 유럽은 그 이후 오랜 세월 이 전통을 지켜왔다.

해와 달의 움직임이 기후와 바닷물의 변화를 일으키므로 야외에서 경제생활을 하던 옛사람들에게는 정확한 달력을 만드는 것이 매우 중요했다. 요즘과 같은 빛 공해가 전혀 없던 시절에는 하늘의 별을 관찰하고 그 변화를 기록하는 일에 종사하는 사람들도 많았을 것이다. 그리스의 히파르코스(Hipparcos, BC 190-BC 120), 알렉산드리아의 프톨레마이오스, 아라비아의 알바타니(Al-Battani, 858?-929) 등은 수학자로서 천문 연구를 위해 삼각법을 개발하고 발전시켰다. 지동설로 유명한 니콜라우스 코페르니쿠스(Nicolaus Copernicus, 1473-1543)와 그의 제자 게오르크 요아힘 레티쿠스(Georg Joachim Rheticus, 1514-1574)는 천문 연구를 위해

● 이탈리아 로마에 있는 피타고라스 동상. 피타고라스는 수학을 기하, 산술, 음악, 천문으로 나누었고 유럽은 그 이후 오랜 세월 이 전통을 지켜왔다.

오랫동안 발전되어 왔던 삼각법을 거의 완성했다. 레티쿠스는 『삼각형의 위업』을 1551년에 쓰기 시작했으나 완성하지 못했는데 이를 제자 발렌티누스 오토(Valentinus Otho)가 완성하여 1596년에 1,500쪽의 책으로 출간했다. 이 책에 실린 삼각비의 값은 매우 정확하여 20세기 초까지 사용되었다.

위대한 수학자 뉴턴, 피에르 시몽 라플라스(Pierre Simon Laplace, 1749-1827), 카를 프리드리히 가우스(Carl Friedrich Gauss, 1777-1855), 요하네스 케플러(Johannes Kepler, 1571-1630) 등도 당대 최고의 수학자이면서 천문 연구에 일생을 바쳤다. 특히 가우스는 그가 평생 근무한 괴팅겐 대학에서 천문대장직을 맡아 일하며 천문학의 현대화에 지대한 공헌을 했지만 당대에는 그를 수학자로만 여겼다.

음악도 비슷하다. 피타고라스학파의 영향으로 수학자들이 오랜 세월 음체계의 구성이나 화성학 등을 연구했고 중세 이후 유럽의 대학에서는 음악을 수학의 한 과목으로 학생들에게 가르쳤다. 현대에도 음악은 같은 예술 분야인 미술과 크게 대비되는 점이 있는데 음악 연주자들이 대학에서 박사과정까지 이수하는 것은 비교적 흔히 볼 수 있는 반면, 미술에는 박사과정 자체가 없다는 점이다. 그것은 음악이 오랫동안 수학과 같은 학문 분야로서의 전통을 갖고 있기 때문이다.

수학은 인류가 남긴 지혜의 창고다. 수학자들은 요즘의 좁은 의미의 수학만이 아니라 기계, 역학, 천문, 광학, 음악 등 다양한 분야의 주제를 연구했다. 우리는 현재 3700년 전 이집트의 수학 내용과 수준에 대해 알고 있고, 2400년 전 그리스의 수학과 1000년 전의 아라비아의 수학, 중세 유럽의 수학에 대해 자세히 알고 있다. 수학은 오랜 세월 마치 큰 탑을 쌓듯이 발전해 왔으며, 지금은 아주 크고 높은 거대한 탑이 되어 있다.

물리학, 화학(연금술 이후의 근대적 화학), 생물학, 지구과학 등의 자연과학이 독립적인 학문 분야로 자리를 잡은 것은 길어야 300년 정도이고 대부분의 공학 분야의 역사도 200년을 넘지 않는다. 근대의 공학 또는 기술은 주로 군사 분야와 건설 분야로 이루어져 있었다. 현대에 토목공학을 영어로 '군대가 아닌 민간이 하는 공학'이라는 의미의 '민간공학(civil engineering)'이라고 부르는 것도 그 때문이다. 세상은 빨리 변해가고 과학기술은 눈부시게 발전하고 있는데 수학자들이 하는 연구는 100년 전이나 지금이나 별 차이가 없다. 그렇지만 나는 수학이 인류가 오랫동안 이룩한 최고 지성의 정수라는 의미에서 수학 연구를 하는 데에 인생을 바친 것이 자랑스럽다. 천문학, 물리학, 기계학 등이 수학에서 갈라져 나갔고, 다시 전기공학, 기상학 등이 물리학에서 갈라져 나오는 등 학문은 분파를 거듭해 최근에는 수많은 이공계 학문 분야가 존재하고 수학의 입지와 역할은 전에 비해 많이 좁아져 있다. 그래도 수학은 그리스 시대로부터 지금까지 수많은 수학자들이 쌓아올린 거대한 지식의 탑을 보유하고 있다.

수학자와 수학교육자

○

수학은 완전한 해를 추구하는 학문이다. 수학 내에도 근사적인 또는 확률적인 해를 추구하는 분야도 있고 최근에는 그런 분야가 중요한 역할을 하고 있지만 수학이 오랫동안 추구했던 본연의 가치는 완벽한 해를 구하는 것이다. 수학자들은 원래 이 세상의 모든 문제에 관심이 있다. 자연의 섭리뿐만 아니라 심지어 인문, 사회, 경제의 모든 문제가 수학 연구의 대상이 될 수 있다. 다만 수학은 완전한 답을 추구한다는 철학이 있다. 예를 들어 한 나라의 경제 현상에 대한 문제를 경제학자와 수학자가 연구할 때, 경제학자들은 답을 70~80%만 맞혀도 만족할 수 있지만 수학자들은 1%의 예외만 있어도 의미가 없다. 그래서 수학자들은 완벽한 해를 구할 수 있도록 구성된 문제들만 주로 다룬다.

일반 대중은 '수학' 하면 '수학교육'을 떠올린다. 수학교육은 그 자체로 매우 중요한 사회적 요소이고 수학의 중요한 역할이지만 수학자들이 연구하는 학문 분야로서의 수학과 학생들에게 수학을 가르치는 수학교육은 서로 완전히 다른 분야이다. 하지만 사람들은 이 둘을 구별하지 않는다. 그래서 사람들은 수학자들에게 "수학을 꼭 누구에게나 가르쳐야 해요?", "학교에서 배웠던 어려운 수학을 사회 나가서 써먹은 적이 없어요", "학교 다닐 때 왜 그렇게 어려운 수학을 배웠어야 하는지 모르겠어요"라고 말한다. 수학자들은 사실 수학이라는 학문을 연구하는 연구자일 뿐이어서 초중고 과정의 수학 교육에 대해서는 잘 모른다. 대부분의 수학자는 학교 수학교육에 직접 관여하지 않기 때문이다.

수학 교육은 오랫동안 언어 교육과 더불어 교육의 핵심을 이루어왔고, 그것은 세계 어느 나라나 똑같다. 우리나라에 어려운 수학 공부를 하느라 고생하는 학생들이 많은데 수학자나 수학교육자들이 그런 상황을 만든 것이 아니다. 그건 과열된 입시 경쟁 때문이다. 학생들의 학습량이 과다하고 사교육 시장이 비대해지고 사교육으로 불평등이 발생하는 것은 좋은 고등학교나 대학교에 가겠다고 열을 올리는 사람들에 의해 생긴 사회적 현상 때문인데, 그것이 수학자들이나 수학 교육 담당자들의 과욕 때문이라고 오해하는 사람들이 의외로 많다.

세계 모든 나라의 수학교육자들에게는 수학 학습부진 학생들을 어떻게 하면 좀 더 잘 가르칠지가 주요 관심사이다. 수학 영재들의 축제인 국제수학올림피아에 모인 각국의 수학자, 수학교육자들도 영재교육보다는 대개 학습부진아 대책에 더 관심이 많다. 모든 나라가 모든 학생에게 수학을 가르쳐야 한다는 정책을 유지하고 있기 때문에 각 나라는 거의 동일한 어려움을 겪고 있다. 하지만 아직은 어떤 나라도 획기적인 특별한 묘안을 찾아내지 못하고 있는 듯하다.

기호의 탄생

○

역사적으로 수학이 발전하는 데 작용한 3요소는 다음과 같다.

1 | 유용한 기호의 발명
2 | 뛰어난 수학자의 탄생
3 | 사회적 여건 조성

이 중 둘째와 셋째는 너무나 당연해 보일 것이다. 하지만 기호의 발명은 의외라고 느낄 수 있다. 위대한 수학자의 탄생과 사회적 여건에 대한 설명은 생략하고, 수학이 발전하는 데 좋은 기호의 발명이 얼마나 중요한 역할을 했는지에 집중해 보자.

우리는 로제타석(Rosetta stone)과 린드(Rhind) 파피루스의 발견 덕분에 고대 이집트의 수학이 어느 정도 수준이었는지 알고 있다. 이 파피루스는 스코틀랜드의 헨리 린드(Henry Rhind)가 1858년에 수집한 것으로, 두 조각으로 이루어져 있고 폭 32cm, 전체 길이 5m에 이른다. 약 3600년쯤 전에 이집트의 서기 아메스(Ahmes)가 기록한 것이다. 당시 이집트는 기하의 수준은 제법 높았으나 곱셈, 분수 등 산술의 수준은 매우 낮았다.[18] 산술에 사용되는 좋은 기호가 없었기 때문이다. 이는 그리스 시대에도 마찬가지이다. 모든 산술적 계산과 표현을 기호가 아닌 말이나 알

1	α	alpha	10	ι	iota	100	ρ	rho
2	β	beta	20	κ	kappa	200	σ	sigma
3	γ	gamma	30	λ	lambda	300	τ	tau
4	δ	delta	40	μ	mu	400	υ	upsilon
5	ε	epsilon	50	ν	nu	500	φ	phi
6	ς	vau	60	ξ	xi	600	χ	chi
7	ζ	zeta	70	o	omicron	700	ψ	psi
8	η	eta	80	π	pi	800	ω	omega
9	θ	theta	90	ς	koppa	900	λ	sampi

● 그리스의 숫자 표기법

파벳으로 나타냈기 때문에 복잡한 계산을 하거나 공식을 만드는 것이 거의 불가능했다. 예를 들어 고대 그리스에서는 숫자 '1', '2' 대신 알파벳 'α', 'β'를 사용했다. $\sigma\nu\alpha$는 요즘 기호로는 251을 의미한다. 여기서 σ는 200, ν는 50, α는 1을 의미한다.

숫자를 알파벳으로 나타내는 것도 불편했지만 0이라는 수의 개념이 개발되지 못해 수의 자릿수를 이용하는 법을 몰랐다. 대수학의 아버지로 불리는 후기 알렉산드리아 시대의 디오판토스(Diophantos, 200?-284?)가 그리스 수학에서 최초로 기호를 도입했다고 알려져 있지만 일부 생략 기호를 사용한 것에 그쳤고, 그의 대수학은 여전히 기호 부족으로 일정 수준을 넘지 못했다. 수학을 말로 풀어내는 수사적 수학으로는 발전에 한계가 있었기 때문이다. 유럽의 수학자들은 15세기까지 진정한 수학기호 사용법을 알지 못했다.

0의 발견이 대단한 이유

○

역사적으로 수학 발전에 가장 큰 기여를 한 수학기호를 꼽으라고 한다면 바로 0부터 9까지 10개의 '아라비아 숫자'이다. 정확하게 부르자면 인도-아라비아(Hindu-Arabic) 숫자이다. 이 숫자 표기법은 인도에서 발명되어 아라비아를 거쳐 유럽으로 전파되었다. 유럽에 이를 처음 소개한 사람은 유명한 수학자 레오나르도 피보나치(Leonardo Fibonacci, 1170?-1240?)이다. 그는 북아프리카, 이집트, 시리아 등에서 아라비아의 수학을 접하고 이를 정리하여 유럽에 전파하는 큰 공을 세웠다.

독자들은 '0'의 발견이 매우 중요한 일이라는 말을 한번쯤 들어봤을 것이다. 영(零)은 물건의 개수를 셀 때는 등장하지 않으므로 자연스럽게 생각할 수 있는 숫자는 아니다. 0은 수를 10진법의 '자릿수'로 나타내거나 자릿수 계산을 할 때 꼭 필요하기에 일부러 고안해 낸 숫자이다. 인도의 바스카라 1세(Bhaskara I, 600?-680?)가 처음으로 0(작은 동그라미로 나타냄)과 10진법의 사용을 기록에 남긴 것으로 알려져 있다. 그는 인도의 위대한 수학자 브라마굽타(Brahmagupta, 598-668)와 동시대의 수학자이다. 인도 역사상 바스카라라는 이름의 유명한 수학자가 두 명 있다. 또 다른 이는 바스카라 2세로 그가 1150년에 쓴『싯단타시로마니(Siddhān-ta Śiromani)』는 4권으로 이루어져 있는데 1권이 그 유명한『릴라바티(Lilāvati)』이다. 이 책에는 방대한 수학과 천문학 내용이 담겨 있는데 그 수준이 유럽의 17세기 초 수학과 비슷하다.

덧셈, 뺄셈, 등호의 등장

○

16세기가 시작될 무렵부터 유럽은 사상적, 사회적, 종교적, 정치적, 경제적으로 새로운 시대를 맞이한다. 본격적인 르네상스 시대가 열리면서 수학과 과학도 비약적으로 발전한다. 그 발전과 더불어 시작된 것이 수학 기호의 사용이다. 덧셈, 뺄셈 기호인 ' + ', ' – '는 독일의 요하네스 비드만(Johaness Widmann, 1460-1498)과 네덜란드의 힐리스 판 데르 후커(Gielis van der Hoecke)가 처음 소개한 것으로 알려져 있다(각각 1489, 1524). 매우 중요한 기호인 등호 기호 '='는 영국의 로버트 레코드(Robert Recorde, 1512-1558)가 쓴 책에서 처음 등장한다(1557). 그가 만든 기호는 요즘 우리가 쓰는 등호 기호보다 더 옆으로 길쭉하게 생겼다.

우리는 어릴 때 수학을 처음 접하면서부터 수학기호를 사용해왔기 때문에 그렇게 위대했던 천재들이 왜 수학기호 사용법을 몰랐을까 이해가 가지 않을 수 있다. 수학자들끼리 교류하고 공동의 커뮤니티를 구성하는 것이 모두 어려웠던 시절이어서 누군가가 새로운 공용의 기호를 만들어서 소통하는 것이 힘들었을 것이다. 수학이 아니더라도 기호나 문자를 만드는 것 자체가 생각보다 쉽지 않다. 새로운 기호를 만드는 것은 새로운 문자를 만드는 것만큼 어려웠을 것이라고 상상할 수 있다.

우리가 현재 일상에서 사용하는 문자의 발명도 얼마나 어려운 것인지 생각해 보자. 지금 인류가 일상적인 언어 사용에서 쓰고 있는 문자의 종

Howbeit, for easie alteratió of *equations*. I will pro=
pounde a fewe eráples, bicause the extraction of their
rootes, maie the more aptly bee wroughte. And to a=
uoide the tedioufe repetition of thefe woordes : is e=
qualle to : I will fette as I doe often in woorke bfe, a
paire of paralleles, or Gemowe lines of one lengthe,
thus:=========,bicaufe noe. 2. thynges, can be moare
equalle. And now marke thefe noimbers.

$$1\,4.2.—+—.15.9=======71.9.$$

● 로버트 레코드의 책 『지혜의 숫돌』에 등장하는 등호 기호. 오늘날 사용하는 등호 기호보다
길쭉하게 생겼다.

류는 얼마나 될까? 나는 예전에 국제수학올림피아드에 참가했을 때 100
개가 넘는 참가국에서 사용하고 있는 문자의 종류가 그리 다양하지 않
다는 것을 처음으로 실감한 적이 있다. 인류의 문화가 오랜 세월 발전해
오며 수많은 문자가 만들어졌지만 지금까지 살아남아 사용되는 문자의
종류는 의외로 그리 많지 않다. 100여 개 참가국 중에는 로마 및 그리스
알파벳, 키릴문자, 아랍문자 중 하나를 사용하는 나라가 대부분을 차지
하고 자기 나라 고유의 문자를 사용하는 나라는 한국, 중국, 타이완, 일
본, 태국 정도이다. 문자를 만들어 널리 사용한다는 것이 아주 어려운 일
이라는 것을 느낄 수 있다. 일본 문자는 한자의 일부를 차용하여 고유의
발음을 나타내고 태국의 타이 문자는 13세기에 람캄행 대왕(Ramkham-
haeng, 1239?-1298?)이 창제했다고는 하나 기본적으로 크메르 문자를 자

신들의 언어에 맞게 변형한 것에 불과한 반면, 한글은 세종대왕이 자음과 모음의 결합으로 음을 나타내는 표음문자로 고안한 완전히 독창적인 문자이다. 한글은 전 세계의 수많은 문자 중에 잘 알려진 한 사람(또는 소수집단)에 의해 독립적으로 창조된 유일한 문자이다. 대한민국이 세계에 내세울 가장 자랑스러운 문화유산을 꼽으라 한다면 바로 한글일 것이다. 세종대왕의 업적은 언제 봐도 늘 새롭고 놀랍다.

문자 계산의 혁신이 시작되다

○

요즘에는 방정식을 풀 때 미지수를 문자 x로 나타내고 계산을 하지만 3차, 4차 방정식의 해법을 구하기 위해 치열하게 경쟁하던 16세기 이탈리아 수학자들은 그렇게 미지수를 문자로 나타내는 것을 상상조차 하지 못했다. 요즘의 시각에서 보면 당시에 그런 문자 계산도 없이 어떻게 그렇게 복잡한 3차, 4차 방정식의 일반적인 해법을 연구했을지 상상하기조차 어렵다.

문자 계산이라는 혁신적인 아이디어를 처음 낸 것은 프랑스의 프랑수아 비에트(François Viète, 1540-1603)이다. 그는 미지수는 모음으로, 이미 알고 있는 수(계수)는 자음으로 나타냈으며 덧셈 기호는 사용했으나 등호는 사용하지 않았다. 제곱이나 제곱근 기호도 아직은 없을 때여서 그의 수식은 지금 우리 눈에는 그냥 말로 쓴 문장과 같은 느낌이다. 문자 계산에 결정적인 공헌을 한 또 다른 사람은 르네 데카르트이다. 그는 요즘 우리가 쓰는 방식대로 미지수는 알파벳의 뒤에 나오는 문자 x, y, z를 썼고 기지수(계수와 같은 상수)는 알파벳의 앞에 나오는 문자 a, b, c를 썼다. 카르다노와 그의 제자 페라리의 3차, 4차 방정식의 일반 해법도 데카르트가 최종적으로 정리한 것으로 보인다. 미지수를 문자 x로 나타내는 것은 방정식의 표현이나 그 계산에 있어서 엄청난 혁신이고 수학사적으로 매우 중요한 발명이다.

17세기에는 이미 수학자들이 기호 사용법의 중요성을 인지한 후이기 때문에 여러 수학자가 새로운 기호 개발에 열을 올렸다. 영국의 윌리엄 오트레드(William Outghtred, 1574-1660)는 많은 기호를 만들었는데, 그중 지금까지 사용되는 기호는 그의 책 『수학의 열쇠』(1631)에 등장하는 곱셈 기호 '×'이다. 프랑스의 피에르 에리곤느(Pierre Hérigonne, 1580-1643)의 기호 중 현재 우리가 쓰는 기호는 각의 기호(∠), 부등호 기호(〈), 직각 기호(⊥) 등이다.

뉴턴과 동시대에 미적분학을 발견한 고트프리트 라이프니츠(Gottfried Leibniz, 1646-1716)는 원래 통찰력이 뛰어나고 인문학적인 소

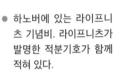

● 하노버에 있는 라이프니츠 기념비. 라이프니츠가 발명한 적분기호가 함께 적혀 있다.

질과 경력이 풍부한 수학자여서 그런지 기호의 사용에 적극적이었고, 그가 만들어 사용한 기호는 매우 정제되어 있었다. 지금 우리가 미적분에서 쓰고 있는 기호는 대부분 그가 발명한 기호이다. 즉, 적분기호 $\int f(x)dx$, 미분기호 $\frac{dy}{dx}$, dy, dx 등이다. 또한 함수의 개념을 이해하여 $y=f(x)$와 같은 식을 처음 도입한 것도 그이다.

레온하르트 오일러는 역사상 가장 많은 수학적 저술(논문)을 남긴 사람이자 수학을 빠른 속도로 현대화시킨 장본인이다. 따라서 그가 고안하여 채택한 기호들은 당시 유럽의 수학자들에게는 금세 표준적 기호로 받아들여졌다. 그는 감마함수(Γ-function), 베타함수(β-function) 등을 만들었고, 지금 우리가 흔히 쓰는 기호인 π, e 그리고 수열의 합을 나타내는 기호 $\sum_{i=1}^{n} a_i$를 만들었다. 삼각형에 대해 세 꼭짓점을 A, B, C라 명명하고 마주보는 변의 길이를 a, b, c라 하며, 세 변의 합의 반을 $s=\frac{1}{2}(a+b+c)$로 나타내는 것도 그의 아이디어였다. 오일러 항등식으로 불리는 $e^{\pi i}+1=0$은 그가 복소수 z에 대한 지수함수 e^z를 다루는 과정에서 등장하는 공식에서 얻어진 것이다. 즉, $e^{i\theta}=\cos\theta+i\sin\theta$에 $\theta=\pi$를 대입하면 $\cos\pi=-1$, $\sin\pi=0$이므로 등식 $e^{i\pi}=-1$을 얻는다.

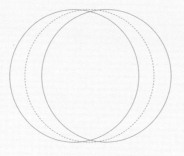

현대 문명에서
수학이 하는 일

Σ

수학이란 사전적인 의미로는 '수, 양, 공간, 구조 등의 형식적 성질에 대해 그것들의 추상적 구조와 관계를 연구하는 학문'이라고 할 수 있다. 하지만 수학의 역사는 길고 수학이라는 학문의 의미는 시대마다 변해왔다. 그리스 시대에는 수학은 철학과 그리 크게 구별되는 학문이 아니었고, 중세 유럽에서 수학은 천문, 산술, 기하, 음악 등 당시에 연구되고 있는 대부분의 자연과학 분야를 모두 포함하여 'Mathematics'라는 말은 어원 그대로 '지식'이라는 의미로 쓰였다.

18세기 이후에 많은 학문이 생기면서 수학의 의미는 많이 축소되었지만, 그래도 수를 공부하는 학문 정도로 축소되지는 않았다. 예를 들어 내가 연구하는 위상수학은 기하적 물체들이 갖는 수가 아닌 군(group)과 같은 여러 가지 다른 형태의 대수적 불변량(invariant), 그리고 물체나 불변량 사이의 함수 등을 이용하여 그 물체들이 갖는 성질들을 연구하고 그것들을 분류하는 학문이다. 수(數)나 양(量)과는 별 관계가 없다.

자연과학은 자연현상에 대한 이해를 인간의 이성을 통해 합리적이고 논리적인 방법으로 추구해 나가는 과정과, 그러한 과정을 통해 얻어지는 지식과 이론의 체계이다. 그런 의미에서 수학은 자연과학에 속하는 것일까 아닐까? 대부분의 대학교에서 수학과가 자연과학대학이라는 단과대학에 속해 있어 막연히 수학은 자연과학의 한 분야이려니 하고 여기는 사람들이 많은데 과연 그게 맞는 것일까? 한마디로 답하자면, 현대의 수학은 자연과학은 아니다. 수학은 몇백 년 전까지는 매우 폭넓은 방향으로 연구하는 학문이었지만, 데카르트의 과학철학과 뉴턴의 운동역학의 등장 이후 학문 분야들이 현대화되는 과정에서 자연과학의 여러 분야가 수학으로부터 분파하며 수학과 자연과학 사이에 어느 정도의 거리가 생겼다고 보는 것이 합당하다. 요즘에는 수학자들이 자연현상을 직접적으로 탐구하지 않기 때문이다. 수학자들은 수학의 세계에서 발생하는 문제들을 연구하지, 실재적 세계의 탐구를 위한 실험이나 관찰은 하지 않는다(물론 일부 응용수학자들 중에 예외는 있을 수 있다).

수학자들은 무엇을 연구할까?

○

나는 주변 사람들로부터 종종 "수학 논문은 어떤 걸 쓰는 건가요?", "수학은 수천 년 되었는데 아직도 풀어야 할 문제가 남아 있나요?"와 같은 질문을 종종 받는다. 자연과학자들이 하는 연구는 일반인이 상상하는 것과 별 차이가 없겠지만 수학자들이 하는 연구는 일반인에게 설명하기가 쉽지 않다. 수학자들의 본연의 연구 활동은 당연히 수학적인 문제를 푸는 것이고 그들은 그 풀이를 논문으로 발표한다. 수학적인 문제를 푼다는 것은 대개 어떤 수학적 추측을 증명하는 것을 의미한다. 수학자들에게는 좋은 문제, 즉 좋은 추측을 만들어내는 것도 중요한 연구 활

● 현대의 수학은 자연과학이 아니다. 데카르트의 과학철학과 뉴턴의 운동역학이 등장한 뒤 자연과학의 여러 분야가 수학으로부터 분파해 나갔다.

동 중 하나이다. 또 그들은 수학적 이론들을 이해하고 정리하여 책이나 조사(survey) 논문으로 내기도 한다.

수학에는 다른 자연과학분야와 비슷하게 순수수학과 응용수학의 두 종류가 있다. 응용수학자는 세계적으로 전체 수학자의 10~15%를 차지한다. 응용수학은 계산수학, 수치해석(컴퓨터를 이용하여 근삿값을 구한다), 금융수학, 생물수학, 조합론, 암호학 등 다양하고 최근에는 인공지능과 빅데이터와 연관된 수학 분야도 주목받고 있다. 순수수학자들도 간혹 여러 가지 산업수학 분야의 문제를 푸는 데에 참여하기도 한다. 순수수학과 응용수학은 철학적으로나 방법론적으로 서로 다른 점이 많으니 이 장에서는 순수수학을 중심으로 살펴보자.

수학과에 입학한 대학생들은 2학년 때 처음으로 전공과목을 들으면서 지금까지 배웠던 수학과는 완전히 다른 수학을 접하게 된다. 학생들은 그때 수학의 아주 기초과목인 해석개론, 선형대수학, 집합론 등을 접하면서 논리적 사고능력과 서술능력을 기른다. 고등학교 때까지의 수학은 대개 어떤 값을 계산하거나 실수에서 정의된 단순한 함수의 성질에 대한 문제를 다루는 데 비해 대학에서 배우는 수학에서는 실수의 세계를 넘어 좀 더 추상적이고 논리적인 세계를 접한다. 3, 4학년 때 배우는 현대대수학, 복소해석학, 실해석학, 미분기하, 일반위상수학, 정수론(물론 컴퓨터를 사용하는 수학이나 여러 가지 응용수학 과목도 배운다) 등의 과목을 통해 수학의 어려움에 몸서리를 치게 되지만, 한편으로는 그 위대함과 아름다움 때문에 수학을 벗어나지 못하고 자신의 인생을 수학 공부에 걸지 말지를 고민하게 된다.

대학 졸업 후에 수학을 더 배우고 싶어 대학원에 진학하는 경우, 여러 수학분야 중 하나를 선택하면서 또 다시 새로운 경지의 수학을 만난다. 대학생 때까지는 여러 가지 기초수학을 배우고 익히기 위해 많은 정리와 개념을 외우고 이해하기 바빴지만 대학원생이 되면서부터는 자기 분야에서 현대 수학자들이 연구하고 있는 진짜 수학을 접한다. 다른 이공계 분야의 학생들도 비슷한 경험을 하지만 수학 전공자들의 경우에는 누구나 어려서부터 수학을 접한다는 점, 꾸준히 실력을 쌓아올려야 한다는 점, 수학도들 간의 실력 차이가 비교적 쉽게 드러날 수 있다는 점 등이 특징이다. 그리고 유별난 특징이 하나 있는데, 세계의 모든 수학자가 공통의 수학의 세계에서 같은 문제들을 같은 방법으로 연구한다는 점이다. 공학이나 순수과학 분야까지 포함한 대부분의 과학 분야에서는 나라와 지역에 따라 연구 분야와 방법이 크게 다를 수 있다. 그것은 나라마다 산업이나 경제 환경이 다르고 중점 육성분야가 다르기 때문인데, 수학은 상대적으로 매우 글로벌하다. 수학자들에게는 세계의 모든 수학자가 자신의 동료이자 경쟁자이다.

이처럼 수학이 워낙 기본적이고 오래된 학문인 데다 세계적으로 모든 수학자가 동일한 연구를 수행하다 보니 대학교 간 또는 국가 간의 수준을 비교할 때 수학이 좋은 잣대가 될 수 있다. 미국의 경우 많은 대학이 서로 자기네 대학이 최고 명문이라고 뽐내고, 또 대학마다 집중적으로 육성하는 학과들이 있는 경우가 많아 대학교 간 수준 비교가 쉽지 않지만, 어느 대학의 '수학 수준'이 그 대학의 전반적인 학문, 특히 이공계 학문의 수준을 대표하는 경우가 대부분이다. 나라도 마찬가지이다. 한 나라의 국력(또는 경제력)이나 국민 수준이 대체로 그 나라의 수학 수준과 비례한다.[19]

순수수학의 세계

○

순수수학에는 어떤 분야들이 있을까? 우선 전통적으로는 (현대)대수학, 해석학, 기하학, 위상수학, 이렇게 네 분야가 있다. 하지만 대수기하학, 조합론 등 독자적으로 큰 영역을 차지하고 있거나 두세 개 분야 사이에 놓인 분야도 여럿 있다. 세계의 수학은 미국이 중심축을 이루고 있는데, 통일적이고 국제적이라는 수학의 특성이 미국의 중심적 역할을 더욱 강화하는 요인이 되고 있다. 미국수학회(American Mathematical Society,

AMS)가 정한 수학 분야의 분류(Mathematical Subject Classification, MSC)에 따르면 큰 분류만 해도 64개가 있고 그 안의 소분류를 모두 치면 수백 개 분야에 이른다. 여기서는 몇 가지 대분야에 대해 간단히 소개해 보려 한다. 수학 분야에 대한 설명이 복잡하게 느껴지는 독자들은 이 부분을 건너뛰고 넘어가도 좋겠다.

우선, 대수학(algebra)은 현대대수학을 의미한다. 고전적 대수학은 원래 정수계수 다항식의 일반해를 구하는 분야로[20], 16~17세기 수학의 핵심 분야였으나 1830년경 에바리스트 갈루아(Évariste Galois, 1811-1832)가 만든 갈루아이론에 의해 5차 이상의 방정식의 일반해는 존재할 수 없음이 증명됨으로써 그 긴 역사를 마치게 되었다. 이에 따라 갈루아이론을 중심으로 현대대수학이라고 불리는 새로운 분야가 시작되었다. 어떤 집합이 적당히 좋은 연산을 가질 때 그것을 군(group)이라고 부르고, 아주 좋은 연산 두 개를 가지면 그것을 체(field)라고 부르는데[21], 갈루아이론에 있어서 이 두 가지 개념이 핵심적인 역할을 한다. 그래서 현대대수학은 군과 체, 또는 환(ring) 등과 같이 연산 구조(이것을 대수적 구조라 부른다)를 갖는 집합을 주로 다룬다. 군이론, 환이론, 가환대수(commutative algebra), 호몰로지대수(homological algebra) 등과 같이 대수적 구조를 연구하는 분야도 있지만 대개는 정수론, 표현론(representation theory), 대수적조합론, 대수기하, 선형대수학 등과 같이 대수적 구조를 갖는 집합들을 이용하여 여러 가지 다른 수학 문제를 푸는 분야들이 주를 이룬다.

해석학(analysis)은 17세기 말에 등장한 미적분학으로부터 출발한 수학 분야로 상미분방정식, 편미분방정식, 그리고 함수들이 갖는 성질을 연구하는 함수해석학 등이 해석학의 주요 분야이다. 복소수와 실수의 세계는 매우 다르므로 복소해석학(complex analysis)과 실해석학(real analysis)으로 크게 나뉘기도 한다. 확률론(probability theory), 수치해석학(numerical analysis), 근사론(approximation theory), 측도론(measure theory) 등 많은 분야가 있다. 해석학은 수학에서 가장 큰 분야이고 가장 많은 수학자가 해석학 분야에서 연구하고 있다. 해석학에서 다루는 문제나 이론들은 수학의 다른 분야에 비해 실제 세계와 비교적 가까워서 대개의 응용수학은 해석학적인 방법론을 근간으로 하고 있다.

기하는 가장 오래된 수학 분야이다. 저차원기하 또는 조합기하와 같이 고전적인 기하를 연구하는 기하학자들도 있기는 하지만 대부분은 리만(Riemann)기하 이후의 현대적인 기하를 연구하고 있다. 전 세계 기하학자 중 반 이상은 미분기하를 연구하는데 미분기하에서는 주로 미분다양체(differential manifold)의 기하적 성질을 연구한다. 대수기하(algebraic geometry)는 20세기 중반 이후에 비약적으로 발전하며 대수적위상수학과 더불어 현대수학의 꽃으로 불리는 분야로, 이름만 보면 기하 분야로 보이지만 대체로 보통의 기하와는 다른 독립적인 분야로 볼 수 있다. 굳이 따지자면 기하보다는 대수 분야에 더 가깝다. 대수기하는 수론(number theory)과 매우 밀접하다. 예를 들어 90년대 중반에 앤드류 와일즈(Andrew Wiles, 1953-)가 페르마의 마지막 정리(수론에서 가장 중요한 문제였다)를 증명할 때 사용한 주요 방법론이 대수기하적 방법론이다.

내가 전공하고 있는 위상수학(topology)은 기하와 사촌쯤 되는 분야로 앙리 푸앵카레(Henry Poincaré, 1854-1912)가 창시한 이래 20세기에 크게 발전한, 수학분야 중 가장 젊은 분야이다. 이 분야의 가장 기초가 '호모토피(homotopy)'라는 개념인데 내용이 너무 어려워서 대중에게 어떤 문제와 이론을 다루고 있는지 설명하기가 쉽지 않다. 위상수학에는 어렵긴 하지만 이 세상의 오묘함과 아름다움을 느낄 수 있는 내용이 아주 많이 담겨 있다. 위상수학 분야의 기초가 되는 호모토피이론을 처음 배울 때 사람들은 그 이론에 등장하는 멋진 기하석, 대수적 구조늘에 매료된다. 위상수학은 기하적 대상(이것을 위상수학에서는 위상공간 topological space 또는 그냥 공간이라고 부른다)을 그들이 갖고 있는 불변량(invariant)을 통해 분류하는 일을 한다. 불변량들은 대개 군, 환과 같은 대수적 불변량인데 이들은 두 공간 사이의 함수와도 잘 어울려야 한다.

● 수학에서의 최고 영예인 필즈메달의 앞면과 뒷면. 20세기 중반 필즈메달 수상자들은 대부분 위상수학이나 기하 분야에서 나왔다.

여섯 번째 이야기

20세기 중반, 특히 제2차 세계대전 종전 이후에 40여 년간 세계 최고의 젊은 수학자들 대부분이 위상수학에 관심을 가지며 집중적으로 발전했다. 이 기간에 수학에서의 최고 영예인 필즈메달(Fields Medal) 수상자들은 대부분 위상수학이나 기하(미분기하 또는 대수기하) 분야에서 나왔다.

수학과 자연과학의 차이

○

물리학, 화학, 생물학, 지구과학, 천문학 등을 연구하는 자연과학자들은 자연의 현상과 성질에 대해 연구하는 것이 목적이므로 그들의 업적이나 실력을 그들의 연구결과(주로 논문)로 평가하는 것은 당연하다. 자연과학자는 자신이 발견하거나 증명해 낸 과학적 사실에 근거하여 발표한 논문, 초록, 저서 등 연구의 성과물만으로 그 과학자가 얼마나 훌륭한지를 평가하면 되지만 수학자는 약간 다르다.

수학자들에게는 자신들이 밝혀내거나 증명한 수학적 사실을 발표한 연구업적물의 양과 질도 중요하지만 그보다 더 중요한 것은 수학적 '실력'이다. 수학은 언어의 성격이 강하기 때문에 수학자들에게는 그 언어의 구사 능력이 중요하다. 남들이 풀지 못하는 문제를 풀어내는 문제 해결능력이 있어야 하는 것은 당연하고, 그 외에 남들이 만들어놓은 어려운 이론과 개념을 이해하는 이해력과 실제 문제를 풀 때 그것들을 사용하는 활용 능력이 있어야 한다. 그리고 수학자들에게 꼭 필요한 능력은 많은 수학 이론들과 문제들에 대한 통찰력이다. 좋은 수학자가 되려면 숲 전체를 보는 능력이 필요하다. 어떤 문제를 풀 때 그 문제가 다른 문제들과 어떤 연관이 있는지, 그 문제의 결과가 어떨 것인지, 어떤 방법이나 방향에서 그 문제를 공격해야 좋을지를 미리 예측하는 통찰력이 매우 중요하다.

수학자들이 풀고자 하는 문제들은 매우 어려운 것들이기 때문에 한 문제를 풀기 위해 여러 해 동안 몰입하는 경우가 많다. 그럴 때 좋은 아이디어를 내서 문제를 푸는 경우도 있지만, 다른 수학자들이 다른 문제를 풀 때 사용했던 이론, 정리, 개념들을 자기 문제에 잘 적용해서 풀어야 하는 경우가 많다. 그렇기에 다른 수학자들과 토론을 하거나 다른 이들의 사전 연구를 검색하고 이해하는 과정이 필요하다. 그래서 수학자들에게는 정보력과 소통 능력도 매우 중요하다. 지식과 정보가 충분히 있어야 통찰력도 생기고 문제해결 능력도 증진된다.

대부분의 수학자가 연구 활동에서 가장 많은 시간을 쓰는 것은 선행 연구에 대한 학습이다. 만일 어느 수학자가 다른 수학자들이 쓴 논문이나 책을 더 이상 읽지 않는다면 그 수학자는 더 이상 연구 활동을 하지 않고 있다고 보아도 무방하다. 좋은 수학자가 되기 위해 꼭 필요한 능력 중에 하나는 남들이 암호처럼 써놓은 논문을 이해하는 해독능력이다. 수학자들은 자기가 사용했거나 창조해 낸 개념이나 풀이법을 정확하지만 불친절하게 설명해 놓는 경우가 많다. 그래서 그 분야를 선도하는 최고 수학자가 쓴 논문이나 책을 읽을 때, 저자가 쓴 내용을 잘 이해하는 것이 쉽지가 않아 특별한 해독능력이 요구된다. 이러한 해독능력은 수학연구에 필요한 다른 능력들과는 별도로 일정 수준 이상의 재능과 노력을 통해 얻어지는 능력이다.

자연과학자들에게는 자연이라는 실존하는 대상이 있지만 수학자들에게는 수학의 세계라고 하는 가상의 세계만이 있다. 수학자들은 그들이 설정한 논리적이고 인위적인 세계에서 일어나는 현상들을 연구한다. 그리고 거기에서 개발한 이론들을 추후 누군가가 실재적 세계 어딘가에 적용할 수 있기를 기대한다. 그들이 수학 문제를 풀고 새로운 이론을 개발하는 행위는 실력을 키우기 위한 일종의 훈련 과정이다. 그런 과정을 통해 획득한 수학 실력이 쌓여서 좁게는 하나의 국가, 넓게는 인류 전체의 수학 수준이 결정된다. 따라서 전 세계 수학자들의 모임을 하나의 군생명체로 비유할 수 있다. 각 세포(수학자)들이 일을 열심히 하면 더 건강

● 수학자들은 그들이 설정한 논리적이고 인위적인 세계에서 일어나는 현상들을 연구한다. 거기에서 개발한 이론들을 추후 누군가가 실재적 세계 어딘가에 적용할 수 있기를 기대한다.

해지고 발전하는 것이다. 이와 같이 수학자들은 하나의 집단적 지성체를 이루어 함께 유기적으로 활동하며 인류의 수학 수준을 높이기 위해, 그리고 자연의 신비를 밝히는 데 공헌하고 있다.

인류 문명과 수학

○

수학은 현대 사회에서 어떤 역할을 하고 있을까?

첫째, 수학적 문제를 해결한다. 수학 문제를 푸는 것이 수학자들이 하는 일의 핵심이고 인류가 수학자들에게 기대하는 역할 중 첫 번째일 것이다.

둘째, 수학적 도구를 만들고 쓰기 좋게 정리한다. 수학자들은 주어진 수학 문제를 풀거나 자신이나 남들이 문제를 풀 때 사용했던 개념, 정리(Theorem), 공식(Formula), 이론(Theory) 등을 스스로 잘 이해하고 자신 또는 다른 누군가가 활용할 수 있게 다듬는 일을 한다. 수학자들이 다른 분야의 학자들보다 특별히 잘하는 일이다. 수학자들의 연구 활동 중 핵심은 수학적 문제를 푸는 것이지만, 그런 활동에서 부수적으로 발생하는 수학적 개념과 이론들이 인류에게는 문제를 푸는 행위 그 자체보다 더 필요한 것일지 모른다.

셋째, 수학은 교육의 한 중요한 축이고 학교교육에 있어서의 역할과 의의는 매우 크다. 대중은 대개 '수학' 하면 '수학교육'을 떠올릴 정도이니 어쩌면 교육의 방편으로서 수학의 역할은 수학자들의 연구 행위보다 규모와 사회적 중요성 및 가치가 더 클 수도 있다.

넷째, 수학은 과학 연구와 기술 개발에 필수적인 도구다. 과학자들은 수학을 과학 연구에 필요한 언어로 받아들이는 경우가 많다. 수학이라는 언어를 통해 소통해야만 할 때가 많기 때문이다. 뉴턴의 운동법칙, 맥스웰 방정식, 아인슈타인 방정식과 같은 거창한 과학적 이론이 아니더라도 연구의 크고 작은 부분에서 미분방정식, 선형대수, 미적분학 등 다양한 기초 수학도구를 사용한다. 이보다 더 기초적인 고등학교 과정의 함수와 그래프, 기초 통계학 등도 필요에 따라 중요한 역할을 한다. 과학자들 외에도 수학적 배경과 실력을 갖춘 인력들이 과학, 기술 분야로 진출하여 수학 실력을 활용하는 경우도 많이 있다.

다섯째, 수학은 대중의 일상생활에 활용된다. 대중은 생활 속에서 알게 모르게 수학적 계산을 하거나 학교 수학에서 배운 논리를 사용한다. 현대인 중에는 곱셈, 나눗셈 정도만이 아니라 비율, 평균, 음수, 각도, 거리, 지수함수, 경우의 수 등을 실생활에서 어렵지 않게 활용하는 사람들이 많이 있다.

대중의 입장에서는 수학이 우리 삶에 큰 영향을 미치지 않는다고 느낄 수 있다. 그러나 수학자들이 수학적 문제를 해결하고, 그 과정에서 얻은 지식을 바탕으로 수학적 도구를 정리하고, 학교교육을 통해 지식을 전달하는 모든 과정을 통해 그동안 인류의 문명이 발전해 온 것이다.

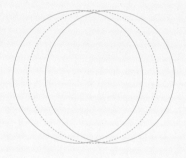

우주와 소통하기 위한
언어

$$\Sigma$$

멋진 바닷가에서 우리는 푸른 바다와 찬란하게 빛나는 햇빛, 그리고 하늘에 떠 있는 멋진 구름과 싱그러운 바람에 짙은 감동과 즐거움을 느낀다. 태양이 지는 저녁 무렵 수평선에 걸린 해가 하늘을 붉게 물들일 때 우리의 가슴은 떨린다. 밤하늘에 총총히 빛나는 별들을 보며 끝도 없이 광활한 우주를 떠올리고, 상쾌한 아침에 들리는 아름다운 새소리를 들으며 생명의 신비를 느낀다. 이 모두가 신이 우리에게 준 선물이다. 신이 우리에게 들려주고 보여주는 그의 뜻을 우리는 수학과 과학을 통해 이해한다. 신은 현상이라는 언어로 말을 한다. 뉴턴 이전에는 이해하지 못했던 신의 뜻을 이제 인류는 수학이라는 언어로 나타내고 과학이라는 언어로 이해한다. 현대에 살고 있는 우리는 가슴을 떨리게 하는 아름다운 자연의 현상을 과학을 통해 이제 어느 정도 이해하게 되었다.

수학은 언어이다. 과학자들은 과학 이론들을 수학이라는 언어를 통해 표현할 때가 많다. 자연의 물리 현상들뿐만 아니라 화학자들이 화학 현상을 설명할 때도 화학식이라는 일종의 수학적 표현으로 나타낸다. 제임스 맥스웰(James Maxwell, 1831-1879)이 발견한 유명한 4개의 맥스웰 방정식은 전기와 자기, 전자기파 등의 현상과 그들 사이의 관계를 나타

James Clerk Maxwell.

내는 이 세상에서 가장 멋진 수학적 표현 중 하나이다.

수학과 과학은 (한 몸으로서) 신의 뜻을 표현하는 유일한 언어이다. 이때
의 신은 이 세상을 창조하고 주재하는 절대 신을 의미한다. 신이 종교적인
표현이어서 거북하게 느껴지는 독자들은 신 대신 우주나 자연을 떠올리
면 된다. 즉, 수학과 과학은 자연의 언어이자 우주의 언어이다. 신의 섭
리, 우주의 섭리, 자연의 섭리가 모두 같은 말이다. 수학과 과학은 신의
섭리를 이해하기 위해 발전해 왔고, 특히 수학은 신의 섭리를 표현하기
위해 발전해 왔다.

완전한 진리를 추구하다

○

수학과 과학은 아직까지 신의 뜻을 충분히 이해하기에는 미흡하고 인류가 그것을 통해 신과 소통하는 것 또한 쉽지 않다. 하지만 그것은 인류가 수학과 과학을 통해 신과 소통하기 시작한 지 불과 수백 년밖에 되지 않았기 때문이지 앞으로 수백, 수천 년이 지난다면 우리는 신과 좀 더 많은 이야기를 나눌 수 있을 것이다. 신은 현상이라는 언어를 써서 말을 하고 과학자들은 그 의미를 수학이라는 언어를 써서 사람들에게 전달한다.

수학은 과학 분야 중에서 유난히 언어적인 성격이 강하다. '수학은 신과 대화할 수 있는 유일한 언어'라는 말을 처음 들으면 지나치게 거창한 말처럼 들릴 수도 있지만, 이 말은 수학이라는 학문의 위대함과 절대성, 그리고 수학이 추구하는 가치를 잘 표현하고 있다. 나는 대학에 다닐 때 이 말을 처음 들었다. 그때 그 말을 한 선배의 말투와 표정이 아직도 눈에 선하다. 2학년 학기 초에 열린 전공 소개 세미나에서 들은 말이다. 나는 그때 '맞아! 수학은 신의 섭리를 표현할 수 있는 유일한 언어이고 따라서 나의 인생을 걸 만한 위대한 학문이야'라고 생각했다. 그 후에 졸업할 때까지 그다지 공부를 열심히 하지는 못했지만 수학이라는 학문에 대한 경외심이 줄어들지는 않았다. 수학이 신과 대화할 수 있는 유일한 언어라는 말이 절대적으로 맞는 말이든 아니든, 그 말은 상징적인 의미가 있다.

대학 다닐 때 나에게는 수학 공부가 너무나 어려웠다. 나는 3~4학년 때 테니스부의 주장을 맡았고, 학교 밖의 다른 동아리에서도 열심히 활동했다. 게다가 방학만 하면 친구들과 바닷가나 산으로 놀러 다녔으니 공부할 시간이 절대적으로 부족했다. 그런 상황에서 수강해야 하는 전공과목 수는 많았고 늘 진도가 너무 빠르거나 갑자기 학교가 휴교를 했다. 박정희 유신정권 말기에는 학생들이 시위를 하면 휴교령을 내리고 교문을 폐쇄했다. 학업에 있어 중요한 시기이던 2~3학년 때에는 매 학기 1~2개월씩 휴교를 했으니 공부의 리듬이 완전히 깨졌다. 그렇게 학창 시절을 보냈지만 나의 대학 동기들 중에는 졸업 후에도 학업을 계속하여 훌륭한 수학자가 된 사람들이 10명이 넘는다. 내가 대학생이던 시절에는 대한민국의 수학 수준이 말할 수 없이 낮았다. 일본과 비교한다면, 당시 일본에는 일정 수준 이상의 수학자 수가 아마도 500명 이상은 되었겠지만 한국에는 불과 손에 몇 명 꼽아야 할 수준이었다. 그러다 나의 몇 년 선배님 중에서 세계적인 저널에 논문을 내는 분이 나타나기 시작했다. 그로부터 30년이 지난 현재는 세계적인 수학자가 한국에도 즐비하다.

수학자들의 연구 행위의 핵심은 문제를 푸는 것이지만, 이들이 주로 하는 일이자 가장 잘하는 일은 자신들이 수학 문제를 푸는 데에 사용했던 도구들인 새로운 개념(언어로 치면 일종의 단어)과 정리, 공식, 이론 등을 잘 다듬고 정리하여 남들이 다른 수학 문제를 풀 때 사용이 용이하게 하는 일이다. 수학을 하나의 언어로 본다면 개념, 정리, 공식 등은 모두 그 언어의 단어에 해당된다. 이론은 그 언어에서 사용되는 관용어구 정도로 보면 된다.

한 수학자가 얼마나 뛰어난 수학자인가 하는 것은 그 수학자가 수학이라는 언어를 얼마나 잘 구사하여 말할 수 있는가로 판정된다. 이때 '말한다'라는 것의 의미는 자연현상을 설명하거나 수학 문제를 해결하는 것을 의미한다. 말을 많이 하는 것(수학 논문을 많이 내는 것)보다는 뛰어난 언어구사 능력을 발휘하여 의미 있는 말을 잘하는 것이 더 중요하다.

수학은 신의 언어라는 표현으로부터 우리는 수학이 추구하는 절대성과 완벽성을 느낄 수 있다. 수학은 완벽한 해를 추구한다는 말은 순수수학이라는 학문 분야의 정의라고 할 수도 있다. 수학은 지금까지 완전한 진리를 추구해 왔다. 수학에서는 얻은 답에 있어서 1억분의 1이라도 예외가 있으면 그 답은 아무 의미가 없는 쓰레기와 같다. 현재 이 세상에 존재하는 수학은 오랜 세월 인류가 추구해온 진리 탐구 정신의 결실이다. 수학은 앞으로도 발전을 지속하여 먼 미래에는 결국 수학을 통해 신이 우리에게 전달하고자 하는 뜻을 보다 더 잘 이해하게 될 것이다. 수학은 우리가 신과 더욱 원활하게 소통할 수 있게 도와주는 언어가 될 것이다.

뉴턴과 아인슈타인의 언어

○

뉴턴이 발견한 힘과 가속도에 대한 뉴턴의 운동 제2법칙은 간단한 등식 하나로 표현된다. 간단하지만 그 이전에는 그 어떤 수학자도 생각하지 못한 위대하고 아름다운 식이다. 운동의 법칙을 수식으로 나타낸다는 것 자체가 그 이전의 수학자들은 상상조차 하지 못했던 일이다. 뉴턴은 만유인력의 원리를 생각해낸 후에 스스로 개발한 미적분학이라는 수학적 방법론(내가 언어라고 칭하는)을 써서 케플러의 행성 운동법칙 3개를 모두 증명했다. 만유인력의 법칙도 간단한 식으로 표현된다.

뉴턴의 운동 제2법칙

$F=ma$

(F: 힘의 크기, m: 질량, a: 가속도)

만유인력의 법칙

$F=G\dfrac{m_1 \times m_2}{r^2}$

(m_1, m_2: 두 물체의 질량, r: 두 물체 간의 거리, G: 중력 상수)

세상의 많은 등식 중에서 오일러의 $e^{\pi i}+1=0$이 가장 아름다운 수학식이라고 꼽히는 이유는 가장 대표적인 초월수(정수계수 다항식의 근이 될 수 없는 수)이자 무리수인 원주율 π와 자연로그의 밑수인 e^{22}, 실수 중에서 가장 중요한 수인 0과 1, 그리고 허수 i가 모두 이 하나의 식에 등장하기 때문이다. 0과 1이 특별히 중요한 이유는 0은 덧셈에 대한 항등원(즉, 모든 실수 x에 대해 $x+0=x$이다)이고 1은 곱셈에 대한 항등원(즉, 모든 실수 x에 대해 $x \times 1=x$ 이다)이기 때문이다. 덧셈과 곱셈은 '실수'를 수학적으로 정의하는 데에 있어서 꼭 필요한 요소이다.

한편, 물리학에서의 가장 아름답고 중요하고 유명한 등식은 아인슈타인이 1905년에 발표한 특수상대성이론에 등장한 '질량과 에너지는 본질적으로 동일하다'라는 것을 나타낸 등식이다.

아인슈타인의 질량-에너지 등가 법칙

$$E = mC^2$$

(E: 에너지, m: 질량, C: 빛의 속도)

4개의 맥스웰 방정식은 수학자인 나도 이해하기 어렵지만 대학 다닐 때 물리학을 전공하던 친구들이 자주 이야기하는 것을 들은 기억 때문인지 나에게는 특별히 친숙한 느낌을 준다. 우리는 그 식이 나타내는 구체적인 의미를 잘 이해하지 못하더라도 아인슈타인이 "맥스웰 방정식은 물리학의 새로운 장을 열었다"라고 평가한 것만으로도 그 위대함을 짐작할 수 있다. 미분과 적분의 관계를 하나의 등식으로 표현한 미적분학의 기본정리, 코시-슈바르츠(Cauchy-Schwarz) 부등식, 다변수 적분에 등장하는 스토크스(Stokes) 정리와 가우스의 발산정리, 복소수 함수의 선적분에 등장하는 아름다운 등식인 오귀스탱 코시(Augustin Cauchy, 1789-1857)의 적분공식 등등 여러 아름다운 등식과 부등식을 우리는 미적분학을 배우면서 만나게 된다.

수식과 정리, 그리고 이론

○

수학적 언어는 수식으로만 구성되어 있지 않다. 수없이 많은 수학적 정리들과 이론들이 수식뿐 아니라 다양한 수학적 개념과 용어로 표현된다. 정리, 이론, (추상적 또는 기하적) 개념, 용어 등 각각 그 형태는 서로 다르지만 모두 수학적 언어의 핵심적 구성 요소이다. 갈루아 정리의 예를

● 갈루아의 업적을 기리며 프랑스에서 발행한 우표(1984). 갈루아 이론의 등장으로 그 이전까지의 대수학은 수명을 다하고 새로운 대수학의 시대가 열렸다.

들어보자. 프랑스의 갈루아가 10대 후반의 나이에 찾아낸 이 정리는 역사상 가장 아름답고 위대한 정리 중 하나이며, 그것이 의미하는 바가 너무나 크기 때문에 정리(theorem)라는 말 대신 이론(theory)이라는 말로 부른다. 갈루아 이론을 이용하면 '5차 이상의 방정식은 일반해를 구하는 공식이 존재할 수 없다'라는 사실을 간단히 증명할 수 있다. 역사적으로 n차 방정식(유리수 계수를 갖는 다항식)의 일반해를 구하는 것은 매우 중요한 문제였다.[23] 16세기에 이탈리아의 카르다노와 그의 제자 페라리 등에 의해 3차, 4차 방정식의 일반해가 발견된 후, 200년이 넘는 세월 동안 수많은 수학자가 5차방정식의 일반해에 대한 연구를 했으나 실패했다. 그중에는 역사상 가장 위대한 수학자들이자 현대 수학의 창시자들인 오일러, 조제프 루이 라그랑주(Joseph Louis Lagrange, 1736-1813), 가우스 등이 포함된다.

갈루아는 수학적 재능만으로 본다면 역사상 최고의 천재라고 평가할 수 있다. 그가 발견한 새로운 이론은 마치 신이 그에게 알려준 것처럼, 마치 하늘에서 떨어진 것처럼 창의적이고 아름다웠다. 갈루아 이론의 등장으로 인하여 그 이전까지의 대수학은 수명을 다하고 새로운 대수학의 시대가 열렸다. 그 이후의 대수학을 현대대수학 또는 추상대수학이라고 부른다. 수학을 전공하는 전 세계의 모든 대학생은 3~4학년 과정의 대수(algebra)나 현대대수(modern algebra), 또는 추상대수(abstract algebra)라는 이름의 과목을 통해 이 이론을 배운다. 그 내용은 일반인들에게 설명하기에는 너무 난해하기 때문에 여기서는 자세한 설명은 생략하지만, 한 가지만 언급한다면 이 이론에서 등장하는 갈루아대응(Galois correspondence)은 수학에서 일종의 철학적 일반성을 갖고 있어서 신기하게도 내가 전공하는 (방정식의 해법과는 전혀 무관한 기하적인 분야인) 위상수학에서도 등장하고 다른 여러 곳에서도 (두 개의 부분적 순서관계를 갖는 집합들 사이에) 이와 유사한 대응관계가 등장한다. 마치 신(우주)의 섭리처럼 말이다.[24]

수학자들을 사로잡은 기하

○

고대 그리스의 수학자들은 기하의 유용함과 아름다움에 매료되어 기하를 최고의 지식으로 생각하고 공부했다. 또한 피타고라스의 영향을 받아 정수들이 갖는 신비에 대해서도 깊은 관심을 가졌다. BC 300년경에 활동한 알렉산드리아의 유클리드가 저술한 『원론』은 19세기 초까지 유럽에서 수학 교과서로 사용되었으니 역사상 가장 오랜 기간 가장 많은 사람이 공부한 수학책이라 할 수 있다. 이후 르장드르가 1794년에 유클리드의 『원론』을 대체하기 위해 저술한 『기하의 원론(Elements of Geometry)』이 새로운 기하 교과서로서 유클리드의『원론』을 대체하기 시작했다. 특히 미국에서는『기하의 원론』이 1819년에 번역되어 교과서로 사용되기 시작한 후 33판까지 출간되었다.

　기하와 정수론을 다룬『원론』은 그 내용도 훌륭하지만 공리들로부터 여러 가지 정리를 이끌어내는 이 책의 형식이 '논증 수학'의 표준이 되면서 2000년이 넘는 세월 동안 수많은 수학서가 이 책의 형식을 따랐다. 뉴턴이 저술한『프린키피아』도 기본적인 틀은 유클리드『원론』의 형식을 따랐다. 그리스 수학자들은 기하를 공부하며 자신들이 발견한 뜻밖의 규칙성과 아름다움에 매료되었다. 기하 공부를 통해 자연이 갖는, 아마도 신이 창조했을 것 같은 신비를 찾아 나간다는 느낌을 받았고 그래서 기하를 높이 숭상했다. 플라톤(Plato, BC 428-BC 348)이 BC 387년에 세운 학원인 아카데미아의 입구에 '기하를 모르는 자는 이 문으로 들어오지 마라'라는 간판이 걸려 있었다는 이야기는 너무나 유명하다.

　물건을 던지면 그것이 포물선의 궤적을 이루며 날아간다는 것을 17세기 초에 갈릴레이가 처음으로 알아낸 것으로 알려져 있다. 데카르트가 좌표계를 착안해내기 이전이어서 곡선을 식으로 나타낸다는 것을 상상하지 못하던 때인 데다가, 뉴턴의 운동 제1법칙이나 미적분학을 아직까지 전혀 알지 못하던 시기의 일이어서 갈릴레이가 어떠한 수학적 근거로 그것을 알아냈는지는 알 수 없다. 즉 그가 서술한 포물선은 우리가 학교에서 배우는 2차식으로 나타내는 곡선이라는 의미가 아니라 아폴로니우스(Apollonius of Perga, BC 260?-BC 200?)가 서술했던 3가지 원뿔곡선 중 하나라는 의미이다.

포물선의 포물(抛物)은 물건을 던진다는 뜻이고 포물선이란 말은 중국식 용어이다. 중국에서는 이 용어를 개화기 전부터 써왔다는 것을 알 수 있다. 일본에서는 방물(放物)선이라고 부른다. 원뿔을 평면으로 자를 때 자르는 각도에 따라 그 단면이 타원(ellipse), 포물선(parabola), 쌍곡선(hyperbola)을 이룬다. 이러한 원뿔곡선들은 현대에 와서는 x와 y에 대한 2차식으로 나타낼 수 있으므로 이차곡선이라고도 불린다. 이 곡선들의 영어 표현인 'ellipse', 'parabola', 'hyperbola'는 각각 '모자람', '꼭 맞음', '넘침'을 뜻하는 그리스어로부터 유래되었으며, 이 이름들은 아폴로니우스가 저술한 책에 등장한다.

이 원뿔곡선들이 실제로는 얼마나 중요한 곡선들인지 고대 그리스 수학자들은 상상이나 했을까? 이 곡선들은 평면 위에서도 매우 중요하지만 이 곡선들을 회전하여 얻는 타원면(ellipsoid), 포물면(paraboloid), 쌍곡면(hyperboloid)도 3차원 공간 내에서 매우 중요한 곡면들이다. 이 곡

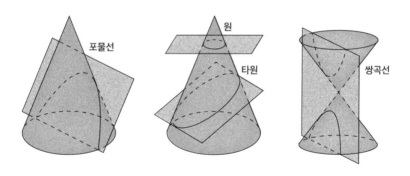

포물선

원

타원

쌍곡선

● 원뿔곡선

면들도 모두 x, y, z에 대한 2차식으로 나타낼 수 있어서 이차곡면이라고 부른다. 포물면은 들어오는 빛이나 전파를 한 점으로 모으기 때문에 거울면이나 안테나면으로 쓰인다. 이 사실을 가장 먼저 실용적으로 사용한 사람은 아마도 반사망원경을 만든 뉴턴일 것이다. 베른하르트 리만(Bernhard Riemann, 1826-1866)이 기하학을 재정립한 이후에는 평평한 공간에서의 기하학인 유클리드기하를 넘어서 구부러진 공간에서의 기하인 비(非)유클리드기하가 보편화되었다. 현대 수학에서는 이차곡면 위에서의 기하는 학부 수학 정도의 기초적인 기하에 속한다.

빛을 연구하며 우주를 이해하다

○

빛은 물질과 함께 우리가 살고 있는 이 우주를 이루는 요소이다 보니 그리스의 수학자들은 빛에 대한 학문적 관심이 많았다. 성경의 창세기에도 "하나님이 가라사대 빛이 있으라 하시매 빛이 있었고"라는 구절이 나온다. 신(또는 자연, 우주)은 빛이라는 언어를 자주 사용하므로 빛에 대한 연구인 광학은 고대 그리스의 수학자뿐만 아니라 중세 아라비아의 수학자들에게도 중요한 연구 주제였다. 유럽에서는 17세기에 페르마가 빛은 최단거리가 아니라 최단시간이 되도록 경로를 택한다는 페르마의 원리를 알아냈다. 이 원리는 빛의 굴절에 대한 스넬의 법칙을 합리적으로 설명해 준다. 이렇게 인류는 신이 쓰는 빛이라는 언어를 수학(과학)을 통해 이해해왔다.

빛에 대한 최단시간 이야기가 나오니 사이클로이드(cycloid)가 떠오른다. 이 곡선은 우리가 흔히 알고 있는 원뿔곡선(원, 타원, 포물선, 쌍곡선과 같은 이차곡선)이나 다항식(예컨대)으로 나타내는 곡선과는 다른, 다소 고급스러운 곡선으로 17세기에 유럽 수학자들의 관심을 크게 끌었다. 당대 유럽의 최고 수학자들은 거의 다 이 곡선에 얽힌 이야기에 등장한다. 사이클로이드란 한 원이 한 직선 위에서 구를 때 원주 위의 한 점이 움직이는 자취를 말한다(그림 참조. 이보다 좀 더 일반적인 사이클로이드도 있지만 여기서는 이것만 다루자).

이 곡선은 마랭 메르센(Marin Mersenne 1588-1648)이 처음으로 명확하게 정의했다. 메르센은 엄격한 생활을 하던 수도승이지만 학문에 관심이 많아 17세기 초 유럽의 학자들 간의 소통의 중심 역할을 했다. 갈릴레오도 그 덕분에 유럽 전역에 유명해졌다. 그는 갈릴레오, 데카르트, 하위헌스, 토리첼리, 로베르발, 파스칼 부자 등과 밀접히 소통했고, 동방(오스만튀르크)과 발칸반도(트란실바니아) 지역의 학자들과도 교류했다. 네덜란드에서 은둔생활을 하던 데카르트도 그를 통해 수학의 세계와 소통했다.

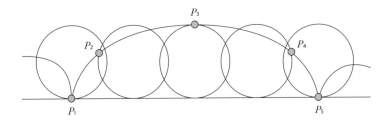

● **사이클로이드**

메르센은 곡선의 아래 부분의 넓이를 구하려고 애썼으나 문제가 잘 풀리지 않자 여러 수학자에게 이 문제를 제안했다. 갈릴레이가 1599년 경에 이 곡선에 사이클로이드라는 이름을 붙였고, 그는 1638년에 제자 에반젤리스타 토리첼리(Evangelista Torricelli, 1608-1647)에게 보낸 편지에서 자신이 이 곡선에 대해 지난 40년간 연구했지만 그 넓이를 구하지 못했다고 고백한다.[25] 메르센은 1628년경 이 문제를 질 드 로베르발 (Gilles de Roberval, 1602-1675)에게 제안하고 로베르발은 몇 년 후 그 넓이가 $3\pi r^2$임을 풀어보인다(이때 r은 원의 반지름, 즉, 구하는 넓이는 원의 넓이의 3배이다). 그는 자신의 풀이를 자랑스럽게 알리는 편지를 데카르트에게 보내지만 데카르트는 그것은 아름다운 문제이며, 자신은 처음 보지만 풀는 웬만한 실력을 갖춘 기하학자는 다 구할 수 있을 것이라고 (다소 거만하게) 말한다. 그러면서 로베르발에게 (자신은 이미 해법을 알고 있지만) 사이클로이드의 접선의 기울기를 구하는 새로운 문제를 제안한다. 이 문제는 천재 아마추어 수학자인 피에르 드 페르마(Pierre de Fermat, 1601-1665)가 해결한다. 그는 그 이전에 사이클로이드의 넓이 문제도 독립적으로 해결한 바 있다.

파스칼은 몸이 약해 늘 병마에 시달렸는데, 몇 년간 깊은 신앙의 세계에 빠져 수학연구를 전혀 하지 않고 지내던 중(이 기간 중에 그 유명한 『팡세(Pensées)』를 쓴다) 사이클로이드를 생각하니 고통이 사라져 이것이 신의 계시라고 느끼고 수학의 세계로 돌아왔다고 한다. 그는 이때 사이클로이드를 임의의 수직선으로 잘라 생긴 부분의 넓이와 무게중심을 계산했고 또한 사이클로이드를 x축(원이 구른 직선) 주위로 회전하여 얻

은 회전체의 부피를 구했다. 파스칼은 이 두 문제를 공개적으로 제안했
는데 페르마와 크리스티안 하위헌스(Christiaan Huygens, 1629-1695), 그
리고 영국의 저명한 건축가이자 수학자인 크리스토퍼 렌(Christopher
Wren, 1632-1723, 사이클로이드의 길이가 $8r$임도 증명해 보였다) 등이 풀이를
파스칼에게 보낸다.

최속강하곡선과 천재 수학자들

○

사이클로이드는 그 유명한 최속강하경로 문제(brachistochrone prob-
lem)의 해답이다. 이 문제는 아래의 그림과 같이 점 A로부터(중력에 의해)
점 B로 어떤 물체가 움직일 때 걸리는 시간이 가장 적게 걸리는 경로에
대해 묻는 문제로, 사이클로이드를 따라 떨어지는 것이 가장 빨리 도착

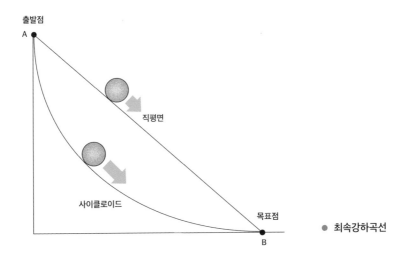

한다. 그렇다면 사람들이 이런 질문을 할 수 있다.

"A부터 B까지의 최속강하곡선이 사이클로이드의 전체인가요, 아니면 그 곡선의 어떤 일부분인가요?"

그런데 다행히 그것은 신경 쓰지 않아도 된다. 사이클로이드의 어떤 점에서 출발하든 상관없이 물체가 떨어지는 데에 걸리는 시간은 항상 일정하다. 그러한 성질을 동시강하성(tautochrone 또는 isochrone)이라 한다. 즉, 사이클로이드는 유일한 동시강하곡선이고 이 사실은 1673년에 하위헌스에 의해 증명되었다.

뉴턴과 라이프니츠가 미적분학을 발견한 이후 이 미적분학을 정리하고 발전시키는 데에 가장 큰 공헌을 한 사람들은 스위스 바젤의 야코프 베르누이(Jakob Bernoulli, 1655-1705)와 요한 베르누이(Johann Bernoulli, 1667-1748) 형제이다. 요한은 바젤 대학 교수인 형 야코프 밑에서 공부를 시작했다. 두 사람은 공동 연구를 통해 라이프니츠의 다소 모호한 미적분학을 현대적인 의미의 미적분학으로 발전시키는 데 함께 공헌했으나, 두 사람은 점차 라이벌이 되고 나중에는 사이가 극도로 나빠진다. 특히 야코프의 동생에 대한 적대감이 심했는데 아마도 동생이 (이미 유럽 최고의 수학자인) 자신보다 더 뛰어나다는 것을 인정하기 어려웠기 때문일 것이다.

이 두 형제의 볼썽사나운 다툼에도 불구하고 베르누이 집안은 대를 이어 다수의 뛰어난 수학자를 배출한다. 특히 요한의 세 아들 니콜라우스 베르누이 2세(Nicolaus Ⅱ Bernoulli, 1695-1726)와 다니엘 베르누이 (Daniel Bernoulli, 1700-1782), 요한 베르누이 2세(Johann Ⅱ Bernoulli,

1710-1790), 그리고 요한의 작은 형 니콜라우스의 아들인 니콜라우스 베르누이 1세(Nicolaus I Bernoulli, 1687-1759)는 모두 천재들로 당대 유럽 최고 수준의 수학자들이 된다. 요즘 세상에는 인재들이 공학, 자연과학, 법학, 경제학, 의학, 인문학 등 다양한 분야로 진출하지만 당시에는 인재들이 공부할 학문 분야가 수학과 법학 외에는 별로 없었기 때문에 당대 최고의 수학자 그룹에 들어가는 것은 아주 특별한 재능을 가진 사람들만이 가능했다. 그런데 그런 수준의 수학자들이 한 집안에서 여러 대에 걸쳐 쏟아져 나온다는 것은 정말 신기한 일이다. 그래서 19세기에는 이 집안 사람들의 천재성을 유전학적인 관점에서 보는 연구도 있었다고 한다. 이 집안은 최고의 천재(수학자)가 되는 데에는 그들의 타고난 '천재성'보다는 오히려 그들의 천재성을 발휘할 수 있는 '환경'이 더 중요함을 시사한다고도 할 수 있다.

요한 베르누이의 뛰어난 세 아들 중 맏이 니콜라스 2세는 원래 아버지를 능가하는 천재였으나 안타깝게도 상트페테르부르크에서 젊은 나이에 요절했고 이후 동생 다니엘이 그 자리를 잇는다. 그런 인연으로 다니엘의 가장 친한 친구이자 요한의 제자인 오일러가 일생의 대부분을 상트페테르부르크에서 보내게 된다. 요한의 아들 중에는 막내 요한 2세가 가장 성공한 수학자가 된다. 요한 2세의 아들 요한 3세(Johann III Bernoulli, 1744-1807)와 야코프 2세(Jakob II Bernoulli, 1759-1789) 또한 뛰어난 수학자이다. 베르누이 집안의 전통은 법학과 수학을 복수 전공하는 것이었다고 한다.

최속강하곡선 문제는 1696년 요한 베르누이에 의해 저널 〈악타 에루

디토룸(Acta Eruditorum)〉에 제안되었는데 (그는 해답을 알고 있었다) 이는 모두 미적분학(calculus)이라고 하는 새로운 언어가 개발되었기 때문에 (신의 언어인) 최속강하라고 하는 현상이 해석 가능하게 된 것이다. 이 문제는 요한의 형 야코프, 뉴턴, 라이프니츠 등 당대 최고의 수학자들이 해법을 찾은 후 요한에게 알려왔다.

뉴턴과 관련해서는 재미있는 이야기가 전해진다. 당대 유럽에서 가장 유명한 수학자는 당연히 뉴턴이었고 요한은 그에게 자신의 문제를 개인적인 편지로 알린다. 1697년 1월 29일 오후 4시에 귀가하여 편지를 받은 뉴턴은 그날 밤에 그 문제에 몰두하여 그 해답이 사이클로이드라는 것을 밝혀낸 후 다음 날 아침에 요한에게 답신을 보낸다. 그 편지는 익명으로 보내졌는데 요한은 그 편지를 받자마자 누구의 것인지 알았다고 한다.

당시 54세인 뉴턴은 그 전해부터 케임브리지 대학을 떠나 런던의 왕립조폐공사에서 근무하고 있을 때였지만 아직은 그의 실력이 녹슬지 않았다는 것과, 당대 최고의 젊은 수학자 요한 베르누이(그는 이 문제를 푸는 데 2주 걸렸다)보다 한 수 위라는 것을 보여주는 유명한 일화이다. 사이클로이드와 관련된 이야기에는 17세기의 유럽에서 가장 유명한 수학자들이 거의 다 등장해서인지 더욱 재미가 있다. 그 이후에도 이 곡선과 관련된 여러 가지 수학적, 물리적 성질은 많은 수학자가 연구하여 그것들을 더 일반화시키고 활용의 범위를 넓혀왔다.

● 요한 베르누이는 〈악타 에루디토룸〉에 최속강하곡선 문제를 제안했다. 야코프, 뉴턴, 라이프니츠 등 당대 최고의 수학자들이 해법을 찾아냈다.

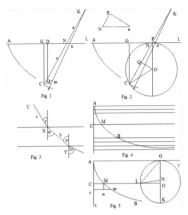

Fig. 1 Fig. 2 Fig. 3 Fig. 4 Fig. 5

Johann Bernoulli's direct method depended on finding the condition for a body to slide down a small circular arc in the minimum time.

n Fig. 1, point K is fixed and line KNMC intersects AL at N, making a fixed angle with AL. Line Cnme makes a small angle with KNMC at K. Let NK = a, and define a variable point, M on KN extended with NM = x. Let m be the point of intersection with Kn extended, of the arc Mm having centre K. Of all the possible arcs Mm, it is required to find arc Ce which requires the minimum time to slide between the 2 radii, KC and Ke. The speed of the body is assumed constant over the arc Mm, and is as the square root of the vertical distance of M below the horizontal line, AL.

Since Mm ∝ (x − a) and the speed ∝ $MD^{1/2}$, the time to travel along arc Mm, t ∝ (x − a) / $x^{1/2}$

o dt ∝ (x − a)dx / $2x^{3/2}$ and the minimum condition, dt = 0, occurs when x = a

Hence, Bernoulli claims a curve will satisfy the minimum time condition if it is regarded as consisting of infinitesimal circular arcs each one having its radius bisected by the horizontal line containing the start point, A. He recognises that the cycloid has this simple property. This is proved as follows.

n Fig. 2, the curve Ace is part of a cycloid with generating circle CN, centre O, touching the axis at C. It rolls a small distance Nn along the axis generating the cycloidal arc Ce. Let CN and en extended intersect at K. For the cycloid, the normal intersects the axis at the point of contact with the generating circle. Drop perpendiculars to CK from O to Q and from n to P. In generating Ce, if ∠NOC increases by 2δ, so Nn = 2QN = (2NO.nP / Nn) = Kn = KN in the limit, so CN = NK and the axis bisects CK.

Johann Bernoulli's much better known indirect method was based on a property of light first noted by Fermat that in travelling between 2 points via a surface where it is reflected or refracted, of all the possible paths between the 2 points, light always follows the one that takes the least time.

n Fig. 3 if the speeds in the 2 media are v and V, then a ray refracted at point X on the common surface, has for any angle of incidence γ, the angle of refraction, ν given by sinγ / sinν = v / V which is Snell's Law of Refraction since v ⁄ V is constant.

The time to travel between any 2 points U and Y on the ray is less than any other path between them. f the ray continues through a number of other parallel surfaces into media with different speeds, v in each one it will follow a straight path at an angle to the vertical, γ with v ∝ sinγ (1)

f the distance between the surfaces is reduced (Fig. 4), the polygonal path of the ray approaches a smooth curve. The path of a particle satisfying condition (1) will similarly traverse the path in the minimum time. Further if the speed of the particle is due to the action of gravity, from Galileo:

v ∝ $x^{1/2}$ (2) and Bernoulli combines (1) and (2) in a form equivalent to:

$(x/a)^{1/2}$ = sinγ (3) where constant, a, is the distance of the lowest point below the start point.

n Fig. 5, the minimum curve AMB is drawn alongside a circle of diameter a, centre N, with the horizontal line through A, tangent to it. nM = dx, nm = dy, and (3) becomes:

$$y = dx \frac{x}{\sqrt{ax - x}}$$ which can be written: $$dy = \frac{(-a + 2x)dx}{2\sqrt{ax - xx}} + \frac{adx}{2\sqrt{ax - xx}}$$

The first term is − d√(ax − xx) = − d(LO), and the second term is NL. dx / LO, which is equal to the ncrease in arc GL due to a small increase, dx, so the second term is d.arc(GL)). It follows that CM = arc(GL) − LO. From this he deduces geometrically that the curve is a cycloid. It is simpler to let θ = angle GLN so CM and AC are y = a(θ − sinθ) / 2, and x = a(1 − cosθ) / 2 which is a cycloid.

n Principia Book 1, Propositions 94 to 96 and Scholium, Newton considers refraction of a particle from a denser to a rarer medium as in Fig. 3. He attributes the change in direction to a net force towards the denser medium, and shows that Snell's Law applies, so light may consist of particles. He also considers a particle passing through a medium becoming progressively rarer with depth and shows the path is a curve similar to Fig. 4, but a curve that lacks the minimum time property.

현대의 기하학

○

수학은 세상을 이해하고자 발전되어 온 학문이니만큼 지난 수백 년 동안 사이클로이드와 같은 특별한 성질을 갖는 곡선들이 많이 발견되어 왔다. 수학의 여러 분야 중에서도 기하는 우리에게 세상의 오묘한 섭리와 모습을 직접 느끼게 해준다. 유클리드의 고전적인 평면기하부터, 아인슈타인의 상대성이론의 세계를 설명할 수 있는 휘어져 있는 공간에서의 기하까지, 수학자들은 기하를 통해 세상의 다양한 섭리를 목격하게 되고 그들의 아름다움에 매료된다. 고대 그리스의 수학자(철학자)들은 평면기하에 심취했고 그러한 학문적, 교육적 전통은 지금까지도 유럽에서 이어져 오고 있다.

우리나라 교육과정에서 고전적 평면기하는 중학교 과정에서 아주 조금 다루다 말지만 유럽의 수학교육과정에서는 평면기하를 매우 중시한다. 국제수학올림피아드에서도 4가지 분야 중 가장 큰 비중을 차지하고 있는 것은 고전적 평면기하이다. 국제수학올림피아드에서는 6개 문제가 출제되는데 그중 기하가 통상적으로 2개 출제된다. 기하 외에도 조합론(combinatorics), 정수론(number theory), 대수(algebra)에서 출제하는데 최근에는 조합론의 비중이 커지고 있는 추세이다. 조합론은 경우의 수를 세는 것부터 시작해 어떤 실제적 사건의 발생 가능성, 최선의 방법 찾기 등 다양한 문제를 다룬다. 대수 부분에서는 주로 부등식, 함수방정식, 수열, 다항식 등 대수적 조작(algebraic manipulation) 능력과 수리적 통찰력 등을 평가하는 문제가 나온다.

나도 학창시절에는 평면기하를 잘 몰랐기 때문에 수학올림피아드 지도를 하면서 비로소 평면기하의 드넓고 아름다운 세계를 경험하게 되었다. 평면기하에는 주로 삼각형, 원, 직선들이 등장하는데 그것들만으로도 수없이 많은 신기하고 아름다운 기하적 현상들이 발생한다. 파스칼 정리, 파푸스 정리, 메넬라우스 정리, 심슨 정리, 라이르 정리 등 수학자 이름이 붙은 신기하고 아름다운 정리들도 수없이 많다. 제라르 데자르그(Gérard Desargue, 1591-1661)로부터 시작된 사영기하(projective geometry)는 평면기하에서 해결하기 어려운 많은 문제를 놀랍도록 쉬운 문제로 바꾸어준다. 또한 평면 전체를 한 원을 중심으로 반전(inversion)할 수 있는데, 이 또한 놀라운 효력을 가진 수학적 방법론(언어)이다.

　현대의 수학자들이 다루는 기하는 일반인들은 상상하기 어려울 정도로 매우 고차원적이고 어렵다. 3차원 공간에서의 기하를 공간도형이라는 이름으로 고등학교 과정의 기하 과목에서 잠시 다루기는 하는데, 이 공간도형도 2차원 공간인 평면보다는 한 차원 높은 공간에서의 기하이긴 하지만 모두 '평평한' 공간에서의 기하이다.

　지구의 표면과 같은 공 모양의 곡면을 구면(sphere)이라고 하는데 구면에서의 기하인 구면기하나 아니면 그보다 더 복잡하게 휘어진 곡면에서의 기하도 생각할 수 있다. 그러한 공간에서의 기하를 비유클리드 기하(non-euclidean geometry)라고 한다. 비유클리드 기하는 19세기에 헝가리의 야노시 보여이(János Bolyai, 1802-1860)[26]와 러시아의 니콜라이 로바체프스키(Nikolai Lobachevsky, 1793-1856) 등에 의해 시작되었고, 진정한 의미의 비유클리드 기하는 독일의 위대한 수학자 리만에 의해 본격적으로 시작되었다. 그리고 물론 현대의 기하학자들은 단순히 2차원, 3차원을 넘어서 고차원이고 휘어진 공간에서 일어나는 현상과 문제들을 주로 다룬다.

가장 자주 쓰는 언어, 미분방정식

○

미분방정식은 수학자들이나 과학자들이 신(자연)과 소통하는 데 있어서 가장 자주 사용하는 언어이다. 어떠한 자연적 현상을 수학적으로 나타내면 미분방정식이 등장하는 경우가 많다. 앞서 언급한 최속강하곡선 문제도 미분방정식으로 표현된다. 유명한 토머스 맬서스(Thomas Malthus, 1766-1834)의 『인구론』(1798)에 등장하는 '인구는 기하급수적으로[27] 증가한다'라는 법칙은 수학적으로는 '인구증가율은 인구와 비례한다'라는 말과 같은 말이다. 인구 y를 시간에 대한 함수 $y=p(t)$로 나타내면, 인구증가율은 그것의 미분값인 y'이 된다. 이때 '인구증가율은 인구와 비례한다'라는 말을 수학적으로는 $y'=ay$와 같이 나타낼 수 있다. 이렇게 함숫값 y와 그의 미분값 y'이 등장하는 등식을 미분방정식이라고 한다. 이 미분방정식의 해를 구해보면 $y=Ce^{at}$이 되는데 이때 인구 y가 지수함수로 나타나기 때문에 이것을 통해 '인구는 기하급수적(지수적)으로 증가한다'라고 말할 수 있다. 물론 이것은 미분방정식에 대한 하나의 예일 뿐이고 맬서스의 인구증가론이 실제로 맞는 이론이라는 뜻은 아니다.

자연현상은 일반적으로 인구증가와 같은 현상보다는 좀 더 복잡한 경우가 많고 단순히 하나의 변수만이 아니라 여러 가지 변수가 작용할 경우도 많기 때문에 편미분방정식의 형태로 나타내야 할 때가 잦다. 구하고자 하는 함수의 변수가 하나만 있는 경우에는 편미분방정식과 대비되는 말로 상미분방정식(Ordinary Differential Equations, ODE)이라는 말을 쓴다. 어떤 함수가 변수를 두 개 이상 가질 경우에는 그 함수의 각 변수에 대한 (순간)변화율을 '편미분'으로 나타낸다. 편미분이 등장하는 편미분방정식(Partial Differential Equations, 대개 줄여서 PDE라 부른다)은 당연히 해를 구하기가 어려운 편이고 많은 수학자가 그 해법이나 해가 갖는 성질 등을 구하기 위해 연구하고 있다.

친한 후배 한 명은 나와 같은 대학에서 근무하다가 지금은 미국 텍사스A&M 대학의 해양학과 학과장으로 있는데 전공은 해양물리학이다. 바다의 오염 문제에 관심이 많은 그의 말에 따르면 자신의 연구의 핵심은 수학적 모델링을 통해 편미분방정식을 만들고 또 그것을 푸는 것이어서, 그 분야에서는 세계 최고의 학자들 중에 수학 분야에서 박사학위를 받은 사람이 여러 명 있다고 한다. 수학자들이나 과학자들은 편미분방정식의 근사해를 구하기 위해 컴퓨터나 여러 가지 근사식을 이용하기도 한다. 컴퓨터를 이용하여 근사해를 구하는 수학 분야를 수치해석학이라고 하는데 응용수학 분야에서 중요한 축 역할을 한다.

내가 지금까지 고전 기하나 미분방정식의 예를 들었는데, 수학이라는 언어에서 그러한 것들은 '단어'에 해당된다고 할 수 있다. 수학에는 다항식(polynomial, 대개 변수가 두 개 이상)이나 각종 다양체(manifold), 행렬(matrix), 특수함수, 군, 모듈 등등 수천 개 이상의 단어가 있다. 그러한 단어 외에도 단어를 묶어 활용하는 (구나 절 또는 관용어구에 해당되는) 다양한 정리나 이론, 정의(개념) 등 우주의 신비를 설명하기 위해 개발된 많은 수학적 언어가 개발되어 있다. 수학자들은 지난 수백 년 동안 일반 대중에게는 설명하기 어려운 많은 이론과 개념을 '언어화'하여 연구하고 있지만, 앞에서 이야기한 대로 신(자연)과 충분히 대화하기에는 아직 갈 길이 멀다. 그것은 근본적으로 우리가 살고 있는 이 세상이 너무나 크고 복잡하기 때문이다. 하지만 수백, 수천, 수만 년 후에는 우리는 수학과 과학을 통해 신(자연)과 지금보다는 훨씬 원활하게 소통할 수 있게 될 것이다.

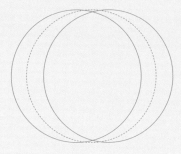

수리 자본주의
시대가 온다

Σ

수학과 과학이 서로 다른 분야로 분화하기 시작한 지 200년이 조금 넘었다. 앞에서 언급했듯이 그 이전에는 수학이라는 학문의 범위가 지금보다는 더 넓었다. 예전의 수학자들은 그 대상이 무엇이든 탐구를 통해 지식을 넓혔고 자연철학 분야의 연구도 함께했다. 자연철학 또는 과학이 수학으로부터 분파되었다는 표현보다는, 과학이 독자적인 학문의 체계를 갖추기 전까지는 당시 학자층인 수학자들 중에 지금은 과학 분야에 속하는 내용의 연구를 하는 사람들도 있었다는 표현이 더 맞을 것 같다.

현재 중고등학교 과학교과서에 등장하여 이름이 익숙한 과학자들도 살아 있을 때는 그저 수학자로 불렸다. 수학자 뉴턴이 대표적인 예이다. 자연철학은 당시 수학자들에게 자연스러운 연구 주제였다. 갈릴레오는 망원경을 스스로 제작하여 밤하늘의 별들을 관찰했고, 파스칼은 자동계산기를 발명했으며, 유체의 압력의 동일 법칙을 밝혀냈지만 그들 역시 수학자였다. 위대한 천문학자 케플러, 빛의 파동성에 대한 원리로 유명한 하위헌스, 대기의 압력과 진공 등에 대한 연구 업적을 남긴 토리첼리 등도 마찬가지이다. 유체의 속도가 높은 곳에서는 압력이 낮고 유체의 속도가 낮은 곳에서는 압력이 높다는 유체역학에서 가장 기본이 되는 원리를 찾은 사람은 수학자 다니엘 베르누이로, 요한의 아들이자 오일러의 가장 친한 친구였다. '수학의 왕자(prince)'라는 별명을 갖고 있는 가우스도 괴팅겐 대학에서 평생 천문대장직에 있었으며, 천문학과 전자기학의 발전에 크게 기여했다. 옛날에는 학문의 분야를 세분화한다는 개념조차 없었을 것이다. 학교와 학생들은 적었고, 연구소도 없었으며 학자들의 일자리도 매우 적었다. 인문사회학의 경우에도 마찬가지다. 예전에는 학문의 구분이 없었다. 공자가 철학자였는지 정치학자였는지, 아니면 교육학자였는지를 따질 필요가 없는 것처럼 말이다.

영국의 『브리태니커 백과사전(Encyclopaedia Britannica)』에 실린 〈과학 철학〉[28]이라는 제목의 소논문에는 다음과 같이 서술되어 있다.

"과학(science)이라는 말이 지금과 같은 의미로 쓰이기 시작한 19세기보다 훨씬 이전부터 서양 철학사의 주요 인물들은 '자연철학'에 기여했다. 아리스토텔레스는 최초의 위대한 생물학자였고, 데카르트는 빛의 반사와 굴절에 대한 법칙을 발견했으며, 칸트와 라플라스는 아직도 미해결인 태양계의 형성에 대한 칸트-라플라스 성운가설(nebular hypothesis)의 기초를 제안했다."

19세기 초부터 급속도로 발전하기 시작한 과학기술 덕분에 수많은 분야가 새롭게 생겨났고, 그 100년 후인 20세기 초에는 수학이 전체 과학기술 분야에서 (인적, 양적으로) 차지하는 비중이 아마도 10분의 1 이내로 낮아졌을 것이다. 물론 그로부터 100년이 더 지난 현대에는 그 비중이 더욱 크게 낮아졌을 것은 분명하다. 예를 들어 한국의 국가 연구개발

사업비 중 수학이 차지하는 비중은 2017년 기준으로 0.44%이다. 20세기 중반 이후 각 학문 분야의 세분화는 더욱 가속화되어, 수학의 경우에 100개가 넘는 세부 분야가 있고 서로 다른 분야를 전공하는 수학자들끼리는 소통이 거의 불가능한 상황이다. 다른 과학 분야도 상황은 비슷하다. 수학은 역사가 길다 보니 아무래도 다른 과학 분야보다 조금 일찍 세분화가 시작되었다.

1890년에 다비트 힐베르트(David Hilbert, 1862-1943)는 펠릭스 클라인(Felix klein, 1849-1925)에게 쓴 편지에서 다음과 같이 적고 있다.[29]

"오늘날 수학자들은 서로를 너무 적게 이해하고 있고 남들의 연구에 그다지 큰 관심을 갖고 있지 않은 것 같습니다. 고전적 수학자들에 대해 잘 모를 뿐만 아니라 무작정 막다른 길을 향해 나아갑니다."

130년 전에도 이미 수학자들끼리 소통이 어려울 정도로 분야가 세분화되었음을 짐작할 수 있다.

오일러, 수학을 현대화시키다

○

수학과 자연철학이 조금씩 거리를 두게 된 것은 18세기 중반부터라고 할 수 있다. 위대한 수학자 오일러가 수학을 빠른 속도로 현대화시키면서 수학은 적당히 공부해서는 근접하지 못하는 학문이 되었다. 사람들에게서 "오일러가 수학에서 어떤 업적을 남겼는지 구체적으로 설명해 주실 수 있나요?"와 같은 질문을 받으면 설명하기가 쉽지 않다. 일정 수준 이상의 수학적 지식 없이는 오일러의 업적을 이해하기 어렵다. 오

● 힐베르트, 가우스, 베버, 클라인 등이 몸담았던 괴팅겐 대학은 명실상부한 수학의 메카로서 이름을 날렸다.

일러 이후에는 전문적 수학자들이 아니면 한마디도 못 알아듣는 수학이 된 것이다. 오일러의 뒤를 잇는 조제프 루이 라그랑주, 아드리앵마리 르장드르(Adrien-Marie Legendre, 1752-1833), 가우스, 오귀스탱 코시 등도 오일러 못지않게 순수하고 엄밀한 수학자들이다.

자연철학은 급속히 발전하고 있는 상황에서 순수수학자들은 수학의 실용성에는 별 관심이 없었다. 그들은 수학이라는 위대한 탑을 쌓는 데에만 최선을 다했고 대중은 그들의 업적을 찬미했다. 그들은 높고 하얀 수학이라는 '상아탑'을 쌓는 데에 몰두했다. 그러한 전통은 독일 수학의 황금기의 주역들인 리만, 레오폴트 크로네커(Leopold Kronecker, 1823-1891), 카를 바이어슈트라스(Karl Weierstrass, 1815-1897), 에른스트 쿠머(Ernst Kummer, 1810-1893), 리하르트 데데킨트(Richard Dedekind, 1831-

1916) 등에 의해 더욱 굳어졌지만 이 흐름의 끝에는 클라인과 힐베르트가 있다.

괴팅겐 수학사의 전문가인 데이비드 E. 로(David E. Rowe, 1950~) 교수는 다음과 같이 서술한다.[30]

"(20세기 초에) 순수수학과 응용수학 사이의 경계가 흐려지기 시작한다. 새로운 수학인 행렬대수, 군과 표현론, 적분방정식, 텐서해석학 등의 상대성이론과 양자역학에 있어서의 중요성이 증명되고, 응용수학 쪽에서도 건축공학, 함선 디자인, 공기역학, 금융투자 및 보험 등에 대한 다양한 문제를 다루는 데에 필요한 연구가 활발히 이루어지기 시작한다. (중략) 이러한 변화는 여러 가지 요소가 얽힌 복잡한 과정이긴 하지만 큰 줄기의 흐름을 타고 일어나고 있었고, 그 상당 부분은 조그만 시골 도시인 괴팅겐에서 진행되었다. (힐베르트가 괴팅겐으로 자리를 옮긴) 1895년경부터 이 드라마의 두 주역 클라인과 힐베르트는 서로 지적 연대를 형성한 후 독일 수학계의 힘의 균형을 뒤집었을 뿐만 아니라 수학의 연구 방향과 수학과 다른 과학기술 분야 사이의 관계를 크게 바꾸었다."

순수수학을 발전시킨 힐베르트

○

힐베르트는 20세기 초 유럽 학계에서 가장 영향력 있는 학자였다. 그때는 그가 근무하고 있는 괴팅겐 대학이 수학의 메카로서의 지위가 절정에 다다랐던 시기이기도 하다. 독일인답게 성실하고 엄숙한 성격의 그는 순수한 수학의 세계 안에서 문제를 찾고 그것을 해결하는 데에 누구보다 더 성

● 힐베르트는 20세기 초 유럽 학계에서 가장 영향력 있는 학자였다. 그는 20세기 수학이 순수수학에 집중되는 데에 큰 역할을 했다.

실히 임했다. 그 자신은 수학의 실용성을 매우 중시했고 상대성이론과 양자역학에도 큰 관심을 가졌지만 (그의 의도가 무엇이든 상관없이) 결국 20세기 수학이 순수수학에 집중되는 데에 큰 역할을 했다.

1900년 파리 세계수학자대회(International Congress of Mathematicians, ICM)에서 발표한 그의 유명한 23개의 문제는 대부분 순수수학 문제였다. 6번 문제만이 물리학에 대한 것이었지만 그 나마도 질문은 "물리학도 공리화될 수 있겠는가?"였다. 수학적, 논리적 관점에서 물리학을 보려는 그의 의지를 엿볼 수 있는 것이다. 이 문제들은 그 후 100년 동안 수학계를 지배했다. 수학자들이 힐베르트의 문제와 관련된 문제를 풀면 매우 가치 있는 연구를 한 것으로 간주되어 최고의 저널에 논문을 발표할 수 있었고 실력 있는 수학자로 인정을 받았다. 내가 박사과정에 다닐 때에도 힐베르트 문제들은 특별한 대우를 받았다. 힐베르트의 문제는 지금은 여덟 번째 문제인 리만 가설(Riemann hypothesis)을 제외하고는 거의 다 해결되거나 해결되지 않은 부분들의 중요도가 낮아졌다. 리만 가설 못지않게 유명한 푸앵카레 추측(Poincare Conjecture)은 나중에 형성된 것이어서 힐베르트 문제에는 없다. '가설'과 '추측'은 수학적으로는 같은 말이지만 이 문제들에는 각각 고유명사처럼 붙어 다닌다.

힐베르트는 그의 문제들을 통해서만이 아니라 다른 점에서도 20세기 초반 이후에 순수 수학이 절대적 우위를 점하는 데 영향을 미쳤다. 그는 수학의 굳건한 공리주의적인 기초(axiomatic foundation)를 찾는 데에 몰두했는데, 그의 시도를 '수학의 형식주의'라고 부른다. 마침 20세기 초에는 그 외에도 고틀로프 프레게(Gottlob Frege, 1848-1925)나 버트런드 러셀(Bertrand Russell, 1862-1943) 등 소위 비엔나 서클(Vienna Circle)이라 불리는 철학자들이 수학적 또는 형식적 논리를 철학에 도입하는 시도를 했고, 그들이 이룩한 분석철학은 학자들의 큰 관심을 끌었다. 이러한 논리와 분석을 중시하는 철학의 흐름은 수학이 엄밀하고 순수한 방향으로 나아가는 데에 영향을 미쳤다. 1931년 오스트리아의 젊은 수학자 쿠르트 괴델(Kurt Gödel, 1906-1978)이 '불완전성 정리(Incompleteness Theorem)'를 발표함으로써 힐베르트의 목표가 달성될 수 없다는 것이 밝혀졌다. 이 정리는 '수학적 공리들이 어떤 모순과도 만나지 않음에도 불구하고 성립하는지 아닌지를 판정할 수 없는 정리(proposition)가 존재할 수 있다'라는 것이다.

스리니바사 라마누잔(Srinivasa Ramanujan, 1887-1920)을 영국으로 초빙하여 같이 연구한 것으로 잘 알려진 케임브리지 대학의 고드프리 해럴드 하디(Godfrey Harold Hardy, 1877-1947)는 영미권 최고의 수학자이자 영국의 수학을 독일, 프랑스에 못지 않은 위치까지 끌어올린 이로 평가받는다. 그는 유럽 수학계에서 매우 영향력 있는 수학자였는데, 1940년에 출간한 책 『수학자의 사과(Mathematicians Apology)』는 지금도 매우 유명하다. 하디는 다음 세대의 수학자들에게 남기고 싶은 자신의 수학 철학에 대해 밝히기 위해 이 책을 썼다. 그는 이 책에서 순수수학 그 자체의 가치와 아름다움을 세세히 설명하며 수학의 중요성을 합리화하기 위해 응용수학의 성취에 기대지 말라고 권고했다. 1950년대에 하버드 대학에서 박사과정을 밟은 솔로몬 골롬(Solomon Golomb, 1932-2016)은 다음과 같이 말하고 있다.

"내가 박사과정에 있을 때에는 수학과에서 가르치거나 공부하는 내용 중 어떤 것도 그것의 실제적 응용에 대해서 질문하거나 토론되어서는 안 되었다. 그건 하버드에서만이 아니었다. 좋은 수학이란 순수수학이어야 했고, 순수수학의 응용 가능성에 대해 말하는 것은 허용되지 않았다."[31]

수학의 응용 가치를 높인 폰 노이만

○

푸앵카레는 수학 외의 여러 분야에 정통해 마지막 레오나르도 다빈치(Leonardo da Vinci, 1452-1519)로 불린다. 그는 광학, 전기학, 전신학, 모세관 현상, 탄성, 열역학, 포텐셜 이론, 양자이론, 상대성이론, 천체 역학(3-body problem), 빛과 전자기전 파동 등 매우 다양한 분야에서 당대 최고의 식견을 가졌다.

20세기 중반에 그 못지않은 레오나르도 다빈치가 한 명 더 있다. 그가 진정한 '마지막' 레오나르도 다빈치일지도 모른다. 바로 요한 폰 노이만(Johann von Neumann, 1903-1957)으로, 당대 최고의 수학 천재이면서도 수학의 실용적 응용에 관심이 많아서 게임이론, 양자역학, 컴퓨터 이론, 원자폭탄 등에 혁혁한 업적을 남겼다. 현대의 대중에게는 게임이론의 창시자로 주로 알려져 있지만 그의 가장 큰 공헌을 하나 꼽자면 순수한 추상적 수학만이 가치 있는 것처럼 여겨지던 20세기 중반에 몸소 수학의 응용적 가치와 힘을 보여줌으로써 수학의 의의와 역할에 대한 편중된 시각에 균형감을 주었다는 것이다.

앤드루 잰튼(Andrew Szanton, 1963-)이 쓴 『위그너의 회상(Recollection of Eugene P. Wigner)』은 노벨 물리학상을 받은 유진 위그너(Eugene Wigner, 1902-1995)의 자서전과 같은 책이다. 그는 폰 노이만과 부다페스트의 최고 명문학교인 루터란 김나지움 동창이자 같은 유태인이었다. 이 책에는 그와 폰 노이만, 그리고 같은 부다페스트 출신 유태인이자 천재 물리학자인 에드워드 텔러(Edward Teller, 1908-2003, 수소폭탄의 아버지로 불림)가 모두 로버트 오펜하이머(Robert Oppenheimer, 1904-1967)의 부름을 받고 맨해튼 프로젝트에 참여했을 때의 이야기와 평생 친구로서 바라본 폰 노이만의 천재성에 대한 이야기가 나온다. 당대 최고의 물리학자들이 연구 중 수학적 어려움에 봉착했을 때 폰 노이만에게 물어 보면 늘 순식간에 답을 주었다고 한다. 그는 탁월한 기억력(어려서부터 7개국어에 능통)과 암산으로 하는 계산 능력으로 늘 사람들을 놀라게 했다.

폰 노이만은 1943년경부터 프레스퍼 에커트(Presper Eckert, 1919-1995)와 존 모클리(John Mauchly, 1907-1980)가 개발하기 시작한 미국 육군의 컴퓨터 에니악(Electronic Numerical Integrator and Computer, ENIAC) 연구에 도움을 주었고[32] 에니악을 프로그램 내장식 컴퓨터

● 에커트와 모클리가 개발하고 폰 노이만이 개조한 에니악.

(stored-program computer)로 개조하여 1951년 그가 몸담고 있던 프린스턴 대학의 고등과학원(The Institute for Advanced Study, IAS)에 설치한다. 이 컴퓨터는 10진법 연산을 하던 에니악과 달리 2진법 연산을 했고, 코드와 데이터가 같은 메모리를 공유했으며 현대식 코딩의 핵심인 조건부 루프(conditional loops)를 활용하는 방식으로 운용되었다. 그래서 그는 영국의 천재 수학자 앨런 튜링(Alan Turing, 1912-1954)과 더불어 컴퓨터 개발의 선구자로 꼽히고 있다.

튜링은 제2차 세계대전 중 독일의 암호 기계 에니그마가 생성하는 암호를 그가 만든 기계로 해독하는 데 성공했고, 이 이야기는 영화 〈이미테이션 게임〉 덕분에 국내에도 널리 알려졌다. 그는 동성애 혐의로 영국 경찰에 체포되어 유죄 판결을 받고 감옥에 가는 대신 거세를 당했는데,

2년 후 독약을 넣은 사과를 먹고 자살했다. 애플 회사의 로고가 그가 먹은 사과를 상징한다는 설이 있지만 정설은 아니다.

수리 자본주의 시대에 필요한 것

○

수학자들은 개념과 이론 구성을 아주 잘한다. 그리고 자신 또는 남들이 만든 그런 도구(개념, 정리, 이론 등)를 이용하여 어려운 수학적 문제를 해결했을 때 최고의 희열을 느낀다. 수학자들은 구체성과 해결가능성이 있는 수학적 문제를 연구하는 데만 익숙하여 이해가 충분하지 않거나 문제 자체가 애매모호한 실용적인 과학 문제를 연구하는 것은 거북해하는 경향이 있다. 구체적이지도 명확하지도 않은 문제들은 수학자들의 체질에 맞지 않는다.

하지만 현대는 융합의 시대이다. 과학기술 내에서 분야 간의 융합을 하는 것이 요즘의 대세이다. 정부와 연구재단에서도 융합 연구에 지원을 강화한 지 여러 해 되었다. 물론 융합은 학문의 전 분야에서 일어나고 있다. 과학과 인문학의 융합, 경제학과 과학(수학)의 융합은 기본이고 다 분야 간 융합도 활발히 일어나고 있다. 수학 분야에서 국내 유일의 정부 출연 연구소인 국가수리과학연구소(National Institute for Mathematical Science, NIMS)도 수학의 응용에 초점을 맞추어 설립, 운영되고 있다.

수학과 과학의 융합에 있어서, 순수수학자들이 수학의 응용 쪽으로 관심의 폭을 넓히는 것에는 한계가 있다. 기존의 수학자들은 우수한 수학 전문 인력을 양성하고, 우리 사회는 그런 인력들에게 일자리를 제공하여 그들이 융합적 연구에 참여하여 수학 실력을 활용하도록 하는 것이 좀 더 바람직한 구도라고 생각한다.

일본 경제산업성과 문부과학성이 2019년 3월에 공동으로 펴낸 〈수리 자본주의의 시대 : 수학의 힘이 세상을 바꾼다〉라는 제목의 보고서는 매우 획기적이다. 보고서의 내용도 그렇지만 무엇보다도 정부의 두 부서에서 공동으로 특정 학문 분야를 키워야 한다는 보고서를 낸 것은 매우 이례적이다. 이 보고서에는 "인공지능, 빅데이터 등을 중심으로 일어날 4차 산업혁명의 승자가 되기 위해 필요한 것은 첫째도 수학, 둘째도 수학, 셋째도 수학"이라고 하는 대목이 나온다.[33] 몇 달 후인 2019년 7월에 손정의 소프트뱅크 회장이 문재인 대통령과 만난 자리에서 "앞으로 한국이 집중해야 할 것은 첫째도 인공지능, 둘째도 인공지능, 셋째도 인공지능"이라고 한 말도 이 보고서의 내용과 일맥상통해 보인다.

이 보고서에 따르면 2016년 미국 수학박사의 30% 이상이 산업계에서 활동하는 데 비해 일본은 12% 정도밖에 되지 않는다(한국은 2016년 정부 추정 1.8%). 또한 수학이 국부의 원천이 되는 시대가 왔다고 진단하고 있다. 나는 이 보고서가 채택한 '수리 자본주의'라는 용어는 앞으로 우리나라에서도 널리 쓰이게 될 것이라고 믿는다.

일본은 이전부터 전국 6개 거점 대학을 지정하여 그 대학들을 중심으로 수학 및 데이터과학 교육과정을 강화했고, 앞으로 그것을 다른 20개 대학으로 확산한다는 구체적인 계획도 세워놓고 있다. 또한 수학 분야의 산학연계에도 중장기 계획이 나와 있다. 영국도 총리 직속 공학 및 자연과학 연구위원회(Engineering and Physical Sciences Research Council,

EPSRC)에서 낸 〈수학의 시대〉라는 보고서에서 "수학이 AI, 첨단의학, 스마트시티, 자율주행자동차, 항공우주 등 4차 산업혁명의 '심장'이 되었다"라며 "21세기 산업은 수학이 좌우할 것"이라고 전망했다. 이 보고서는 영국에서 2008~2013년 사이에 수학이 창출한 연평균 경제 가치를 국내총생산(GDP)의 16% 정도로 추정하고 있다. 영국에서는 그야말로 수리자본주의라는 말이 어울리는 상황이다.

우리나라도 수학의 중요성을 인식하여 2016년 미래창조과학부가 4차 산업혁명의 핵심 기초학문인 산업수학을 육성한다는 목표 아래 '산업수학 육성방안'을 발표했다. 정부는 수학생태계를 조성하고 신산업과 일자리를 만들어내기 위해 3대 목표로서 산업수학 문제 발굴, 산업수학 문제 해결, 인재 양성과 산업화를 내세웠다. 대한민국 정부가 수립된 이후에 그렇게 특정 학문 분야를 키우겠다는 정책을 발표한 경우가 또 있었나 싶다. 발표 내용을 보면 산업수학을 "수학적 이론과 분석 방법을 활용하여 세상의 문제를 해결하거나 산업의 부가가치를 창출하는 활동"이라고 정의하고 있다. 발표 내용 중에 가장 눈길을 끄는 것은 "현재 1.8% 수준인 수학박사의 산업계 진출 비율을 2021년까지 20%로 늘린다"라는 계획이다.

이 계획은 예상대로 목표 달성에는 크게 미치지 못하고 있지만, 정부가 그러한 방향을 잡고 지원을 지속하겠다는 의지를 보인 것만으로도 다행이라고 생각한다. 산업수학이 발전하고 산업에 기여하기까지 우수한 수학 전문 인력을 양성하고 일자리를 늘리는 것이 중요하므로 산업수학 육성 지원 사업은 긴 호흡으로 펼쳐나가야 할 것이다. 수학에는 새로운 장비와 시설이 필요하지 않다. 사람들의 두뇌와 노력이 필요할 뿐이다. 실력 있는 수학자들을 양성하고, 그 인력을 활용하는 것을 중심으로 지원 정책이 이루어져야 한다. 기존의 수학자들에게 산업수학에 좀 더 많은 관심을 갖게 하고 산업수학 관련 연구비 지원을 늘리는 것은 그 다음 일이다.

몇 년 전부터 시작된 정부의 노력에도 불구하고 우리나라는 아직도 선진국에 비해 수학 연구 지원과 수학 전문 인력을 활용할 일자리가 크게 부족하다. 수학 분야 국내 유일의 정부 출연 연구소인 국가수리과학연구소의 1년 예산이 다른 분야 주요 연구원의 2~3% 수준밖에 되지 않는다. 정부 출연 연구소 중 규모가 크면 '연구원,' 규모가 작으면 '연구소'라고 부르는데 연구소는 연구원에 속해 있는 경우가 많다. 예를 들어 국가수리과학연구소(NIMS)는 우리나라 유일의 수학연구소이지만 규모가 매우 작아 '연구소'로 불리며 기초과학연구원(IBS)에 속해 있다.

수학 분야에서 박사학위를 취득해도 일자리 구하기가 너무 힘들다. 대학의 전임교수 자리는 너무나 적고 대학에 취직하지 못한 수학박사들은 시간강사라도 해야 한다. 2017년 국가 연구개발사업비 18조 830억 원 가운데 수학 분야 집행액은 810억 원(0.44%)에 불과했고 과학기술 표준분류 18개 분야 중 꼴찌였다(기계공학의 37분의 1, 물리의 5분의 1).

다행히 몇 년 전부터 삼성전자와 삼성SDS 등에서 수학박사나 수학영재 출신들을 뽑아 활용하고 있다. 삼성은 자체적인 컴퓨터 알고리즘 개발의 필요성과 4차 산업혁명에 대비한 신기술 연구의 중요성을 인식하고 수학에 관심을 갖기 시작했다. 삼성은 주로 기계학습(또는 머신러닝

machine learning)[34]과 같은 알고리즘 개발이나 빅데이터 연구에 수학자들을 활용하고 있는데, 내가 예전에 가르쳤던 국제수학올림피아드의 한국 대표였던 수학 천재(대부분 미국 명문 대학 출신의 수학박사)들도 현재 여러 명이 삼성의 인공지능과 빅데이터 연구 부서에서 일하고 있다.

인공지능 연구와 수학의 역할

○

현대의 수학은 역사가 오래된 만큼 다른 과학 분야보다 다소 앞서가고 있다. 지금 수학자들이 하는 연구의 대부분은 실용적인 가치가 크지 않다. 과학은 먼 미래까지 발전할 것이기 때문에 현대의 수학이 언젠가는 과학에 기여할 것이다. 나는 그럴 날이 그리 멀지 않다고 생각한다. 이미 인공지능과 빅데이터를 중심으로 수학이 실용과학의 세계에서 활약하기 시작했다. 바야흐로 수학과 과학이 융합하는 새로운 패러다임의 시대가 도래할 것이다.

내가 예전에 지도한 수학올림피아드 국가대표 학생들 중 수학으로 박사학위를 받고 대학교 또는 회사에서 인공지능을 연구하고 있는 사람들에게 다음과 같은 질문을 했다. 첫째, 인공지능 연구에 수학자들(또는 수학적 배경이 있는 사람들)의 역할이 현재 어떤 면에서 필요하고 앞으로의 전망은 어떠한가? 둘째, 지난 100년간 수학과 과학은 대체적으로 분리 발전했는데 앞으로 인공지능을 중심으로 수학과 과학의 (큰 흐름에서의) 융합이 가속화될까?

그들 중 다섯 명의 회신 내용을 소개하고자 한다. 네 명은 매사추세츠 공과대학(MIT)에서, 한 명은 프린스턴 대학에서 수학 박사학위를 받았다. 이 중 세 명은 대학교수로, 두 명은 회사에서 연구원으로 인공지능 연구를 수행하고 있다.

현재 인공지능 및 머신러닝 기술의 주요한 접근법은 원하는 문제 해결을 위한 수학적 최적화 문제를 만들고, 그 최적화 문제를 해결하는 알고리즘을 설계해서 수행하는 방식입니다. 이러한 최적화 문제를 보다 합리적으로 설계하는 데, 그리고 설계된 최적화 문제를 해결하는 알고리즘을 디자인하는 데에는 심도 있는 수학적 이해가 필요합니다. 수학자들과 수학적으로 탄탄한 학습 및 연구 경험을 지닌 사람들은 인공지능의 새로운 개념을 개발하고 근본적인 연구를 하는 데에 그만큼 장점을 갖기 때문에 앞으로 인공지능 분야에서 핵심적 역할을 담당할 것으로 전망합니다.

인공지능 연구에 있어 수학적 원리의 이해가 매우 중요하기 때문에 과학자들의 수학에 대한 이해와 수학자들의 과학 및 인공지능 기초에 대한 이해가 더욱 필요할 것으로 생각됩니다. 이를 통한 수학과 과학의 융합적 발전이 더욱 가속화될 것으로 예상합니다.

서울대학교 전자공학과 교수 ○○○

지금까지 나온 머신러닝이나 딥러닝의 수많은 기법은 그 이론적 토대를 전부 수학에 두고 있고, 새로운 방향을 제시하는 논문은 항상 그 방향성을 수학적으로

뒷받침하는 과정을 필요로 합니다. 컴퓨터 과학이나 엔지니어링 쪽으로 커리어를 쌓으며 수학적 배경과는 거리가 먼 사람들의 경우 이 부분에 어려움을 표하는 경우가 많지만 수학자나 수학적 배경이 있는 사람들은 강점을 드러내는 경우가 많습니다. 자신이 갖고 있던 수학적인 개념을 이용해 인공지능 연구 문제를 해결하는 경우도 있습니다. 따라서 HPO(Hyperparameter Optimization)와 같이 경험에 치중해야 하는 쪽보다는 조금 더 근본적인 패러다임을 바꿀 수 있는 잠재력을 갖춘 연구에서 이와 같은 연구자들을 필요로 하며, 이러한 경향은 앞으로도 이어지지 않을까 싶습니다.

인공지능과 수학, 인공지능과 과학의 연관은 방향성이 있어서, 수학을 기초로 인공지능 이론이 성립하고 인공지능을 기반으로 과학이 발전할 수 있지만 그 반대 방향은 아직 단언하기 힘들 것 같습니다. 인공지능은 수많은 현상에서 패턴을 찾기는 쉽지만 그 패턴의 내부 로직까지 밝힐 수 있는 능력은 갖춰지 않았고 본질적으로 통계적 모델에서 크게 벗어나지 않기 때문에, 논리적 정당화를 위주로 하는 수학과 현상에 대한 이해를 맡는 과학 사이에 위치하고 있다고 봅니다. 또한 아직까지 인공지능이 필요로 하는 수학은 분야나 깊이가 다소 한정적이기 때문에, 인공지능이 수학과 과학의 융합의 프레임워크로 자리 잡기까지는 다소 시간이 걸리지 않을까 싶습니다.

삼성 SDS 책임연구원 △△△

현재까지의 인공지능 연구는 주로 높은 정확도와 빠른 연산을 할 수 있도록 개발하는 데에 초점을 두고 있었으나, 최근에는 다양한 방향의 연구도 많이 진행되고 있습니다. 특히 수학자들 입장에서 관심을 가질 만한 연구 방향은 다음과 같은 것들이 있습니다.

1. 데이터가 부족하거나 거의 없는 경우에도 학습이 가능하고 좋은 성능을 낼 수 있는 방법에 대한 연구

자신이 타기팅하고 있는 종류의 데이터가 아닌 다른 데이터로부터도 지식(Knowledge)과 표현(Representation)을 학습하여 이를 이용한 성능 개선 등의 연구가 필요한데, 이때 데이터들이 분포하고 있을 가상의 다양체(manifold)나 데이터 간의 거리 등을 측정하는 데 수학적 지식이 활용될 여지가 많다고 생각합니다.

2. 설명 가능한 인공지능에 대한 연구

인공지능 알고리즘의 경우 성능은 좋으나 잘못된 결과가 나왔을 때 왜 그런지, 어떠한 부분을 수정하면 되는지 등에 대해서는 다루기가 쉽지 않습니다. 이러한 이유로 인해 안정성이 매우 중요한 경우(자율주행, 의료 분야 등) 인공지능 알고리즘이 대중화되는 데 큰 장애가 생깁니다. 그렇기에 좀 더 분석 가능하고 신뢰도가 있는 알고리즘을 개발하기 위한 분석 작업에 수학자들이 기여할 수 있다고 생각합니다.

3. 인공지능의 편향성을 해결하기 위한 연구

많은 데이터로부터 최적의 모델을 찾아내는 인공지능 알고리즘 학습 방식의 특성상, 데이터 자체가 보유하고 있는 편향성(bias)도 같이 학습되어 의도하지 않은 부작용을 만들어내는 경우가 있습니다. 이를 보완하기 위한 연구에는 결국 데이터들의 인과관계와 상관관계를 구분해내고, 실제 목적에 부합하는 부분을 추출하여 학습하는 노력 등이 필요한데, 이러한 분석 작업에 수학자들이 기여할 수 있을 것입니다.

요즘 과학, 산업 분야에서의 인공지능은 하나의 목적보다는 도구에 가깝다고 생각합니다. 즉, 인공지능이라는 도구 플랫폼을 활용하여 전기공학, 컴퓨터 공학, 산업공학 등에서 각자 필요한 분야의 연구개발에 활용하고 있는 것입니다. 즉, 서로 다른 과학, 산업 분야에서 인공지능이라는 공통 융합 플랫폼이 개발되고 있는 상황이

라고 판단할 때, 결국 수학이 인공지능에 기여함으로써 많은 과학 분야의 발전에 도움을 줄 것이므로, 수학과 과학의 융합에 인공지능이 도움을 줄 것입니다(수학 입장에서 각 공학 분야들의 특성을 파악하고 하나하나 연구하는 것이 아니라, 인공지능 융합플랫폼 연구 자체에 기여함으로써 모든 공학 분야에 역할을 할 수 있기 때문에 수학, 과학 융합 연구가 더 간단해진다고 볼 수 있습니다). 다만, 구체적인 방법론들이 정립되기까지는 꽤 많은 노력과 시간이 필요하다고 생각합니다.

인하대학교 수학과 교수 □□□

2010년 초 인공신경망의 가능성에 대한 놀라운 발견을 시작으로 최근 딥러닝 분야가 다양한 인공지능 분야에 널리 쓰이고 있으며 과거와는 차원이 다른 성능을 보여주고 있습니다. 하지만 인공신경망의 성공에 대한 이론적이고 수학적인 이해는 매우 부족하고, 현재까지도 아주 초보적인 수준입니다. 그 이유 중 하나는 다른 기계학습 모델들과 달리 인공신경망은 수만 배, 수억 배 이상의 매개변수(parameter)를 최적화해야 하는데, 이에 기존 최적화 혹은 기계학습 이론으로는 설명하기 힘든 다양한 관측이 발견되고 있기 때문입니다. 이러한 고차원 수학 문제를 다룰 수 있는 새로운 이론적인 도구가 발견된다면 현재 딥러닝 기술을 한 차원 더 끌어올릴 수 있으리라 기대됩니다. 이런 관점에서 수학자들의 역할과 전망은 밝다고 볼 수 있습니다. 다만, 기존 기계학습 이론, 최적화 이론, 확률론, 위상이론, 미분 기하 등의 고정관념을 탈피하여 새로운 수학 영역에 대한 도전적인 탐구가 요구될 것 같습니다.

인공지능이라는 학문은 과거에 전산 분야의 하나로 인식되어 왔지만, 최근 흐름을 보면 다양한 분야의 이론이 적용되고, 또 응용되고 있어서 인공지능 연구에 융합적인 요소는 이제 그 성공을 가속화하는 데 필수라고 생각합니다. 이러한 융합의 흐름에 수학도 하나의 중요한 축이며 앞으로도 이러한 흐름이 가속화되리라 생각합니다. 다만 그러려면 수학자들의 기존 분야에 대한 고정관념을 탈피하고 인공지능 분야(예를 들어 기계학습 이론)를 새로운 수학의 한 분야로 받아들일 수 있는 아량이 필요하다고 생각합니다.

카이스트 전자공학과 교수 ◇◇◇

요즘 인공지능이 붐이라 다양한 배경을 가진 사람들이 인공지능 연구를 직업으로 삼고 있습니다.

제가 딥러닝을 많이 해보지 않아 주로 시간을 많이 보냈던 머신러닝에 대해 이야기하자면 조금 과장하여 자동화된 통계학이라고 생각합니다. 인공지능을 연구하는 사람들 중에 수학, 통계적 배경이나 지식이 없이 프로그램만 돌려서 데이터를 분석하며 '연구'를 수행하는 경우가 있는데 그들은 본질적인 것에 다가가지 못하고 표면적으로 나타나는 현상만 바라보게 되는 것 같습니다. 알고리즘이나 모델을 돌리며 원하는 결과를 얻지 못했을 때 주어진 알고리즘, 모델에서 벗어나 원인을 찾거나 어떤 문제가 있는지 살펴보는 부분이 수학 문제를 연구하는 것과 유사한 면이 많습니다. 이런 부분 없이 알고리즘, 모델만 돌리는 일은 연구라기보다는 기계적인 작업에 더 가까운 일이고 그 때문에 가치 있는 결과를 얻기 어려운 것 같습니다.

삼성전자 책임연구원 ☆☆☆

알고리즘 과제를 해결할 무기

о

여러 가지 방식의 인공지능 알고리즘뿐만 아니라 빅데이터, 뇌과학, 단백질 구조, 교통, 인공신경망, 환경 및 기후 변화, 금융 등 다양한 분야에서 수학의 역할이 증대되고 있다. 하지만 인공지능 분야 하나만 하더라도, 비록 기계학습이 초기에 이론적 구성 과정에서 수학의 힘을 빌렸다고는 하지만 그 이후에는 대학 수준의 미적분학과 선형대수학 이상의 뭔가 강력한 수학적 도구(개념, 이론 등)는 보이지 않는다. 다만 수학자 또는 수학적 배경을 가진 연구자 개개인의 수학적 사고력과 통찰력, 그리고 (수학 공부를 통해 얻어진) 문제를 물고 늘어지는 끈기가 인공지능 연구에 실질적인 도움을 주는 것으로 보인다.

인공지능이라고 하는 거대한 문제(다른 큰 문제들도 마찬가지이다)가 나에게는 페르마의 마지막 정리(Fermat's Last Theorem)의 풀이 과정을 연상시킨다. 물론 정리라는 표현은 엄밀히 말해서 적절하지 않다. 미해결 문제이지만 페르마 자신이 '정리'라고 칭했으므로 후대의 수학자들은 그를 존중하여 이 문제를 추측이나 가설이라고 부르지 않고 정리라고 부른다. 그가 증명을 찾은 것으로 착각했을 가능성이 높지만 그러한 추측조차 확실한 것은 아니고 그의 명성에 누가 될 수 있으므로 유럽의 수학자들은 잘 언급하지 않는다. 나는 한국 사람인데다 대중적인 설명이 필요하므로 이런 금기를 잠시 어긴다.

이 두 문제의 성격과 접근 방식은 많이 다르겠지만, 페르마의 마지막 정리의 풀이가 발견될 과정과 유사하게 인공지능의 알고리즘 문제들을 해결할 강력한 도구들이 개발될 것으로 믿는다.

페르마의 마지막 정리란 다음 등식을 만족하는 정수해의 쌍 x, y, z가 존재하지 않는다는 것으로 1637년에 만들어졌다.

$$x^n + y^n = z^n \ (n \geq 3)$$

$n=2$일 때는 그런 정수해가 존재한다. $3^2 + 4^2 = 5^2$이므로 $(3, 4, 5)$가 정수해가 된다.[35] $n=3$일 때 정수해가 없다는 사실은 여러 수학자들에 의해 증명되었는데, 오일러의 경우에는 두 개의 증명을 찾았다. 그 중 처음 찾은 증명은 비록 후에 오류가 발견되었지만, 그의 아이디어는 매우 유용하여 후에 가우스나 레조이네 디리클레(Lejeune Dirichlet, 1805-1859), 쿠머 등이 페르마 문제를 접근하는 데에 큰 도움을 주었다. $n=4$인 경우는 페르마 자신이 증명했는데, 그는 지금도 학생들이 정수론 문제를 푸는 데에 자주 사용하는 '무한강하법' 기법을 이용하여 증명했다.

갈루아 이론, 쿠머의 아이디얼 이론 등이 페르마 문제를 푸는 데 있어서 꼭 필요한 도구들이긴 하지만 오랫동안 이 문제를 어떤 방향에서 어떻게 공략해야 할지 많은 사람이 막막해했다. 300년이 넘는 세월 동안 수많은 천재 수학자가 이 문제를 풀기 위해 청춘을 바쳤지만 모두 실패했다. 결국에는 1993년 프린스턴 대학에서 근무하던 영국의 와일즈가 새로 나온 추측과 정리들을 이용하여 문제를 해결하는 데 성공했다(그의 증명에 오류가 발견되었으나 그의 제자 테일러의 도움을 받아 최종적으로 1995년에 증명을 완성했다).

그가 문제를 푸는 데에 몰두하기 시작한 것은 1984~1986년경에 게르하르트 프레이(Gerhard Frey, 1944-), 장피에르 세르(Jean-Pierre Serre, 1926-), 케네스 리벳(Kenneth Ribet, 1948-) 등에 의해 다니야마-시무라(Taniyama-Shimura) 추측이 성립하면 페르마의 마지막 정리가 성립한다는 정리(이를 리벳의 정리라 한다)가 증명되었다는 사실이 알려지면서부터이다. 다니야마-시무라 추측은 다니야마 유타카(谷山 豊, 1927-1958)가 1955년경에 도쿄에서 열린 국제수학회에서 발표한 것으로, 처음에는 다소 오류가 있었으나 추후에 친구 시무라와 함께 더 다듬어서 발표했다. 그 추측을 간단히 한마디로 말하자면 "(어떤 조건을 만족하는) 타원곡선은 모듈러하다(modular)"라는 것인데, 타원곡선이란 다음과 같은 꼴의 방정식을 말한다.

$$y^2 = x^3 + ax^2 + bx + c$$

이 타원곡선과 모듈러폼(modular form)은 전혀 상관없는 것으로 보이는 개념인데 젊은 천재 다니야마에게는 그 사이의 대응관계가 느껴졌나 보다. 수학에서는 이렇게 서로 관련이 없을 것 같은 정리나 이론이 뜻밖에 중요한 열쇠가 되는 경우가 많다.

와일즈는 이 추측만 해결하면 되기에 목표가 비교적 단순해졌지만, 이것도 당시의 수학자들에게는 난공불락(inaccessible)의 문제로 인식되었다. 그가 문제를 해결하는 데 있어서 1980년대 말에 등장한 콜리바긴-플라흐(Kolyvagin-Flach) 방법과 이와사와 이론(Iwasawa theory)이 매우 중요하게 사용되었다. 이와 같이 여러 사람의 선행 연구 결과가 시의적절하게 나오지 않았다면 와일즈의 증명은 탄생할 수 없었다. 그가 그때보다 10년쯤 전에 페르마 정리의 증명을 시작했다면 실패했을 것이다. 위대한 오일러, 가우스, 라그랑주, 힐베르트 등도 당연히 못 했던 것이다. 인공지능의 알고리즘 문제들도 페르마의 정리처럼 초기에는 방향을 잡지 못하고 어둠을 헤맬지라도, 누군가에 의해 조금씩 빛이 밝혀지면 그것들이 씨가 되어 결국 큰 결과를 얻는 상황으로 이어질 것이다.

인공지능에 관한 4가지 착각

○

산타페연구소의 멜라니 미첼(Melanie Mitchel, 1969-)은 〈왜 인공지능은 우리가 생각하는 것보다 더 어려운가?(Why is AI is harder than we think?)〉라는 논문[36]에서 인공지능은 사람들이 생각하는 만큼 그렇게 우리의 코앞에 다가와 있지 않다고 말한다. 그녀는 이 논문에서 "그동안 인공지능 연구에는 봄과 겨울이 주기적으로 반복되었다"라며 지금은 인공지능 연구에 대한 낙관론이 우세한 '봄'의 시기이지만 '사람과 유사한' 인공지능의 개발이 가까운 미래에 이루어질 것이라는 일반적인 예상에 부정적인 견해를 보였다.

멜라니는 인공지능에 대해 사람들이 갖고 있는 4가지 착각을 소개하며 "이 착각들이 인공지능의 현 상황을 개념화하는 데 대한 우리의 오류와 '지능'의 속성에 대한 우리의 직관의 한계를 나타내고 있다"라고 말한다. 멜라니가 꼽은 4가지 착각은 다음과 같다.

첫째, 좁은 지능이 일반적인 지능으로 이어진다.

둘째, 쉬운 것은 쉽고 어려운 것은 어렵다.

셋째, 희망적 기억술(wishful mnemonics)의 유혹.

넷째, 지능은 모두 뇌에 있다.

'쉬운 것은 쉽고 어려운 것은 어렵다'라는 말은 '인간에게는 쉬운 것이 (인공지능에게는) 어렵고, 인간에게 어려운 것이 (인공지능에게는) 쉽다'가 더 맞는 말이라는 뜻이다. 예를 들어 어떤 대화를 이어가거나 군중 속을 걸어가는 것은 인간에게는 쉬운 일이지만 인공지능에게는 어렵고, 바둑이나 수백 개의 언어 동시 번역, 계산 등은 인간에게는 어렵지만 인공지능에게는 쉬울 수 있다.

'희망적 기억술'은 1976년 드루 맥더모트(Drew McDermott)가 인공지능을 비판할 때 만든 말로 지금은 인공지능 학자들이 '인공지능 프로그램의 행태와 평가를 묘사하는 데 사용되는 인간의 지능'과 연관된 말로 쓰인다. 다소 현학적인 이 용어는 통상적으로 인공지능의 능력을 평가할 때 만들어지는 (특정 기술만을 평가하는) 평가 기준을 지칭할 때 쓴다. 보통 이런 기준으로는 개발된 인공지능의 능력이 이미 인간을 앞서는 경우가 많으나 질문-대답하기, 읽고 이해하기, 자연스러운 언어 이해 등과 같은 일반적인 능력을 측정하지는 못한다는 비판을 받을 수 있다.

멜라니 미첼은 결론적으로 사람들의 사고와 인식의 시스템은 우리가 상상하는 것보다 훨씬 복잡하여, 기계가 인간과 같은 지능을 갖는 것은 우리가 생각하는 것보다 더 어렵다고 말한다. 논문의 마지막 부분에서 그녀는 현재의 인공지능이 중세의 연금술과 유사하다며 "이제는 (예전에 연금술의 많은 경험과 데이터가 화학의 과학적 발전에 기여했듯이) 연금술에서 벗어나 지능에 대한 과학적 이해를 넓히는 쪽으로 갈 때"라고 말한다.

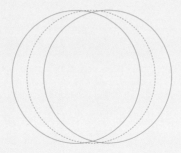

인류의 역사를 바꾼
과학적 발견

$$\Sigma$$

세계의 유수한 언론사, 출판사 등에서 1999년 하반기에 새로운 1000년을 맞이하며 지난 1000년간 인류에게 가장 큰 영향을 미친 사람 100인을 선정한 적이 있다. 나는 그것에 착안하여 수학사 수업시간에 학생들에게 '지난 1000년간 인류에게 가장 큰 영향을 미친 과학적 발견'이 무엇이라고 생각하느냐고 해마다 묻는다. 평소 주변 지인들에게도 종종 물어보는 질문이다. 그에 대한 답으로 우리가 떠올릴 수 있는 것들은 화약, 증기기관, 전기, 종이, 인쇄술, 지구의 자전과 공전, 만유인력, 전화기, 비행기, 무선통신, 원자와 분자 구조, 컴퓨터, 원자력, 로켓 등 수없이 많다. 학생들 또는 내 주변의 교수들도 대개 이 중 하나를 꼽는다. 그런데 내가 생각하는 1위를 꼽는 사람은 지금까지 보지 못했다.

위생 개념을 만든 세균

○

내가 생각하는 1위는 바로 세균의 발견이다. 자식이 병으로 죽는 슬픔을 겪는 부모들이 얼마나 불행하고 힘든지 상상해 보면 느낌이 좀 올 것이다. 세균의 발견은 유아 사망률을 현저히 낮췄다. 병균이라는 것을 알게 되면서 '위생'이라는 개념이 생겼고 인류는 전염병으로 인한 떼죽음으로부터 벗어나는 길을 찾았다. 그 이전에는 지구상의 모든 사람이 일상생활 중에 '죽음'을 곁에 두고 살았다. 가족, 친구, 친척, 이웃들이 나이가 몇 살이든 상관없이 죽어나가는 것을 보며 일상생활을 했고, 자기 자신의 죽음도 그와 같이 쉽게 찾아올 것이라고 느끼며 살아갔다는 뜻이다. 그런 점에서 죽음과 삶의 사이에서 살아가던 예전 사람들의 삶은 현대인의 삶과는 너무나도 많이 달랐다.

천체의 비밀을 밝힌 망원경

○

물건을 크게 보거나 가까이 보기 위해 개발된 렌즈의 역사는 2000년 이상이다. 근대 이후의 렌즈의 발전에 있어서는 16세기 말부터 유럽 최고의 선진국 대열에 합류한 네덜란드의 안경기술자들의 공헌이 컸다. 망원경과 현미경의 역사는 거의 같이 가는데 원리가 대칭적이어서 근본적으로 유사하기 때문이다.

16세기 말 자카리아스 얀선(Zacharias Janssen, 1585?-1632?) 또는 그의 아버지 한스 얀선(Hans Janssen, ?-?)이 세계 최초의 복합현미경(compound microscope)과 망원경을 발명한 것으로 알려져 있다(확실한 증거는 없지만 그의 사후 아들 요하네스 자카리아센의 주장이 대체적으로 사실로 받아들여지고 있다). 17세기 초 네덜란드의 한스 리퍼세이(Hans Lipperhey, 1570-1619)와 이탈리아의 갈릴레이도 볼록렌즈(대물렌즈)와 오목렌즈(접안렌즈)를 이용한 굴절망원경을 만든다. 이로서 망원경을 통해 천체의

● 자카리아스 얀선과 그의 아버지 한스 얀선이 발명한 것
　으로 알려져 있는 복합현미경.

구조와 운동을 관찰하는 시대가 열렸
다. 리퍼세이는 자신의 망원경에 대한
특허출원을 의회에 제출했는데, 비슷
한 것을 발명했다는 사람들이 등장하
여 결국 특허출원은 성공하지 못했다.
유럽의 특허제도는 1450년경 베네치아
에서 시작되어 점차 유럽의 선진국으
로 전파되었는데, 특허제도의 형성과
발전 과정만 보더라도 16세기 이후 유
럽의 각 나라는 기술, 산업, 상업을 매우 중시했다는 것을 알 수 있다.

　갈릴레이는 1610년 자신이 개발한 망원경으로 목성의 4개 위성과 토
성의 띠를 발견했으며 달의 표면을 그리기도 했다. 천체에 대한 연구는
유럽 각국의 통치자들이 적극 지원했는데 덴마크의 튀코 브라헤(Tycho
Brahe, 1546-1601)는 망원경 없이도 별들의 운동에 대한 방대하고 정확한
관측 기록을 남겼고, 그의 조수 출신인 케플러는 후에 케플러의 행성운
동법칙 3개를 제2법칙부터 순차적으로 발표했다.

　천문학은 적어도 19세기 중반까지, 천문학의 획기적인 발전에 공헌한

역사상 가장 위대한 수학자 가우스가 살아 있을 때까지 수학의 한 분야로 간주되었다. 케플러는 신성로마제국의 제국수학자라는 직함을 가진 당시 유럽 최고 수준의 수학자였다. 그의 유명한 3개의 행성운동법칙은 다음과 같다.

1 | **타원궤도법칙**

행성은 태양을 중심으로 타원궤도로 공전하며, 이때 태양은 타원의 두 초점 중 하나에 위치한다.

2 | **면적속도 일정의 법칙**

일정 시간 동안 행성과 태양을 잇는 선분이 쓸고 지나가는 부분의 넓이는 늘 일정하다.

3 | **조화의 법칙 또는 주기의 법칙**

행성의 공전주기의 제곱은 공전 궤적인 타원의 긴반지름의 세제곱에 비례한다.

이 법칙들은 후에 여러 수학자에 의해 관찰되었다. 뉴턴은 이 법칙들을 통해 만유인력의 법칙을 착안했고, 후에 자신이 개발한 미적분학을 이용하여 케플러의 법칙을 수학적으로 증명한다.

세균을 발견해 낸 현미경

○

16세기 말 영국의 로버트 훅(Robert Hooke, 1635-1703)과 네덜란드의 안톤 판 레이우엔훅(Anton van Leeuwenhoek, 1632-1723)에 의해 현미경을 이용한 미세의 세계에 대한 관찰이 이루어지게 된다. 판 레이우엔훅은 자신이 갈아서 만든 렌즈를 이용한 현미경을 통해 세계 최초로 박테리아, 단세포생물, 정자, 미세혈관, 식물의 종자 등을 발견하여 후에 미생물학의 아버지로 불린다.

현미경의 발달에 따라 결국 사람들은 세균(병균)에 대해 보다 많이 알게 되었고, 위생의 중요성을 깨닫게 되었다. 현대 사회에 사는 우리에게 위생은 이미 생활화되어 있다. 전염병의 원인을 알게 되어 영아사망률이 현저히 낮아졌고 매년 전염병이 유행하여 수십 만 명씩 죽어나가던 일들이 줄어들었다. 사람들의 삶과 죽음에 있어서 결정적인 과학적 발견이기에 나는 세균의 발견을 우리에게 가장 큰 영향을 미친 과학적 발견으로 꼽는다.

우리나라는 1950~60년대 콜레라, 장티푸스 등이 대유행할 때마다 모든 학생이 예방주사를 맞아 큰 재앙을 넘기곤 했다. 결국 그런 전염병을 퇴치하는 데에 가장 큰 역할을 한 것은 집 안의 오물을 처리하고, 전염병이 도는 여름에는 물을 끓여서 마신다는 기본적인 위생 관념이었을 것이다. 20세기 초반까지만 해도 우리나라는 아이 10명을 낳았을 때 5명만 성인으로 자라도 다행이라고 했다. 당시 사람들은 병과 발열의 개념을 이해하지 못해서 열나는 아기들을 꽁꽁 동여매어 뜨끈뜨끈한 아랫목에 누이고 밭일을 나갔다 오는 경우가 많았다. 그래서 결국 열을 견디지 못하고 죽는 아기들이 허다했다.

지동설과 둥근 지구

○

지난 1000년간 가장 획기적인 과학적 발견은 무엇일까? 아마도 태양계의 중심이 지구가 아니고 태양이라는 사실일 것이다. 소위 지동설이다(또는 태양중심설. '설'이라는 말은 이제는 어울리지 않지만). 우리의 삶에 가장 큰 영향을 미친 과학적 발견을 세균의 발견으로 뽑은 것은 다분히 주관적인 관점일 수 있지만, 지동설은 처음 접하는 모든 사람에게 믿기 어려운 충격적인 사실인 데다 동서양을 막론하고 수천 년 간 천문을 연구하는 학자들이 많았다는 점에서 가장 획기적인 발견이라고 할 수 있다.

역사적으로는 지동설과 지구가 공 모양이라는 이 두 가지 사실이 거의 동시에 발견된 것으로 여기는 사람들이 많지만 이 둘은 본질적으로 내용이 다르며 인정받기까지 커다란 시차가 있었다. 지구가 태양 주위를 공전하며 스스로 자전한다는 사실(지동설)은 지구가 평평하지 않고 공처럼 둥글게 생겼다는 사실보다 훨씬 발견하기 어렵다. 현존하는 지구의(earth globe) 중 가장 오래된 것은 '에르다펠(Erdapfel, 영어로는 'Earth apple')로 1492년경에 독일의 마르틴 베하임(Martin Behaim, 1459-1507)이 제작했다. 지구가 둥글다는 것은 기원전 3세기에 그리스의 천문학자(당시에는 수학자라 불림)들에게 이미 알려져 있던 것으로 보인다. 이슬람의 수학자들도 잘 알고 있었던 것이 분명한 게 1267년에 원나라의 수도 베이징을 방문한 페르시아 천문학자 자말 알딘(Jamal al Din, ?-?)이 지구의를 들고 갔다는 기록이 있다. 크리스토퍼 콜럼버스(Christopher Columbus, 1451-1506)가 발견한 신대륙은 당연히 에르다펠에는 그려져 있지 않지만(콜럼버스는 1493년에 신대륙에서 귀국했다), 1504년경에 제작된 것으로 보이는 훈트-레녹스(Hunt-Lenox)의 지구의에는 그려져 있다.

● '에르다펠'은 현존하는 가장 오래된 지구의다. 1492년경에 독일의 마르틴 베하임이 제작했다.

대항해 시대에 접어든 지 한참이 지난 17세기 초에는 지구가 둥글다는 것은 이미 일반인들에게도 잘 알려진 사실이었다. 반면에 지동설은 과학적으로 증명하는 것이 쉽지 않은 데다가 성경의 내용과 다르다는 종교적 문제와 맞닿아서 긴 시간 많은 과학자의 지난한 노력 끝에서야 밝혀진다. 위대한 천문학자 튀코 브라헤도 자신이 만든 방대하고 정밀한 관측 기록을 통해서도 코페르니쿠스적 우주관을 전적으로 받아들이지는 못했다. 다만 관측기록을 통해 (지구보다 태양에 더 가까운) 수성과 금성은 태양 주위를 돈다는 것을 추측할 수 있었고, 태양과 수성, 금성은 다시 지구 주위를 돈다는 수정된 천동설 모델(이를 '튀코 체계'라 부른다)을 주장했다. 1610년에 스스로 만든 망원경으로 천체를 관찰한 갈릴레이와 그 직후의 케플러 등 소수의 학자만이 관찰을 통해 지동설을 확신할 수 있었다.

예전에는 대중적 학교교육이라는 사회적 시스템이 없었고, 어느 정도의 배움의 기회를 가질 수 있는 사람들은 성직자나 귀족들뿐이었다. 유럽의 대부분의 학교는 성직자들을 교육하기 위한 목적으로 설립되었던 것이고, 일반인들은 자신들이 궁금한 게 있으면 신부님에게 물어보았다. 이렇게 오랫동안 교회가 지식을 독점해온 데다가 지동설은 반성경적이라는 종교적인 문제 때문에 일반인에게까지 그것을 믿게 하는 것은 거의 불가능한 일이었을 것이다. 로마교황청이 지동설을 주장했던 갈릴레오에 대해 유죄를 선고했던 종교재판의 부당성을 인정한 것은 그 이후 오랜 시간이 지난 후인 20세기 말(1992년 교황 요한 바오로 2세)에 이르러서이다.

우리나라도 세종대왕 때 이순지(李純之, 1406-1465)가 지동설을 알고 있었고 그것을 기반으로 일식과 월식을 예측했다는 설을 믿는 사람들이 꽤 있는 듯하다. 아마도 세종대왕을 그린 드라마에 그런 장면이 등장했기 때문인 것 같은데, 그렇게 중요하고 어려운 발견을 당시에 진짜 했을지 의심이 든다. 그야말로 믿거나 말거나이다. 다만 분명한 사실은 세종대왕 자신이 과학기술의 중요성을 잘 알고 과학기술의 진흥에 노력한 세계적인 현군이었다는 것, 그리고 그가 중용했던 이순지, 정인지, 이천, 장영실 등은 매우 우수한 과학자들이었다는 것이다.

지구가 평평하다고 믿는 사람들이 모인 '평평한 지구학회(Flat Earth Society)'라는 국제학회도 있다. 제1회 국제학술대회도 2017년에 미국에서 열렸다고 한다. 한국에도 이러한 지구평면설을 주장하고 관련 책을 출간한 사람이 있다. 그래도 그들은 좀 귀여운 점이 있는데, 이런 종류의 유사과학을 주장하는 사람 중에는 심각한 이도 많다. 대개 기독교 근본주의자들이거나 거대한 사회적 음모론에 입각해 정립한 스스로의 의견에 대한 확신과 제도권 과학자들에 대한 불신 때문에 자신의 주장을 무시하는 이들에게 공격적인 태도를 취하는 경우를 종종 볼 수 있다. 과학이란 모름지기 다른 선제적인 가정이나 영향 없이 순수한 이성과 관찰을 통해 사실을 밝히는 연구의 방식과 시스템이고 그것이 데카르트 이후 오랜 기간 동안 과학의 정의로 받아들여졌다. 오랜 기간 훈련을 통해 습득한 과학적 지식과 연구 정신을 가진 프로 과학자들의 수준을, 그런 과정을 겪지 않은 아마추어 과학자들이 따라가기는 쉽지 않다. 국민 모두가 제도권 내의 프로 과학자, 수학자들에 대해 신뢰를 가져주면 좋겠다. 대부분의 과학자는 그들만의 전문적인 지식과 경험을 바탕으로 합리적인 결론을 내리는 사람들임을 믿어주기 바란다.

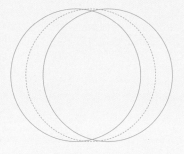

명나라의 과학은
왜 유럽에 뒤처졌을까?

Σ

지금으로부터 약 500년 전인 명나라 때는 중국의 과학 수준이 유럽보다 앞서 있었을 것이다. 여기서 말하는 과학은 과학기술이다. 유럽과 중국의 과학 수준 또는 경제 수준을 비교하는 것은 매우 어려운 일이다. 정말로 500년 전에 중국의 과학이 유럽의 과학을 앞서 있었는지 장담하는 것은 힘들겠지만 적어도 15세기까지 중국이 더 앞서 있었던 것은 분명해 보인다.

15세기 초에 이루어진 정화의 원정은 너무나 유명하다. 정화(鄭和, Zheng He, 1371-1434)는 환관이자 무관으로서 당시 명나라 황제인 영락제의 명령에 따라 1405년부터 1433년까지 7차례에 걸쳐 대규모 함대를 이끌고 해외 원정을 다녀온다. 1차 원정 때 배는 길이가 137m, 폭이 56m에 이르는 초대형 선박으로 당시 유럽에서는 상상하기조차 어려운 크기였다. 함대는 62척으로 구성되어 있었고 승무원이 2만 8,000명 정도였다고 하니 그 규모가 실로 대단하다. 그 원정대는 동남아시아와 인도, 아라비아 반도, 그리고 아프리카 동해안까지 갔으며 많은 진귀한 해외 물품, 특히 아프리카의 진기한 동물들을 배에 싣고 돌아왔다고 한다.

영락제(永樂帝, 1360-1424)가 수도를 남경에서 북경으로 옮기며 새로 지은 자금성의 규모도 놀랍다. 1406~1420년 지어진 자금성은 높이가 10m에 이르는 담으로 둘러싸여 있고 담의 길이는 4km에 이른다. 건물이 800채, 방은 9,000개 정도다. 성을 에워싸고 있던 해자의 너비는 52m, 깊이는 6m 정도라고 하니 그 규모가 실로 대단하다. 당시 중국의 과학기술과 경제의 수준을 엿볼 수 있는 대목이다.

전 세계를 지배한 유럽

○

중국의 과학 수준은 언제인가부터 유럽에 뒤지기 시작했다. 16세기부터 비약적인 발전을 거듭한 유럽의 과학은 중국을 넘어선 정도가 아니라 완전히 압도했고 결국에는 전 세계를 지배했다. 중국은 왜 유럽보다 뒤처졌을까? 중국이 언제까지 유럽을 앞서 있었는지 그 정확한 시점은 그리 중요하지 않다. 600년 전쯤일 수도 있고 400년 전쯤일 수도 있다. 왜 중국의 과학이 유럽에 크게 뒤처졌는가에 대해서만 고찰해 보자.

나는 서양 문명의 정수라고 할 수 있는 수학을 전공하는 학자이지만 고등학생 때에는 동양 철학과 동양의 기(氣) 사상이 좋아 한의학이나 동양 철학 같은 공부를 하고 싶었다. 동양의 철학과 기 이론이 서양의 학문보다 우수하다는 것을 증명하고 싶었다. 그런데 당시에는 아직 어렸고 어쩌다 수학을 잘하다 보니 이과를 선택하게 되었다. 치열한 입시경쟁에 휩쓸리면서 대학도 일단 좋다는 대학의 이공계로 진학하여 결국에는 수학을 전공했다. 대학 졸업 후에는 미국 유학까지 갔지만 미국에 가서도 동양의 문명과 사상이 서양보다 우수하다는 것을 보이고 싶다는 꿈

● 영락제가 수도를 남경에서 북경으로 옮기며 새로 지은 자금성. 당시 중국의 과학기술과 경제의 수준을 엿볼 수 있다.

은 계속 갖고 있었다. 그러다 보니 미국의 문화와 가까워지지 못했고 정도 들지 않았다. 동양에는 뭔가 심오한 기가 있지만 서양에는 그런 것이 없다는 생각에 사로잡혀 지냈다.

그러던 어느 겨울날, 눈이 펑펑 내리던 어느 휴일 낮에 집 앞에 나가 눈을 쳐다보며 앉아 있는데 어머니가 그리웠다. 몸이 편찮으신 어머니를 두고 온 것이 너무나 죄송하던 차라 눈물이 자꾸 났다. 그러던 어느 순간 이곳의 눈 내리는 모습이 내 고향의 눈 내리는 모습과 너무나 닮았는데, 이렇게 똑같은 자연을 가진 미국을 서양이라고 멀리하고 동양과는 다른 기를 가진 곳이라고 믿는 것이 무슨 의미가 있을까 하는 생각이

들었다. 그 순간 나는 미국이든 유럽이든 세계 어디든 또 그곳에 사는 어떤 사람들이든 모두 그리 다를 것도 없으며, 그전까지 내가 품었던 막연한 차별은 유치하다는 것을 깨닫게 되었다. 그 후로 나는 서양의 학문과 문화에 좀 더 호의적으로 다가갔고, 내가 공부하고 있던 수학과도 좀 더 친숙해졌다. 그러다가 결국에는 한때 가졌던 희망과는 정반대로 서양 문화와 정신의 핵심을 공부하는 것을 업으로 하는 수학자가 되었다.

동양 우호주의적인 시각에서는 인정하기 쉽지 않지만 동양이 수천 년간 독자적으로 발전시켜 온 과학과 문화는 서양의 그것에 철저하게 지고 말았다는 것을 인정해야 한다. 현대 중국의 지식인들도 대부분 중국이 문화적, 사회적, 철학적으로 서양의 것을 받아들이는 데에 동의하고 있다. 일부 동양의 사상과 전통을 제외하고 말이다. 나는 이 장에서 유럽의 과학기술 발전에 있어서 진리 탐구 정신이 중요한 역할을 했다는 사실에 대해 이야기하고자 한다.

끝없이 전쟁을 치르다

○

중국의 과학기술이 유럽에 역전된 이유를 모두 다 찾고 분석하는 것은 쉽지 않다. 너무나 복잡한 역사적, 사회적, 지리적 요인들이 얽혀 있을 것이고, 이 주제만으로도 역사학이나 인류학의 한 학문 분야가 형성될 정도로 다양한 원인이 있을 것이다. 우리가 쉽게 생각할 수 있는 요인들만 우선 간단히 꼽아보자.

유럽은 많은 나라가 얽히고설키며 오랫동안 갈등과 전쟁을 겪어왔다.

각 나라들은 생존과 번영을 위해 전쟁에서 승리를 거두어야 했고, 전쟁에서 진 나라의 국민들은 다른 나라의 지배를 받으며 경제적, 정신적으로 힘든 삶을 살아야 했다. 이러한 무한경쟁의 상황이 오랫동안 지속되면서 무기 개발과 전쟁 물자 조달, 도로와 성(城)의 건설, 경제 개발 등 승리에 필요한 것들을 얻으려 온 힘을 쏟았고, 그러한 노력은 결과적으로 과학기술의 발전을 유도했을 것이다. 한편으로는 십자군전쟁이나 이베리아 반도에서 오랫동안 지속된 레콩키스타(reconquista, '재정복'이라는 뜻) 등 이슬람 세계와의 충돌을 통해 유럽 사람들은 자기들보다 더 높은 이슬람 세계의 과학 수준을 경험하고 자극을 받았을 것이다.

동쪽의 몽골족이 전 세계를 휩쓸며 유럽 방향으로 진격하는 것에 유럽인들은 깊은 공포를 느끼기도 했다. 유럽의 지도자들은 자신들이 몽

● 유럽은 십자군전쟁, 레콩키스타 등을 겪으며 승리에 필요한 것들을 얻으려 온 힘을 쏟았고 이를 통해 과학기술을 발전시켜 나갔다(귀스타브 도레Gustave Doré의 그림).

골족보다 약한 이유는 과학기술의 수준이 낮기 때문이라는 것도 이미 알고 있었을 것이다. 이러한 국제 관계와 역사적 요인들이 유럽의 국가들이 과학 발전에 온 힘을 쏟게 하는 결과를 가져온 것은 당연하다.

또한 유럽에는 남다른 지리적인 요인이 있었는데 그것은 바로 지중해라는 천혜의 존재이다. 증기기관차가 발명되기 전까지 인류는 사람들과 물자의 장거리 이동은 거의 전적으로 수상 운송, 즉 배에 의존했다. 장거리 운송에 선박 말고 말이나 낙타와 같은 동물을 이용하는 것은 매우 비효율적이었다. 중국 진나라의 시황제도 중국을 통일하자마자 2,000km도 넘는 길이의 운하를 파는 사업을 벌였다. 2000년도 더 된 옛날에 그렇게 막대한 토목사업을 벌인 것을 보면 물을 이용한 물자와 사람의 운송이 그만큼 중요했다는 것을 알 수 있다. 영국이나 독일에 가보면 국토 전체가 옛날 선조들이 파놓은 운하로 가득 차 있다.

로마는 카르타고와의 포에니 전쟁에서 승리를 거두고 지중해를 장악함으로써 번영했고, 그리스의 수준 높은 문화도 지중해를 통해 유럽의 주요 국가들로 퍼져나갔다. 13세기 이후 이탈리아 반도는 지중해를 통해 이슬람 세계의 높은 수준의 문명을 받아들인다. 지중해의 역할 중 무엇보다도 중요한 것은 그 바다를 이용한 물류를 용이하게 하여 상업을 발달시킨 것이다. 문명의 발전에는 일정 수준 이상의 부(富)가 필수적이다.

유럽이 국가 간의 무한경쟁과 지중해라는 천혜의 바다 때문에 발전한 것처럼 일본도 비슷한 요인이 작용했다. 일본의 역사가 치열한 다툼의 역사라는 것은 독자들도 잘 알 것이다. 지리적으로 일본은 혼슈(본섬), 규슈, 시코쿠 3개의 섬으로 이루어져 있고[37] 그 섬들 사이에 세토나

이카이(세토내해)라는 내해(內海)가 있다. 이 내해를 이용하여 각 섬은 사람, 물자, 문화를 교류했고 일찍부터 상업이 발달했다. 세토내해의 교역의 중심지였던 오사카에는 14세기에 이미 상당한 수준의 물자가 오감으로써 큰 부가 축적되어 있었다. 일본 이야기는 나중에 좀 더 이어서 하기로 하고 중국과 유럽 이야기를 계속해 보자.

중국은 대륙 전체가 일찍이 통일이 되어 다른 국력이 비슷한 나라들과 피 터지는 경쟁을 할 필요가 없었던 점에서 유럽의 역사적 배경과 대비된다. 중국이 주변 국가들 중에 가장 힘이 세고 문화도 앞서 있었으니 중화제일주의라는 안일함에 빠질 수밖에 없었을 것이다. 유럽과 일본에서는 수많은 전쟁과 갈등, 그리고 교역 등을 통해 문화, 과학, 경제가 발전했다는 것은 쉽게 상상할 수 있다. 하지만 나는 중국이 약 500년 전부터 유럽에 뒤지기 시작한 데에는 또 다른 중요한 요인이 있다고 생각한다.

유럽의 진리 탐구 정신

○

중국의 과학기술이 정체되어 결국 비약적인 발전을 거듭한 유럽에 크게 뒤처진 가장 큰 이유는 무엇일까? 한마디로 말하자면 진리 탐구 정신이라는 과학철학의 차이 때문이다. 유럽은 르네상스 이후 진리 탐구 정신에 입각하여 과학 연구를 해나간 반면, 중국은 실용적인 가치 이상의 과학의 필요성을 깨닫지 못했다.

당대 중국의 과학자들은 자연과 우주에 대한 지적 호기심이나 주변의 인정을 받기 위해 자연과학 연구를 할 수 있는 상황이 아니었다. 당시 중국 사람들은 어떤 과학적 연구이든 바로 실용적으로 활용할 것이 아니면 연구할 가치가 없다고 여겼다. 일부 과학자들이 진리 탐구라는 과학 철학을 갖고 있다고 하더라도 그런 연구를 평생 진행할 만한 직업이나 환경이 제공되지 않았다. 유럽과 중국의 과학에 대한 시각과 환경이 달랐고 그러한 철학적, 사회적 차이가 결국에는 과학 연구의 성과에 있어서 커다란 차이를 불러온 것이다. 현대 과학의 출발점이라고 할 수 있는 미적분학이나 지구의 공전, 만유인력, 세포, 주기율표, 전기와 자기, 세균 등은 예전의 중국인들의 연구 환경에서는 얻기 어려운 과학적 발견들이었다.

유럽의 주요한 장점들을 몇 가지만 따져보자.

첫째, 시간이 오래 걸리는 깊은 연구를 할 수 있었다. 중국에서는 시간이 오래 걸리는 연구, 심지어는 몇 세대에 걸쳐서 해야 하는 연구는 (천문 연구 정도 외에는) 수행하기 불가능했다. 즉각적인 실용화가 이루어지지 않는 연구의 필요성을 인식하지 못했기 때문이다. 반면, 자연의 섭리를 탐구하는 것 자체에 의의를 둔 그리스의 과학철학에 입각해서 연구를 하던 유럽에서는 한 가지 연구를 대를 이어가며 할 수 있었다.

과학적 발견이 무기를 만드는 데에 쓰이거나 토목공사, 제품 생산 등에 응용되지 않으면 필요 없다고 여긴 중국에서는 유럽에서 이룬 해석기하학, 만유인력의 법칙, 케플러 법칙의 증명, 지구가 태양 주위를 돈다는 사실 확인, 세균의 발견, 원자와 분자의 구조 등과 같은 위대한 과학적 발견을 하는 것이 거의 불가능했다. 그 모든 성과는 유럽과 같이 과학자들이 자연의 섭리를 평생 연구할 수 있게 지원해 주는 환경에서만 가능했던 것이다.

둘째, 지식을 탑처럼 쌓을 수 있었다. 유럽의 과학자뿐만 아니라 후원자, 국민 모두가 과학자들이 발견한 과학적 원리와 이론을 중시했다. 또한 과학자들은 그 지식을 이용하여 다음 단계의 과학적 발견을 하는 것이 가능했다. 18세기 중반 이후 영국에서 시작된 산업혁명의 원동력인 증기기관의 발명, 우수한 철강을 대량 생산하는 제철산업의 발전 등은 그 훨씬 이전부터 이루어놓은 과학적 지식과 합리적인 연구 행위라는 전통이 있었기에 가능했다. 과학이 발전하는 데에 필수요건인 지식의 축적이 진리 탐구라는 과학철학 덕분에 가능했던 것이다.

셋째, 과학자(수학자)의 사회적 신분이 낮지 않았다. 중국의 과학자들은 그저 기술자로 인정되어 대부분 사회적 신분이 낮았다. 귀족 계급에서도 상당한 실력을 갖추고 과학적 연구를 하는 사람들이 있었지만 연구 주제가 천문이나 기상에 국한된 경우가 대부분이었다. 반면, 유럽에서는 과학자(당시에는 수학자로 불렸다)의 신분이 낮지 않았다. 과학자들은 우주의 섭리, 자연의 섭리를 탐구하는 숭고한 일을 하는 훌륭하고 고상한 사람들이라고 여겼기 때문이다.

넷째, 대중의 관심과 귀족들의 지원이 많았다. 위대한 과학자 레오나르도 다빈치, 데카르트, 갈릴레이, 뉴턴, 라이프니츠, 오일러, 가우스 등은 모두 당대에 유럽 전체에서 매우 유명한 사람들이었을 뿐 아니라 그들을 후원해 주는 황제나 영주 등 실력자들이 있었다. 과학자들은 경제적으로 비교적 안정된 상태에서 자신들의 연구에만 몰두할 수 있었다.

다섯째, 과학자들은 순수한 호기심만으로도 연구할 수 있었다. 레오나르도 다빈치와 데카르트는 사람이나 동물의 시체를 구해서 해부를 했다는 이야기가 있다. 다빈치가 남긴 인체해부도는 매우 정교하고 아름답다. 당대에 이 두 천재는 단순히 학문적 호기심으로 그렇게 했을 것이다. 당시의 모습을 상상해 보자. 현대의 의과대학 교육 과정에서 여러 학생과 교수가 모여 해부를 하는 것과 다빈치나 데카르트와 같이 스스로 시체를 구해서 가물가물한 실내 등불 아래에서 해부하는 것은 느낌이 완전히 다를 것이다. 시체를 구해 해부실로 옮기는 과정도 얼마나 힘들었을지 상상조차 쉽지 않다. 그들의 치열한 탐구 정신을 상상해 볼 수 있는 대목이다.

16세기까지 유럽의 최고 선진국이던 이탈리아에서는 3차방정식의 일반해를 구하는 연구에 몰두한 스키피오네 델 페로(Scipione del Ferro, 1465-1526), 지롤라모 카르다노(Girolamo Cardano, 1501-1576)와 그의 제

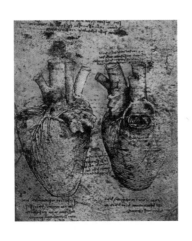

● 다빈치가 그린 인간의 심장. 순수한 호기심으로 연구에 몰두했던 다빈치는 매우 정교하고 아름다운 인체해부도들을 남겼다.

자 루도비코 페라리(Ludovico Ferrari, 1522-1565, 4차방정식의 일반해를 구함), 그리고 위대한 수학자 니콜로 타르탈리아(Niccoló Tartaglia, 'Tartaglia'는 말더듬이란 뜻으로, 본명은 니콜로 폰타나Nicoló Fontana다. 1499-1557) 등이 실용적 가치보다는 단순히 학문적 가치가 있다는 이유만으로 연구하고 서로 경쟁했다.

17세기의 프랑스 수학자 파스칼이나 페르마 등도 크게 다르지 않았다. 파스칼은 불과 16세에 유명한 파스칼 정리(원에 내접하는 육각형에 관한 정리)를 발견했다. 페르마의 마지막 정리로 유명한 페르마의 직업은 공무원, 법조인이었지만 당대에 프랑스에서 가장 유명한 수학자 중 한 명이었다. 그러한 연구를 할 수 있었던 것은 고대 그리스 수학자들의 연구와 과학철학의 영향 때문이다. 유럽에는 중국과는 완전히 다른 연구 환경과 문화가 있었다.

아편전쟁에서 패배한 중국

○

유럽과 중국의 과학기술의 차이는 결국 19세기 중반에 터진 아편전쟁에서 중국이 영국(과 프랑스)에게 철저하게 패배해 엄청난 피해를 입고 수모를 당함으로써 극명하게 드러난다. 당시에 세계 최대의 인구 대국이었고 수천 년간 (지금은 동아시아라고 불리는) 하나의 커다란 세계의 중심이던 중국의 국민들이 받은 정신적, 경제적, 사회적 충격은 말할 수 없이 컸다. 청나라 군대는 영국과의 두 차례 전쟁에서 너무나 맥없이 무너졌다. 중국 사람들은 이미 보고 들은 서양 문물을 통해 서양의 기술이 자

● 유럽과 중국의 과학기술 차이는 19세기 중반에 아편전쟁에서 중국이 영국에게 패배해 엄청난 피해와 수모를 당함으로써 극명하게 드러난다(리처드 심킨Richard Simkin의 그림).

기들보다 앞서 있음을 어느 정도 알고 있었지만 이 정도로 상대가 안 되는지는 몰랐을 것이다.

이 전쟁은 중국인들에게 과학기술의 필요성을 절실히 느끼게 해 양무운동이 일어나는 주요 원인이 되었는데, 이 운동은 방향을 잘못 잡고 진행되었다. 이 운동은 관료들이 주도한 근대화 운동으로 결국에는 군사력 강화와 군수산업 부흥에만 치중했지, 유럽의 과학과 제도를 배우고 실천할 인재 양성과 각종 낡은 정치체제의 개혁에는 소홀히 하여(이것이 같은 시기에 일어난 일본의 메이지유신 이후의 개혁운동과 양무운동이 대비되는 점이다) 결국 괄목할 만한 성과를 거두지 못하고 1894년 청일전쟁에서 일본에게 참패를 당함으로써 막을 내린다.

아편전쟁은 잘 알려져 있듯이 영국이 아편을 중국에 더 많이 팔기 위해 저지른 전쟁이었다. 영국을 비롯한 유럽 국가들은 16세기부터 중국으로부터 많은 양의 비단, 도자기, 차를 수입했으나 역으로 중국에 갖다가 팔 물건은 많지 않았다. 결국 영국은 인도에서 생산한 아편을 (광둥 지역을 통해) 중국에 수출했다. 중국에는 아편 수입으로 은 유출이 심각해지고 아편중독자들이 폭증함으로써 심각한 사회 문제가 발생했다. 그리하여 황제 도광제(道光帝, 1782-1850)의 명을 받고 내려온 흠차대신 임칙서가 아편무역에 철퇴를 가했고, 이에 반발한 영국이 1840년을 전후하여 전쟁을 일으켰다. 패전한 청나라는 난징조약(1842)을 통해 홍콩섬을 할양하고 5개 항구를 개항했다. 영국뿐만 아니라 프랑스, 미국 등에 대해서도 관세 주권을 상실하는 등 큰 피해를 입는다.

제2차 아편전쟁은 영국, 프랑스 연합군과 청나라 사이에 발생했다. 수도 베이징이 함락당했고 영국군과 프랑스군은 약탈과 방화로 베이징을 쑥대밭으로 만들었다. 자금성에는 불을 지르지 않고 황제의 별궁인 원명원만 불태운 것을 다행으로 여겨야 할 정도였다. 이 전쟁에서 청나라는 많은 것을 잃었고 정신적으로도 커다란 충격을 받았다.

중국은 전쟁이 일어나기 전 수백 년간 경제 사정이 좋은 편이었다. 명나라 시대인 16세기에 이미 농업이 발달하고 민간 상업이 활성화되었으며 대항해 시대를 연 유럽이 중국으로부터 비단, 도자기 등 유럽 상류층이 선호하는 물품을 대량 수입해 가면서 중국은 대규모 무역 흑자를 300년 이상 유지했다.

중국은 이 기간 동안 은을 화폐로 사용했는데[38] 중국은 은이 그리 많이 생산되는 나라가 아니었다. 은 생산량이 많았던 일본이 중국의 비단 등을 수입하며 은으로 대금을 지불해 들어오게 되었고, 16세기 이후에는 신대륙에서 발견된 엄청난 양의 은이 중국으로 유입되었다. 16~19세기에 멕시코와 남아메리카[39]에서 생산된 은의 양은 전 세계 은 생산량의 85%가량 되었고 그중 30~40%가 중국으로 유입되었다.[40] 오늘날에도 세계 최대의 은 생산국은 멕시코와 페루이다. 16~18세기에 유럽의 귀족들은 중국의 도자기와 비단의 구입에 유난히 열을 올렸는데 이런 물건들은 처음에는 포르투갈 상인들, 후에는 영국과 네덜란드의 동인도회사를 통해 유럽에 공급되었다.

일본의 메이지유신과 유럽

○

일본 나가사키에는 데지마(出島)라는 인공 섬이 시 중심지 앞바다에 있었다. 일본은 도쿠가와 막부가 시작된 17세기 초부터 메이지유신(1867)까지 약 260년간 강력한 쇄국정책을 썼지만 또 한편으로는 수도인 에도(도쿄)로부터 아주 멀리 떨어진(직선거리로 서울-부산 간의 약 3.5배) 서쪽의 조그만 항구 도시 나가사키에 유럽의 상인들과 교역할 수 있는 작은 출입구 데지마를 만들어 중국, 유럽 등과의 교역을 유지했다.

일본은 이곳에 네덜란드 상인들을 상주시키고 그들과 교역하며 큰돈을 벌어들였을 뿐 아니라 네덜란드 상인들이 가지고 온 시계나 악기, 기압계, 온도계, 색안경, 망원경, 카메라 등 유럽의 신식 물건들을 접했다. 18세기에는 이곳을 통해 수입된 유럽의 해부학 서적 『해체신서』가 번역되어(1774) 큰 반향을 일으키기도 했다. 물론 일본은 그 이전에 해부학이 이미 시작되었다. 야마와키 토요(山脇東洋, 1705-1760)가 최초로 해부를 한(1757) 후에 이를 『장지』라는 책으로 펴냈고, 그 후에도 수십 년간 그의 뒤를 이어 해부를 시행하고 기록한 의사들이 꾸준히 등장했다.

이를 계기로 네덜란드어를 공부하는 난학이 성장했다. 일본은 데지마를 통해 바깥세상 소식을 들을 수 있었는데, 아편전쟁에서의 청나라의 참패 소식도 이곳을 통해 들어왔다. 청나라의 패배 소식으로 일본은 큰 충격을 받은 데다, 서구 열강들의 통상 압력에 굴하여 통상조약을 맺게 되자 막부의 대외정책에 대한 국민들과 일부 다이묘들의 불만이 커지며 나라가 큰 혼란에 빠졌다. 결국 그러한 불만과 혼란은 메이지유신으로 이어졌다.

메이지유신은 도자마 다이묘의 번(藩, 제후가 통치하는 영지)인 사쓰마(가고시마), 조슈(야마구치), 사가(또는 히젠), 도사(고치)번이 주도하여 도쿠가와 막부를 무너뜨리고 덴노(천황)에게 정권을 넘긴 쿠데타이다. 사쓰마, 조슈, 사가번은 막대한 자금을 써서 유럽의 무기를 도입했고 이를 통해 막강한 막부 군대와의 전쟁에서 승리했다. 이 3개의 번이 유럽식 무기를 갖춘 군 체제를 이룰 수 있었던 것은 도자기의 수출과 내수로부터 얻은 엄청난 경제력 덕분이었다.

이 지역은 임진왜란과 정유재란 때 잡혀온 조선의 도공들이 수준 높은 도자기를 대를 이어 만들면서 일본 도자기 생산의 중심지가 되어 있었다. 사가의 아리타(有田)[41]는 도조(陶祖)라고도 칭하는 조선 도공 이삼평(李參平, ?-1655)이 일본 처음으로 백자를 만들면서 일본 도자기의 메카가 되었고, 조슈의 하기는 일본인들이 가장 갖길 원하는 다완(일본어로는 차완)의 생산지가 되었다. 사쓰마의 나에시로가와(苗代川)라는 조선인 도공마을에서도 도자기를 생산했다. 특히 이곳은 지금까지 대를 이어온 심수관 가문(심당길沈當吉의 후손. 12대부터는 가주를 모두 심수관으로 칭한다)으로 유명하다. 사가번은 아리타 도자기의 무역에 대한 15년간의 기록을 일부러 없애기도 했는데 이는 그 수익이 엄청났기 때문이라고 추측할 수 있다. 조용준은 그의 책 『메이지 유신이 조선에 묻는다』에서 다음과 같이 서술하고 있다.

"중국 명청 교체기의 정치적 혼란은 결국 일본 도자기의 수출로 이어졌다. 청나라는 1656년과 1661년에 다른 지역과의 해외 무역을 강력하게 금지함으로써 중국 도자기 수출을 중지했다. 이로 말미암아 중국 도자기 무역으로 이익을 얻고 있었던 네덜란드는 그 대안으로 아리타에 주문을 하게 된 것이다. 중국 본토로 갈 수 없는 정성공의 선박들도 나가사키에 들러 히젠 도자기를 사들였다. 그래서 일본의 도자기는 서양에 널리 알려지게 되었다."

즉, 도자기 무역으로 신대륙의 은이 일본으로 대거 흘러들어 가고, 그렇게 축적된 부가 결국 일본의 메이지유신과 그 이후에 이루어진 일련의 개혁들을 가능하게 만들었다.

과학을 발전시킨 그리스의 철학

○

유럽은 어떻게 해서 '진리 탐구'라는 철학을 가지고 과학을 연구하게 되었고 사람들이 거기에 열광하게 되었을까? 그것은 바로 그리스의 과학 철학의 정신과 절대 신을 믿는 기독교의 영향 때문이다.

고대 그리스의 철학자 이야기는 워낙 유명해서 다들 대강은 알고 있을 것이다. "그리스의 철학자들은 수학도 공부했다"라는 말을 많이 하지만 "당시에는 철학과 수학의 구분이 없었다"라는 표현이 좀 더 정확하다. 당시의 그리스의 철학자는 요즘 말로 직역하면 '지식인'으로 불렸을 것이다. 따라서 '그리스 철학자'와 '그리스 수학자'는 같은 말이다. 물론 '그리스 과학자'와 '그리스 지식인'도 같은 말이다.

그리스의 전설적인 철학자 피타고라스는 당시에 그리스보다 높은 수준의 과학문명을 유지하던 이집트를 여행하며 천문학과 기하학 등을 배운 후, 남부 이탈리아의 크로토네에서 제자들과 함께 일종의 종교집단을 만들어 생활하며 수학을 공부한 것으로 알려져 있다. 그는 워낙 옛날 사람이어서 그와 관련된 구체적인 이야기들이 얼마나 정확한지는 알 수 없고 또한 얼마나 훌륭한 수학자인지, 구체적으로 어떤 연구를 했는지는 확인할 길이 없다. 하지만 한 가지 분명한 것은 그가 추구했다는 수학(과학) 철학이 후세에 큰 영향을 미쳤다는 사실이다.

피타고라스는 인간의 지성으로 우주의 섭리를 탐구하는 것 자체를 숭고하게 여겼다. 우주에는 일정한 법칙이 있고 그 법칙은 수(數)와 조화(harmony)로 나타낼 수 있으리라 믿었다. 그는 어떤 통이나 줄로 이루어진 악기나 물건이 크기나 길이에 따라 음높이가 달라진다는 것에 착안해 만물에는 그와 같은 비례적인 수가 존재한다고 믿었다. 따라서 사물이 갖는 크기나 무게의 비례관계, 음의 높낮이, 화음의 원리 등에 대한 연구를 중시했고 만물이 갖는 어떤 양(量)들은 서로 정수의 비를 이룬다고 생각했다.

피타고라스의 음악에 대한 관심의 영향은 2000년 후까지도 지속되어 유럽에서는 음악이 근대까지도 수학의 한 과목으로 간주되었다. 전 세계의 다양한 민속이 다양한 음 체계를 만들었지만 유럽에서 개발된 음 체계가 다른 문화의 음 체계보다 우수한 것은 수학자들에 의해 비례적 진동수를 기준으로 만들어졌기 때문이다. 물론 현대에는 다양한 음 체계들을 컴퓨터 프로그래밍을 통해 간단히 만들어낼 수 있다.

피타고라스는 제자들에게 종교의 교도들과 같은 엄격한 규율을 지킬 것을 요구했다. 사실상 그는 종교집단의 지도자로 봐야 할 것이다. 그는 당시에 지중해 일대에서 가장 유명한 지식인(수학자)이었을 것이고 많은 우수한 제자들을 배출했다.

우주의 섭리를 인간의 순수이성으로 탐구하는 것을 중시하는 피타고라스의 철학은 그의 제자들 또는 제자의 제자들에 의해 소크라테스(Socrates, BC 470-BC 399)와 그의 제자 플라톤, 그리고 플라톤의 제자 아리스토텔레스와 같은 위대한 철학자들에게 영향을 준다. 플라톤의 경우 이탈리아 여행 중 피타고라스학파의 학자인 필롤라오스(Philolaus, BC 470-BC 399)의 저서를 읽은 것으로 추측되며, 또 다른 피타고라스학파 학자인 아르키타스(Archytas, BC 428-BC 347)와는 친한 사이였다고 한다.

아리스토텔레스는 2000년 가까운 긴 시간 동안 유럽의 철학자, 과학자들에게 사상적으로 가장 큰 영향을 미친 철학자이다. 그는 플라톤이 세운 아카데미아에서 수학했으니 플라톤의 수제자라고 할 수 있으며, 알렉산드로스 대왕(Alexandros the Great, BC 356-BC 323)의 스승이기도 하다. 그는 물리학, 철학, 논리학, 정치학, 윤리학, 동물학 등 다양한 분야에 대해서 많은 저술을 남겼는데, 그리스 철학이 근세에 이르기까지 서양 철학의 근간이 되는 데에 이바지했다. 유럽의 과학자들은 뉴턴에 의해 새로운 세계관이 정립되기 전까지 그의 자연과학에 대한 견해를 따랐다. 결국 그를 비롯한 그리스 지식인들의 과학철학이 르네상스 이후 유럽이 새로운 과학적 도약을 하는 데에 결정적 역할을 했다.

형이상학적인 아리스토텔레스의 사상은 중세의 이슬람교와 유대교에도 깊은 철학적, 신학적 영향을 미쳤다. 후에 이슬람 세계가 소화한 아리스토텔레스의 철학은 다시 유럽의 스콜라 철학에 깊은 영향을 미친다. 아리스토텔레스가 사용한 '자연철학'이라는 말은 요즘의 개념으로 치면 '자연과학'이라는 말과 좀 더 가까운 의미이고, '철학'이라는 말도 요즘 사용하는 인문학적인 의미의 철학보다는 더 넓은 의미의 학문을 뜻한다. 그는 자연과학에 관심이 많아서 생물학, 광학, 연금술, 물리학, 천문학 등 여러 분야에 걸쳐 많은 관찰과 과학적 이론을 기록에 남겼다. 그러한 탐구 정신과 그가 정립한 세계관은 후세의 과학자들에게 큰 영향을 주었다.

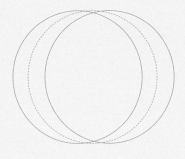

지난 1000년간 세상을
뒤바꾼 20인

$$\Sigma$$

전 세계의 여러 언론사와 연구소가 1999년 말에 새로운 밀레니엄을 맞이하며 지난 1000년간 인류의 삶에 가장 영향을 크게 준 100인을 선정했다. 선정 기관에 따라 다르지만 대체적으로 상위권에 들어간 사람들을 보면 아이작 뉴턴, 요하네스 구텐베르크(Johannes Gutenberg, 1398?-1468), 찰스 다윈(Charles Darwin, 1809-1882), 마르틴 루터(Martin Luther, 1483-1546), 크리스토퍼 콜럼버스, 알베르트 아인슈타인, 니콜라스 코페르니쿠스, 갈릴레오 갈릴레이, 토머스 에디슨(Thomas Edison, 1847-1931) 등이다. 인류에게 가장 큰 영향을 준 사람들 중에 과학자(수학자)들이 그만큼 많은 것이다. 나는 여기에 더해 역사상 가장 위대한 수학자 가우스와 오일러도 상위권에 속해야 한다고 생각한다(이 두 사람을 20위 밖으로 선정한 기관이 많았다). 또한 서양의 언론사와 연구소가 선정한 어떤 명단에도 상위 20위 안에 칭기즈칸(成吉思汗, 1162-1227)은 없는데, 나는 칭기즈칸 역시 다른 누구보다도 큰 영향을 미친 인물이라고 생각한다.

문명의 발전에 기여한 과학

○

내가 꼽은 1위부터 20위를 소개하고자 한다. 20명 중 과학자(수학자)가 13명이다. 루터와 마르크스와 같은 사상가를 포함하면 15명이다. 30명을 꼽으라고 한다면 과학자의 비율이 좀 더 높아질 것이다. 대규모 전쟁을 일으키거나 많은 사람을 죽인 몇몇 정치인들을 제외하고는 대부분 과학자이거나 사상가이다. 지난 1000년간 과학의 발전이 인류의 삶에

1위	칭기즈칸 (成吉思汗)	11위	르네 데카르트 (René Descartes)
2위	루이 파스퇴르 (Louis Pasteur)	12위	카를 프리드리히 가우스 (Carl Friedrich Gauss)
3위	요하네스 구텐베르크 (Johannes Gutenberg)	13위	찰스 다윈 (Charles Darwin)
4위	아이작 뉴턴 (Isaac Newton)	14위	나폴레옹 1세 (Napoléon I)
5위	토머스 에디슨 (Thomas Edison)	15위	갈릴레오 갈릴레이 (Galileo Galilei)
6위	아돌프 히틀러 (Adolf Hitler)	16위	마리 퀴리 (Marie Curie)
7위	마르틴 루터 (Martin Luther)	17위	크리스토퍼 콜럼버스 (Christopher Columbus)
8위	카를 마르크스 (Karl Marx)	18위	이오시프 스탈린 (Iosif Stalin)
9위	알베르트 아인슈타인 (Albert Einstein)	19위	마이클 패러데이 (Michael Faraday)
10위	레온하르트 오일러 (Leonhard Euler)	20위	제임스 맥스웰 (James Maxwell)

● 지난 1000년간 세상을 뒤바꾼 20인

얼마나 큰 영향을 미쳐왔는지, 그리고 현대의 우리의 삶에 얼마나 큰 영향을 미치고 있는지를 생각해 보면 20위권에 많은 과학자가 포함되어 있는 것이 당연하게 느껴질 것이다.

〈타임〉이 1999년 말에 선정한 100인 중 20위권에도 과학자 또는 발명가가 12명이 속해 있다. 〈타임〉은 내가 선정한 4명의 수학자를 한 명도 선정하지 않은 대신(뉴턴 제외) 레오나르도 다빈치, 코페르니쿠스 등을 넣었다. 그리고 칭기즈칸과 구텐베르크를 제외했다. 이는 영미 중심의 관점이 반영된 것으로 보인다. 미국 케이블 방송사인 A&E는 1위로 구

● 칭기즈칸은 아시아뿐만 아니라 유럽에도 어마어마한 영향을 미친 인물이다. 유럽의 '사상의 변화'와 '과학의 발전'에 기여했다(칭기즈칸 동상박물관의 대형 동상).

텐베르크를 꼽았다.

칭기즈칸은 영미권의 기관이나 학자들이 선정한 순위에서 대부분 20위 밖에 있다. 하지만 역사상 가장 큰 영토를 차지했던 몽골제국을 건설한 칭기즈칸은 아시아뿐만 아니라 유럽에도 어마어마한 영향을 미친 사람이다. 몽골족의 침입은 유럽 사람들을 엄청난 공포에 떨게 하고 실제로 대재앙을 초래했지만, 다른 한편으로는 유럽인들이 강력한 종교적 지배로부터 서서히 벗어나는 르네상스의 주요 원인을 제공했고 유럽의 '사상의 변화'와 '과학의 발전'에 크게 영향을 미쳤다.

파스퇴르의 순위가 너무 높아 의외라고 느끼는 독자가 있을 법하다. 세균학의 발전이 인류의 행복과 번영에 공헌한 것이 막대하기에 2위로 선정했다. 세균학 발전에 공헌한 과학자들인 독일의 로베르트 코흐 (Robert Koch, 1843-1910)와 페르디난트 콘(Ferdinand Cohn, 1818-1898),

● 세균학을 발전시켜 인류의 행복과 번영에 공헌한 파스퇴르(왼쪽)와 코흐(오른쪽).

그리고 안톤 판 레이우엔훅의 연구 업적도 파스퇴르에 비해 손색이 없지만, 세균학을 발전시키는 데에 공헌한 사람들을 대표하는 사람으로 파스퇴르를 선정했다. 대몽골제국을 건설하고 기나긴 정복전쟁을 한 데에는 칭기즈칸만이 아니라 뛰어난 그의 아들들과 손자들, 특히 쿠빌라이의 역할이 매우 컸지만, 칭기즈칸이 그들 전체를 대표하는 것과 유사하다.

또 다른 인물들

○

20위를 선정하면서 가장 많은 고민을 했다. 이 명단에 들어갈 만큼 영향력을 발휘한 사람들이 더 있기 때문이다. 우선 빌 게이츠(Bill Gates, 1955-)와 스티브 잡스는 컴퓨터 시대와 모바일 시대의 주인공으로서 그들의 영향력은 아마도 좀 더 세월이 흐른 뒤에 더 인정받을 확률이 크다. 16위로 선정한 마리 퀴리(Marie Curie, 1867-1934)는 과학자로서의 업적과 삶이 그 누구에 못지 않게 훌륭할 뿐 아니라 여성이라는 점을 높이 샀다. 정치인 중에는 미하일 고르바초프(Mikhail Gorbachëv, 1931-)와 마

● 프랑스의 물리학자이자 화학자인 마리 퀴리는 최초의 방사성 원소 폴로늄과 라듐을 발견했다.

오쩌둥(毛澤東, 1893-1976)을 넣고 싶었으나 자리가 부족했다.

1920년대에 페니실린을 발견한 알렉산더 플레밍(Alexander Fleming, 1881-1955)과 위대한 수학자 조제프루이 라그랑주가 빠진 것도 안타깝다. 특히 라그랑주는 과학사의 관점에서 볼 때 매우 중요한 시기였던 18세기 말~19세기 초에 유럽의 수학과 과학을 완전히 새로운 경지로 끌어올리는 데에 공헌했고 그의 업적은 현대에도 빛나고 있다. 플레밍은 항생제를 발견해 인류의 삶에 막대한 영향을 미쳤다. 그는 페니실린의 상용화에는 실패했는데, 상용화에 기여한 다른 두 명의 과학자 하워드 플로리(Howard Florey, 1898-1968)와 언스트 체인(Ernst Chain, 1906-1979)과 같이 1945년에 노벨상을 공동 수상했다. 이 세 사람의 업적을 한 사람이 이루었다면 20위권에 넣었을 것이다.

뉴턴과 아인슈타인의 순위도 고민했다. 아인슈타인을 더 위대한 과학자로 보는 사람들도 많다. 예컨대 〈디스커버〉는 2017년에 선정한 10명의 가장 위대한 과학자 명단에서 1위를 아인슈타인으로 꼽았다. 하지만 우리가 살고 있는 이 세계에서 물체가 움직이는 운동과 힘의 원리를 처음으로 수학적으로 나타내고 이를 통해 우주를 더 많이 이해하는 데에 공헌한 뉴턴의 업적은 그 영향력 면에서 다른 과학자의 추종을 불허한다고 생각한다.

최근 니콜라 테슬라(Nikola Tesla, 1856-1943)는 그의 이름을 딴 세계 최고의 전기자동차 회사 때문에 더욱 유명해졌다. 에디슨과 테슬라의 직류와 교류 논쟁은 잘 알려져 있다. 이 전류전쟁에서는 교류를 주장한 테슬라가 에디슨에게 승리를 거둔다. 교류가 더 합리적인 데다가 조지 웨스

팅하우스(George Westinghouse, 1846-1914)의 지원 또한 승리에 큰 도움이 되었다. 어마어마한 천재였던 테슬라는 한때 에디슨의 회사에서 일했고 후에 에디슨과 대립하는데, 에디슨에 비해 운이 없었던 천재로 알려져 있다. 역사에 길이 남을 업적을 남긴 이 두 과학자는 성격과 인생관 그리고 사업가로서의 소질 등이 매우 대조적이었다. 19세기 후반에 전기와 무선통신의 발전 등에 혁혁한 공헌을 한 테슬라가 과학자로서 에디슨보다 앞선 인물이었을 가능성이 높지만 결국 우리가 사는 이 세상에 미친 총체적인 영향력 면에서는 에디슨이 테슬라를 압도한다고 평가했다.

수많은 자국민을 사지로 몰아간 추악한 독재자 이오시프 스탈린(Iosif Stalin, 1878-1953)은 소련 공산혁명의 주역인 블라디미르 레닌(Bladimir Lenin, 1870-1924)과 그 영향력을 비교할 수 있으며 평가하는 사람에 따

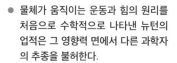

● 물체가 움직이는 운동과 힘의 원리를 처음으로 수학적으로 나타낸 뉴턴의 업적은 그 영향력 면에서 다른 과학자의 추종을 불허한다.

라 순위가 다를 수 있겠다. 코페르니쿠스, 레오나르도 다빈치, 포르투갈의 탐험가 페르디난드 마젤란(Ferdinad Magellan, 1480-1521), 막스 플랑크, 오귀스탱 코시, 그리고 근대 화학의 아버지 앙투안 라부아지에(Antoine Lavoisier, 1743-1784), 볼프강 아마데우스 모차르트(Wolfgang Amadeus Mozart, 1756-1791) 등도 유력 후보로 꼽힌다.

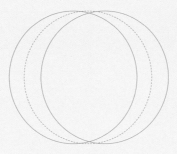

몽골제국의 침략과
유럽의 르네상스

Σ

　유럽에서는 오랜 기간 지속됐던 기독교의 강력한 사상적 지배와 봉건제를 통한 사회적 지배가 여러 가지 원인으로 조금씩 약해지고 드디어 르네상스(문예부흥)의 시대가 열린다. 나는 그런 변화가 일어나는 데 영향을 준 가장 큰 요인으로 몽골제국의 정복 전쟁을 꼽는다. 내가 지난 1000년간 인류의 삶에 가장 큰 영향을 미친 인물 1위로 칭기즈칸을 꼽은 이유이기도 하다.

'이교도'에게 무너진 기독교

○

　몽골제국의 정복 전쟁이 르네상스가 시작되는 데에 어떤 식으로 영향을 미쳤는지 살펴보자. 우선 잔인하고 막강한 몽골의 군대가 머나먼 동쪽으로부터 수십 년에 걸쳐 유럽을 향하여 침략해 올 당시 유럽인들이 가졌을 공포심을 한번 상상해 보자. 1220년에 엄청난 영토와 군사력을 갖고 있던 호라즘 왕국('화레즘'이라고도 한다. 중앙아시아 일대의 넓은 영역을 차지한 거대한 제국이다)의 수도 사마르칸트가 몽골족에 의해 함락당하고 주민들 대다수가 학살당했다는 소식이 유럽에 전파되었다. 처음에는 그저 동쪽 아주 먼 곳에서 전진해 오는 무지한 이교도 종족에 대한 전설 같은 이야기로 느꼈을 것이다. 하지만 점점 서진하던 몽골의 군사들이 마침내 유럽에 도달하는 20여 년 동안, 그리고 그 이후 수십 년 동안 유럽인들은 언젠가 잔인하기 이를 데 없는 몽골의 군대가 쳐들어와 자기들을 멸망시킬지도 모른다는 공포심에 사로잡힌다. 마침내 그들은 진짜로 쳐들어왔고, 유럽의 군대는 형편없이 패배하고 만다.

당시 유럽인들은 몽골족을 신비로운 능력을 가진 악마들로 여겼다고 한다. 어릴 때부터 갖고 있던 공포가 어른이 된 후에 현실이 되어버리는 상황이 벌어진 것이다. 한번 상상해 보자. 이교도들이 자신들이 살고 있는 신성한 유럽을 멸망시키기 위해 물밀듯 쳐들어오는데 기독교의 절대성과 신성함에 대한 유럽인들의 믿음이 굳건히 유지될 수 있겠는가? 절대자 하나님을 믿고 따르던 사람들이 살고 있던 세계가 하나님을 전혀 알지도 못하고 섬긴 적도 없는 무지한 자에게 파괴되는데 정말 그것이 하나님의 뜻인가? 몽골족의 침입은 유럽의 기독교인들이 갖고 있던 신에 대한 유일하고 절대적인 우월성에 대한 믿음에 흠집을 내는 계기가 되었다.

몽골의 군대는 먼저 루스인들이 사는 지역을 점령했다. 이 지역은 지금 러시아, 벨라루스, 우크라이나 지역이다(러시아는 '루스인들의 나라'란 뜻이고, 벨라루스의 벨라는 '하얗다'라는 뜻으로 벨라루스를 예전에는 백러시아라고도 불렀다. 루스인들은 일반적으로는 슬라브족으로부터 분파된 것으로 알려져 있지만, 스칸디나비아 반도 쪽에서 동쪽으로 이주한 게르만족의 분파라는 설도 있다). 그런 뒤 1241년에 드디어 두 방향으로 유럽을 침공한다. 칭기즈칸의

손자 중 가장 무공이 뛰어난 자이자 가장 서쪽 전방을 맡았던 바투(칭기
즈칸의 맏아들 주치朮赤의 둘째 아들)가 이끄는 이 군대는 원래 목표인 헝가
리왕국을 공격하기에 앞서 먼저 군대의 절반을 폴란드 방향으로 진출시
켜 각 성들을 공략한다. 칭기즈칸의 손자들인 바이다르, 오르다(바투의
형) 등이 이끄는 이 군대는 결국 레그니차 전투에서 폴란드 지역 연합군
을 대파한다.

몽골제국의 강력한 전투력

○

바투와 노장 수부타이가 이끄는 본진은 이틀 후에 벌어진 헝가리와
의 모히 전투에서 수적으로 부족함에도 불구하고 대승을 거둔다. 하지
만 유럽으로서는 다행스럽게도 그해 12월에 2대 대칸 오고타이(窩濶台,
1185-1241. '우구데이'라고도 발음한다. 칭기즈칸의 셋째 아들이다)가 사망한다.
본국에서의 벌어질 대칸의 후계자를 정하는 일이 시급한 바투는 유럽
공략을 접고 중국으로 돌아가고, 그 후 다시 유럽 공략을 할 시간과 여건
을 갖지 못한다.

칭기즈칸에게는 조강지처인 보르테와의 사이에 4명의 출중한 아들들
이 있었다. 맏아들 주치는 어머니 보르테가 인질로 잡혀 있을 때 이미 그
를 임신한 상태로 돌아왔다는 의심 때문에(칭기즈칸은 그를 맏아들로 인정
했지만) 동생들과 조카들에게 인정을 받지 못했고, 평생 한 살 밑의 동생
차가타이와 반목했다. 꼭 맏아들이 대를 잇지는 않는다는 몽골족의 전
통도 있고 칭기즈칸의 유지도 있어, 칭기즈칸의 후계자로 삼남인 오고

타이가 2대 대칸으로 즉위했다.

오고타이가 죽자 자기 집안을 조롱하던 오고타이 집안과 사이가 좋지 않던 바투는 귀국하여 대칸 계승권을 놓고 오고타이의 아들 귀위크와 경쟁한다. 귀위크가 자신이 일방적으로 개최한 쿠릴타이(몽골족의 귀족회의, 최고 의사결정기관)에서 3대 대칸으로 추대되어 바투와 대립했으나 귀위크(재위 1246-1248)는 얼마 후에 죽는다. 그 후 바투는 작은 숙부 툴루이의 아들인 몽케를 대칸으로 밀고 결국 몽케가 4대 대칸(재위 1251-1259)으로 즉위한다. 몽케가 죽은 후에는 그의 동생들인 쿠빌라이(1215-1294, 원나라 세조)와 아릭부케(1219-1266)가 대칸 자리를 놓고 다툰다. 쿠빌라이는 아직 칸에 즉위하기 전인 1259년경에 그때까지 28년간 9차례

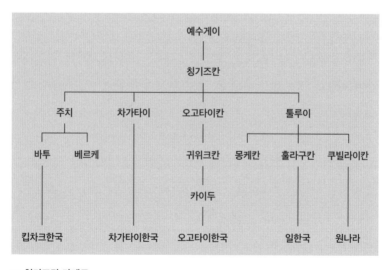

```
                        예수게이
                           |
                        칭기즈칸
    ┌──────────┬──────────┼──────────────────┐
   주치       차가타이    오고타이칸          툴루이
 ┌────┬────┐              |          ┌────────┬────────┐
바투  베르케          귀위크칸      몽케칸   훌라구칸   쿠빌라이칸
 |                       |
킵차크한국              카이두
         차가타이한국    |
                    오고타이한국      일한국      원나라
```

● 칭기즈칸 가계도

열두 번째 이야기

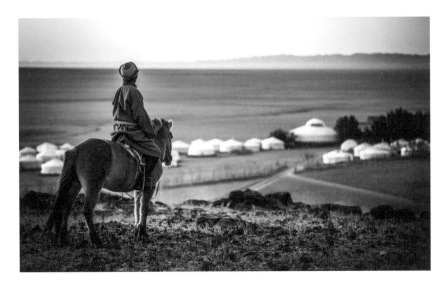

● 몽골의 군사들은 어려서부터 야외생활을 몸에 익혔기에 말과 함께 몇 달씩 밖에서 지내는
일이 어렵지 않았다.

나 몽골의 침입을 받아 비참한 상태에 놓여 있던 고려의 원종(당시 세자였고 쿠빌라이와 만나기 위해 원나라로 갔다. 다음해 왕으로 즉위했다)과 만난다. 대칸 자리를 차지하기 위해 우군이 필요하던 쿠빌라이는 원종과 일종의 동맹관계를 맺고 후에 원종의 아들 충렬왕을 사위로 삼는다. 그 때문에 결국 고려는 원나라의 직접적인 점령은 면하지만 원나라의 부마국이자 신하국의 신세를 면하지 못하여 왕실은 점점 몽골화된다. 20여 년에 걸친 몽골의 침입과 혹독한 국토 유린, 그리고 정치적, 문화적 지배는 약 100년간 이어져 우리 민족은 너무나 큰 피해를 입는다. 그 후유증은 아직도 진행형일 것이다.

나는 인류에 막대한 영향을 끼친 인물 1위로 칭기즈칸을 꼽았고 그가 건설한 대제국에 대해서도 길게 이야기했지만 칭기즈칸을 훌륭한 위인이라고 생각하지 않는다. 그가 인류에게, 특히 과학의 발전에 미친 영향이 얼마나 컸는지 설명할 뿐이다. 그와 그의 후예들은 엄청나게 많은 사람을 죽였고 수많은 문명과 문화유산을 파괴했다.

몽골의 병사들은 전쟁에 참여할 때 각 병사가 2~4마리의 말을 데리고 함께 움직였으며 필요할 때는 먼 지역까지 빠르게 이동했다. 잘 짜인 군대 조직과 군사 훈련 과정, 독특한 충성심 등을 바탕으로 탁월한 전투력을 발휘했다. 하지만 그 무엇보다도 큰 장점은 병참이 용이했다는 것이다. 야외에서 장시간 전쟁을 수행하는 군사들을 잘 먹이고 잘 재우는 것은 전투가 벌어졌을 때 잘 싸울 수 있도록 병사들을 훈련하는 것보다도 더 중요하다.

일반적으로 군사들은 전투에 참가하여 몇 달을 야외에서 지내면 (대부분은 며칠만 지나도) 온몸에 힘이 빠지고 건강이 나빠진다. 이따금씩 벌어지는 전투에서 느끼는 극도의 공포와 스트레스로 병사들의 몸 상태는 점점 더 약해진다. 그래서 강한 군대를 유지하기 위해서는 병사들이 야외생활을 하며 불편이 없도록 의식주를 해결해 주는 것이 무엇보다 중요하다. 그런데 몽골의 군사들은 어려서부터 야외생활을 몸에 익혔기에 자신들의 말과 함께 몇 달씩 밖에서 지내는 일이 어렵지 않았다. 병사들은 각자의 말에 실린 육포와 말젖 가공품 등으로 먹는 문제를 해결할 수 있었고, 들판에서 천막도 없이 말들과 함께 밤을 보낼 수 있었으며, 추위에 유난히 강해서 매섭게 추운 한겨울에도 전쟁을 수행할 수 있었다.

유럽으로 흑사병이 퍼지다

○

14세기에 유럽 전역에 퍼진 흑사병으로 최소한 전 인구의 3분의 1 이상이 죽었고, 그 이후에도 지속적으로 창궐하여 유럽을 공포에 떨게 했다. 페스트균에 의한 전염병인 흑사병은 아마도 중앙아시아 어딘가에서 발원하여 몽골족 또는 실크로드로 들어온 누군가에 의해 유럽에 전파되었을 것이다.

칭기즈칸의 맏아들 주치와 그의 아들 바투에 의해 세워진 킵차크한국은 1347년 크림반도의 페오도시야를 공략하는데 그곳에서 흑사병이 시작되었다는 설이 유력하다. 그곳에는 이탈리아 제노바의 교역소가 있었는데, 그들을 통해 흑사병이 시칠리아로 전파되고 당시 상업과 문화의 중심지였던 베네치아와 제노바로 전파, 결국에는 유럽 전체로 퍼진다. 14세기에 유럽인 중 3분의 1 이상이 죽었다는 뜻은 인구 밀도가 높은 도시나 성에 살던 사람들은 반 이상 죽었다는 뜻일 것이다. 최악의 재앙을 맞은 사람들은 마녀사냥, 유태인 학살 등을 행하는 등 온갖 참혹한 일들이 벌어졌다. 이러한 재앙은 기독교의 절대적인 지배력이 퇴색하는 또 하나의 계기가 되었다.

당시 사람들은 죽음 그 자체보다도 신부에게 종부성사를 못 받고 죽는 것을 더 두려워했다고 한다. 천당에 갈 길이 막히기 때문이다. 일부 도시나 마을에서는 흑사병이 번지자 신부들이 종부성사 집행권을 일반인에게 위임하고 도시를 떠나는 일이 빈번히 발생했다. 그런 일들이 교회와 신부들의 절대적인 권위를 위태롭게 하는 또 다른 요인이 되었다.

하나님의 의지에 의한 죽음이라고는 믿기 어려운 무차별한 죽음이 발생하는 현실에서 사람들은 종교적으로 너무나 혼란스러웠을 것이다.

흑사병에 의한 인구 감소는 당연히 노동 인구의 급격한 감소를 가져왔고, 그전까지는 영주들에게 수탈만 당하던 농민들의 입지가 강화되어 영주들의 지배력이 약화되는 현상이 생겼다. 이는 결국 강력한 영주의 지배력을 바탕으로 한 봉건제도가 약화되는 결과를 초래한다.

종이, 화약, 나침반의 전파

○

몽골족이 유럽에 공포와 재앙만 가져온 것은 아니었다. 잘 알려져 있듯이 중국인들의 위대한 발명품인 종이, 화약, 나침반이 몽골제국의 서진과 함께 유럽에 전파되었다. 종이 제조술의 전파는 후에 인쇄술의 발달로 이어져 사람들은 성경을 직접 읽고, 지식도 주고받을 수 있게 된다. 또한 화약과 화포의 사용으로 전쟁할 때 성을 공략하는 것이 용이해지자 유럽에 산재해 있던 성을 기반으로 한 (너무나 많던) 영주들의 수나 세력이 줄어들어 결국에는 봉건제도를 약화시킨다.

독일에는 종이가 1400년경에 전파되었다고 알려져 있다. 구텐베르크는 서양에서 처음으로 금속활자 인쇄술로 찍어낸 책을 만들고, 꾸준히 인쇄기를 개량하여 1453~1455년경에는 그 유명한 42행 성경을 출판한다. 그것은 지금까지도 남아 있는데 지금 기준으로도 품질이 매우 우수해 보인다.

그전까지 주로 성직자들만 볼 수 있었던 성경은 대부분 사람들이 손

● 구텐베르크가 인쇄한 42행 성경. 구텐베르크 덕분에 일반인도 성경을 볼 수 있게 되었다. 로마와 그리스의 고전들도 출판해 사람들의 지적 사고를 넓히는 데 기여했다.

으로 쓴 필사본이었고 가격도 너무나 비쌌다. 구텐베르크 이후에는 일반인도 성경을 볼 수 있게 되고(아직도 집 한 채 값 정도로 비싸긴 했지만), 로마와 그리스의 고전들도 출판되어 사람들의 지식과 지적 사고의 영역을 넓히는 것이 용이해졌다. 결론적으로 구텐베르크는 르네상스가 일어나는 데 가장 크게 공헌한 유럽인으로 꼽히게 되었다.

유럽에 참혹한 재앙을 불러온 흑사병도, 그리고 종이, 화약, 나침반 등과 같은 문명의 이기도 모두 몽골제국의 침략전쟁이 원인이 되어 유럽에 전해진 것들이며 나중에 유럽이 르네상스 시대를 맞이하는 데에 영향을 미친다. 결국 머나먼 동방에서 칭기즈칸의 탄생은 유럽이 중세의 어둠으로부터 벗어나는 데에 필요조건이었던 것이다(여기서의 필요조건은 수학 용어이다. 수학시간에 배운 사람들은 기억이 날 것이다. 필요조건과 충분조건, 그리고 필요충분조건이 있다. "A는 B가 발생할 필요조건이다"란 뜻은 B는 A가 없다면 발생할 수 없다는 뜻이다. 나는 이 표현을 평상시 대화에도 종종 사용한다. 이 표현에 서로가 익숙해지기만 한다면 간단하게 쓸 수 있으면서도 뜻 전달이 정확해진다).

몽골제국은 유럽의 기독교와 봉건제도라는 군건한 두 개의 탑을 뒤흔들고 유럽에 문화적, 종교적, 사회적으로 커다란 변화를 가져다주었다. 다른 한편으로는 유럽 사람들에게 과학기술의 중요성에 대한 깊은 깨달음도 주었다. 유럽 국가들은 몽골의 군대가 갖춘 수준 높은 무기, 공성술, 개인 장비 등에 크게 자극을 받았다. 몽골은 침략전쟁을 진행하며 여진족의 금나라, 한족의 송나라 그리고 이슬람 제국들의 과학기술을 차례차례 채택했고, 우수한 활과 갑옷(개인 및 말의 갑옷), 그리고 대포를 비롯한 여러 가지 공성 장비를 갖추고 전투에 임했다. 이런 몽골군의 우수한 전투 장비와 합리적인 운용이 유럽의 제후들에게 과학기술의 중요성을 일깨워 준 계기가 되었다.

브랜디의 진짜 원조

○

이탈리아 사람들이 즐겨 먹는 파스타가 몽골제국 원나라를 방문했던 마르코 폴로(Marco Polo, 1254-1324)에 의해 전해진 중국의 국수로부터 유래했다는 설이 있는데 그것은 사실이 아니다. 그 훨씬 전인 12세기에 이미 시칠리아에서 만들어 먹었다는 아라비아의 기록이 있다고 한다. 증류주도 몽골족에게서 유래했다는 설이 있다. 유럽 사람들이 증류주를 마시게 된 것은 몽골족의 영향을 받은 결과일까? 나는 그렇다고 생각한다. 증류주를 일반 사람들이 음료로 마시게 된 것은 몽골족의 일한국과 킵차크한국의 영향을 받았을 확률이 매우 높다. 당시의 지리적, 문화적 상황을 보면 그렇게 추측하는 것이 타당하다.

유럽 사람들은 술을 증류하여 알코올을 얻는 방법은 아라비아의 영향을 받아 일찍부터 알고 있었다. 증류주의 역사는 더 길어서 로마 시대 지중해 지역에서는 제조법을 이미 알고 있었다는 설도 있다. 중세 시대 유럽에서는 그렇게 제조한 알코올을 음료로 먹지는 않고 주로 향수 또는 약의 사용과 제조 등에 사용했다. 이슬람교를 믿는 아라비아 사람들은 술을 마시지 않았지만 지배층인 몽골 귀족들은 증류주를 음료로 마셨고, 전투에 참가하는 군사들도 용기 증대를 통한 전투력 향상을 위해 마셨다. 이처럼 몽골을 통해 알코올을 음료로 마시는 문화가 유럽에 전해진 것으로 보인다.

유럽에서 증류주는 라틴어 '아쿠아비테(aqua vitae)'라는 원어로 불렸다. 이 말은 '생명의 물'이라는 뜻이다. 위스키, 브랜디, 보드카 등 증류주 이름은 모두 '생명의 물'을 번역한 말에서 기원한다. 위스키는 아일랜드와 스코틀랜드 민족 언어인 갈리아어, 브랜디는 네덜란드어, 보드카는 슬라브어로부터 왔다. 과일주를 증류하여 만든 브랜디는 프랑스가 꼬냑(Cognac)이라는 지역을 브랜드화하여 국제적으로 이름을 날려 마치 브랜디의 본고장이 프랑스인 것처럼 알려져 있지만 실은 몽골족의 영향을

● 브랜디는 몽골족의 영향을 쉽게 받았던 발칸 지역이 원조다. 곡식을 발효시켜 만드는 위스키나 보드카와 달리 브랜디는 포도나 자두, 감, 복숭아 등의 과일로부터 얻는다.

좀 더 쉽게 받았던 발칸 지역이 원조라 할 수 있다. 발칸 지역의 브랜디는 곡식을 발효시켜 만드는 위스키나 보드카와 달리 포도나 자두, 감, 복숭아, 사과, 체리, 무화과 등 지역과 나라에 따라 다양한 과일로 만든다. '라키야(rakija)' 또는 나라에 따라 그와 비슷한 발음으로 부르는데 어원은 오스만튀르크의 증류주 '라크'로부터 왔다. 여러 민족 간의 갈등이 심했던 발칸반도에서는 어느 지역이 라키야의 원조인지 논란이 많지만, 불가리아에서 자신들이 원조라고 강하게 주장하는 편이다.

알코올(alcohol)은 아라비아어에서 온 말이다. 'al'은 아라비아어의 명사에 붙는 정관사이다. 알고리즘, 알제브라(algebra), 알케미(연금술,

'chemistry'의 어원) 등도 아라비아어에서 왔다. 다만 알루미늄의 어원은 라틴어로 알려져 있다.

과일이나 곡식가루를 발효하여 얻는 술은 만드는 과정에서 알코올을 만드는 효모균뿐 아니라 수백, 수천 종의 미생물이 같이 작용한다. 그래서 적당한 도수의 알코올을 발효를 통해서 얻는 것이 매우 어려울 뿐 아니라 여러 미생물에 의한 발효 때문에 생긴 독성으로 두통과 복통을 불러오기 쉽고, 보관도 매우 어렵다. 증류주는 그런 단점들을 모두 해소하는 기막힌 발명품이었다. 16세기 이후 대항해 시대가 열리자 장시간 항해하는 선원들에게는 위스키나 브랜디가 매우 중요해졌고, 그러한 술을 보급하는 것이 국가적으로도 매우 중요한 사업이 되었다.

위스키는 아일랜드과 스코틀랜드 중 어디가 원조인가에 관한 논란이 있다. 현재 성공한 쪽은 스카치 위스키를 세계적인 브랜드로 키운 스코틀랜드이므로 스코틀랜드 사람들의 주장이 좀 더 강하다. 아이리쉬 위스키는 스카치 위스키 같이 '스모키'하지 않고 좀 더 부드럽다. 스카치 위스키는 증류를 한 후 보통 12~15년 동안 오크통에 보관하는데(와인도 오크통에 담아 숙성시킨다) 오크통의 안쪽을 불로 그을리는 것이 핵심이다. 오크통에 담아 오랫동안 숙성시키면 오크나무 향도 배고 독한 알코올 맛도 조금 순화되는 효과가 있다. 300년 전에 위스키 제작자들은 왜 보통의 오크통이 아닌 '불로 그을린' 오크통에 담을 생각을 했을까? 아마도 검붉은 포도주를 증류해서 만든, 프랑스 귀족들이 마시는 브랜디와 비슷한 색깔을 내기 위해서가 아닐까 싶다. 그 진한 색깔이 주는 강한 인상 때문인지 위스키와 브랜디를 잘 구별하지 못하는 사람도 많다.

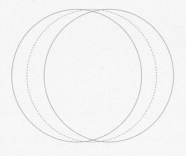

종교와 과학의 끈질긴
힘겨루기

$$\Sigma$$

이 장에서는 기독교와 이슬람교를 중심으로 종교와 과학 사이에 얽힌 과거와 현재의 이야기를 해보려 한다. 우선 이슬람 세계에 대한 이야기부터 시작해 보자.

최고의 도서관이 파괴되다

○

13세기 중반 아바스 왕조의 수도 바그다드는 비록 전성기는 지났지만 아직도 세계 최대의 도시이자 당대 최고의 문화 수준을 자랑하는 도시였다. 1258년 칭기즈칸의 손자 홀라구가 자신의 친형이자 몽골제국의 대칸인 몽케칸의 명령을 받들어 바그다드를 침공한다. 몽골의 최정예 군대의 공격을 받은 티그리스 강변의 아름다운 도시 바그다드는 포위공격을 당한 후 2주일을 버티지 못 하고 무너지고 만다. 바그다드에 입성한 몽골 군대는 칼리파(Khalifa) 알 무스타심은 물론이고 수만 명에 이르는 사람들을 학살하고 무지막지한 약탈과 파괴를 자행한다(칼리파는 '후계자'라는 뜻으로 무함마드가 죽은 후 그 뒤를 이은 이슬람 제국의 정치적 지도자, 즉 황제와 종교적 지도자를 의미하지만 나중에는 종교 지도자만 의미하게 된다. 영어권에서는 칼리프Caliph라 부른다. 무함마드의 사위이자 사촌인 알리 이븐 아비 탈리브와 그의 후손들만이 진정한 무함마드의 후계자라고 여기는 시아파에서는 칼리파를 인정하지 않는다). 그때 세계 최고의 지성의 전당인 바그다드 도서관(일명 '지혜의 집')이 다른 모스크, 궁전들과 함께 파괴된다. 당시 이 도서관에는 몇백 년에 걸쳐 수집된 방대한 양의 희귀 자료와 책들이 보관되어 있었다. 티그리스강의 강물이 버려진 책들의 잉크로 검게 물들었다는 기록이 남아 있다고 한다.

이 도서관의 파괴는 기원전 48년에 있었던 알렉산드리아 도서관의 대화재와 더불어 역사상 가장 큰 문화적 손실이라고 할 수 있다(기원전 210년 전후에 중국에서 진나라 시황제가 일으킨 분서갱유가 학문에 대한 대규모 탄압의 상징으로 알려져 있지만 그 규모와 성격에 대한 정확한 기록이 부족해 바그다드와 알렉산드리아에서 발생한 대참사와 더불어 세계 3대 문화적 손실로 꼽히기에는 무리가 있다). 바그다드의 '지혜의 집'에 있던 책들은 그리스 수학자들의 저서나 페르시아 학자들의 저작 등 다양한 분야에 걸쳐 수십만 권에 이르렀다고 한다. 이 책들은 중국에서부터 전파된 종이 제조술을 이미 갖추고 있던 이슬람 세계의 책이므로 요즘과 같은 형태의 종이책이었다. 반면 알렉산드리아 도서관에서 소실된 책들은 파피루스로 만들어졌고 따라서 모두 두루마리 형태였다. 중국의 진나라에서 일어난 분서갱유에서 태워진 책들도 모두 죽간으로, 대나무를 이어 붙여 만든 두루마리 형태의 책들이다. 지금 우리가 쓰는 책(冊)이라는 한자는 대나무를 가로로 이어 붙여 만든 옛날 책의 모양을 나타낸다. 현대 중국에서는 책을 한자로 서(書)라고 하고 일본에서는 본(本)이라고 한다.

● 고대 알렉산드리아 도서관을 기리며 2002년 새롭게 개관한 도서관.

고대 이집트의 제32왕조이자 마지막 왕조인 프톨레마이오스 왕조 (BC 305-BC 30)는 알렉산드로스 대왕의 부하 장군이었던 프톨레마이오스가 세웠다. 마지막 왕은 카이사르, 안토니우스와의 염문으로 유명한 클레오파트라(여자 지도자의 통칭) 8세(Cleopatra, BC 69-BC 30)이다. 프톨레마이오스 1세가 세운 도시 알렉산드리아는 이집트의 수도이긴 하지만 헬레니즘 문화(그리스 문화)의 중심지였다. 이 도시의 왕족과 상류층은 대개 그리스 혈통이었고, 이 도시는 로마제국이 지배하고 있던 지중해 전역에서 600년 이상 동안 가장 문화가 앞선 곳이자 문화 교류의 중심지였다. 위대한 수학자 에우클레이데스(영어로는 유클리드), 아르키메데스(Archimedes, BC 287-BC 212), 아폴로니우스(Apollonius, BC 262?-BC

190?), 헤론(Heron, 10-70), 프톨레마이오스[42], 디오판토스[43], 파푸스(Pappus, 290-350) 등이 모두 이 도시에서 살았거나 유학을 했다. 유클리드가 왕을 상대로 말했다는 "수학에는 왕도(王道)가 없습니다"는 바로 프톨레마이오스 1세에게 한 말이다.

플루타르코스(Ploutarchos, 46-120)의 기록에 따르면 알렉산드리아 도서관은 카이사르가 알렉산드리아를 방문했을 때 카이사르의 배에 붙은 불이 도서관으로 번져 소실되었다고 한다. 하지만 기독교가 전파된 후인 391년 주교 데오빌로의 지시로 비기독교적 문화의 유산인 도서관이 파괴되었다는 설도 있다. 그 이후 642년 이슬람 군대가 알렉산드리아를 점령했을 때에도 도서관은 또 다시 파괴되었다.

문명 발달의 중심지, 바그다드

○

바그다드는 몽골족에게 파괴되기 약 500년 전에 아바스 왕조의 2대 칼리파 알만소르(al-Mansur, 938-1002)가 건설한 도시이다. 아바스 왕조는 다마스쿠스를 수도로 하고 있던 우마이야 왕조(661-750)를 무너뜨리고 세워졌다. 아바스는 무함마드의 큰아버지 이름으로 그의 후예를 자처하는 자들이 페르시아인들과 시아파 신도들과 협력하여 우마이야 왕조를 타도했다. 따라서 다마스쿠스보다는 훨씬 동쪽인 바그다드에 새로운 도읍을 정했다.

'신의 정원'이라는 뜻인 바그다드는 거대한 원형의 요새같이 지어진 인공 도시였다. 바그다드의 최대 전성기는 5대 칼리파인 하룬 알 라시드(Harun al-Rashid, 763-809)와 그의 아들인 7대 칼리파 알마문(al-Ma-mun, 786-833) 때로, 당시 바그다드의 인구가 150만 명에 달했다는 설이 있다. 바그다드가 중국 당나라의 수도 장안과 함께 당대에 세계 최대의 도시였던 것은 분명하다. 바그다드의 '지혜의 집'은 알마문의 지시에 의해 지어졌다. 유명한 『아라비안나이트』는 알 라시드 시대의 이야기이다. 이 시대를 '이슬람의 황금시대'라고 부른다. 이 시대의 주역인 이 3명의 칼리파는 당시 지중해에서 인도까지 이르는 광활한 이슬람 제국의 지배자이면서, 세계 과학 발전에 큰 공헌을 한 인물들이다.

바그다드는 동서 간의 무역의 중심이자 광대한 영역의 종교와 문화의 중심지였다. 칼리파들은 지식과 지식인들을 중시했고, 자연의 섭리를 연구하는 학자들을 경제적으로 지원했다. 바그다드가 당대 최고의 문명을 이루는 데 있어서 핵심 키워드는 '포용'이다. 그곳에서는 페르시아인, 유태인, 기독교인들에게도 종교적, 인종적 차별을 받지 않고 자기들의 능력을 발휘할 수 있는 기회가 주어졌다. 학문 연구에 있어서도 사상적, 정치적 제약을 받지 않았다. '지혜의 집'은 비잔티움(동로마제국), 페르시아, 인도로부터 온 책들로 가득 찼고 여러 민족으로 이루어진 학자들이 이곳에서 천문학, 기하, 지리학, 철학 등 다양한 분야의 연구를 수행했다. 이러한 역사 덕분인지 현대의 이스탄불에서도 종교적, 인종적 면에서 놀라울 정도로 포용적인 문화를 느낄 수 있다. 오스만 제국의 술탄 메흐메드 2세는 1453년 이 도시를 점령한 후 동방정교회의 아야 소피아 성당을 그대로 개조하여 이슬람의 모스크로 만든다. 현대에 이르기까지 이 도시에서는 기독교인과 유태인의 교회가 어느 정도 허락되고, 유럽과 아시아 지역의 여러 민족이 들어와 함께 어울려 살아가게 된다.

이슬람교 발상지인 아라비아반도는 오랫동안 대제국인 동로마제국과 사산조 페르시아 사이에서 눌려 지냈다. 이슬람교로 통일된 강력한 힘을 갖춘 아라비아의 군대가 7세기 초에 거대한 페르시아를 무너뜨리고 지배했지만 문화 수준은 페르시아가 높았다. 따라서 14세기까지도 이슬람 세계의 주요 학자들은 대부분 페르시아인이었다. 알킨디(al-Kindi, 801-873)가 거의 유일한 순수 아랍혈통의 철학자여서 그는 '아랍의 철학자'라고 불렸다(현대에도 이란의 수학, 과학 수준은 매우 높은 반면, 아라비아 국가들의 수준은 매우 낮다. 국제수학올림피아드에서도 이란은 약 110개 참가국 중 상위권에 속하지만 아라비아 국가들은 모두 최하위권이다).

이슬람의 과학이 기독교 세계로 유입되다

○

바그다드의 학자들이 가장 큰 힘을 기울인 것은 그리스 수학자들의 책을 번역하는 일이었다. 그래서 에우클레이데스, 아리스토텔레스, 프톨레마이오스, 파푸스, 디오판토스 등의 저서를 아랍어로 번역했다. 이 아랍어 책들이 나중에 유럽에 수입됨으로써 르네상스 시대의 수학이 시작되는 데에 지대한 영향을 미친다.

위대한 수학자 알콰리즈미(al-Khwarizmi, 780-850)는 이 시대에 '지혜의 집'에서 연구 활동을 한 대표적인 학자이다. 그는 페르시아인으로 지금으로 치면 우즈베키스탄의 카레즈미에서 출생했다(여러 해 전에 나는 수학사 시간에 '아라비아의 수학자'로 그의 업적을 소개한 적이 있는데, 우즈베키

● 메흐메드 2세는 1453년 이스탄불을 점령한 후 아야 소피아 성당을 그대로 개조해 이슬람
  의 모스크로 만든다.

스탄에서 온 유학생이 그는 우즈베키스탄 사람이라고 따져서 당황한 적이 있다. 하지만 그는 평생 바그다드에서 활동했으므로 아라비아의 수학자로 소개해도 문제는 없을 것 같다. 그의 성으로 볼 때 아버지가 카레즈미 출생인 것은 분명하지만 그도 그곳에서 출생했는지 아니면 아버지가 바그다드로 이주한 후에 출생했는지는 분명하지 않다). 그는 많은 책을 저술했는데 그의 저서는 중세에 유럽으로 수입되어 그의 이름이 널리 알려진다. 아라비아 숫자도 그의 책을 통해 유럽에 전파된다. 영어로 대수학을 뜻하는 알제브라(algebra)는 그의 저서『알자브르와 알무카발라(al-jabr wa al-muqabala)』의 'al-jabr'에서 기원했고, 알고리즘(algorithm)이라는 단어 또한 그의 이름에서 기원한 것

● 수학자 알콰리즈미의 저서는 중세에 유럽으로 수입되어 그의 이름이 널리 알려진다. 알고리즘이라는 단어도 그의 이름에서 기원한 것이다(우즈베키스탄에 있는 알콰리즈미의 동상).

이다.

  13세기 무렵부터 이슬람 세계의 수준 높은 수학과 과학이 당시 유럽의 최고 선진국 지역이던 이탈리아 반도를 통해 기독교 세계로 유입되지만, 모두 다 먼 아라비아 지방에서부터 직접 들어온 것은 아니다. 지리적으로 유럽과 더 가까운 이슬람 지역인 북아프리카 지역이나 이베리아 반도의 안달루시아로부터 수입되는 것이 더 많았다. 지금 스페인과 포르투갈이 있는 이베리아 반도에는 8세기 초~15세기 말까지 800년 가까이 이슬람 세력이 존속했다. 특히 후우마이야 왕조(756-1031) 때의 수도 코르도바는 10세기 무렵 인구가 45만 명에 이르는 유럽 최대의 도시이자 최고의 문명 도시였다.

  한때 스페인 전역을 거의 다 차지했던 이슬람 세력은 기독교 세력의 레콩키스타로 점차 북쪽에서 남쪽 지역으로 밀려 나중에는 안달루시아 지역에만 남게 된다. 안달루시아 지역은 수백 년 동안 무슬림과 기독교도, 유대인이 함께 살면서 소위 콘비벤시아(convivencia, '공존'이라는 뜻) 문화를 이루며 발전했다. 1492년(콜럼버스가 아메리카 대륙을 발견한 해)에 알함브라 궁전으로 유명한 그라나다 왕국이 아라곤의 페르난도 2세와 카스티야의 이사벨 1세의 스페인 연합왕국에 의해 패망함으로써 이슬람 세력은 스페인에서 완전히 사라진다. 스페인과 포르투갈이 16세기에 유럽의 최강국이자 최고 선진국으로서 대항해 시대를 개막하고 아메리카 신대륙과 동아시아 지역을 휘젓고 다닐 수 있었던 것은 오랜 기간의 레콩키스타를 통해 얻은 군사력과 이슬람으로부터 얻은 높은 과학 수준 덕분이었을 것이다.

13세기의 유럽 최고의 수학자 피보나치는 북아프리카 베자이아에 아버지를 따라갔을 때 아라비아 숫자에 대해 배웠다고 한다. 그는 아라비아의 수학을 배우기 위해 지중해 연안의 이슬람 국가를 여행하고 돌아온 후 『계산판서(Liber Abaci)』(1202), 『제곱근서(Liber Qudratorum)』(1225), 『실용기하(Practica Geometriae)』(1220) 등을 출간했다. 특히 1228년에 나온 『계산판서』제2판은 현재까지 전해진다. 신성로마제국의 프리드리히 2세의 초청을 받아 궁전에 갔을 때 시종 요한이 제기한 방정식 문제에 대한 피보나치의 해답이 지금도 전해지고 있는데, 그 답을 보면 피보나치의 높은 수학 실력을 알 수 있다.[44] 그는 알콰리즈미와 아부 카밀(Abu Kamil, 850-930)의 수학책을 공부했다고 한다.

공용어가 문명에 끼치는 영향

○

이렇게 길게 아라비아의 역사와 수학과학 이야기를 하는 것은 이슬람교라는 종교가 수학과학에 이바지한 공헌이 얼마나 큰지 설명하기 위해서이다. 무함마드(Muhammad, 570-632)가 이슬람교를 일으키기 전까지 아라비아 지역은 부족 중심으로 뭉쳐 살거나 무역업을 하는 작은 도시(성)들로 이루어져 있었지만, 이슬람교가 탄생함에 따라 커다란 제국으로 뭉친다. 이 커다란 제국의 수도가 된 다마스쿠스나 바그다드는 자연스럽게 문명 발달의 중심지가 된다. 바그다드에서 종교와 민족의 차별 없이 자연의 섭리와 철학에 대한 탐구가 장려되었다는 것은 앞서 이야기한 대로이다.

이슬람 세력의 확장으로 생긴 가장 큰 문화적 이점은 바로 언어의 통일이다. 성경인 쿠란은 아랍어로만 쓰여 있었고 모든 모스크의 종교행사는 아랍어로 행해졌다. 나중에는 아랍어가 먼 서쪽의 이베리아 반도부터 북아프리카 전역, 그리고 아라비아와 페르시아 지역에 이르는 광활한 영역의 공용어가 되었다. 구어(口語)는 지역에 따라 다를 수 있지만 모든 문서는 아랍어로 쓰였다. 언어의 통일이 문화 교류에 도움을 주는 것은 당연하다. 그렇기에 이슬람 세계에서는 한 지역에서 발생한 높은 수준의 문화나 한 지역에서 태어난 뛰어난 인물의 지식과 업적 등이 쉽게 다른 지역으로 전파될 수 있었다(이런 것을 보면 열역학 제2법칙이 문화에도 존재한다. 문화는 높은 곳에서 낮은 곳으로 흐른다). 바그다드에는 이슬람 전역에서 온 인재들이 모두 서로 아랍어로 소통할 수 있었다.

물론 유럽에서도 기독교 덕분에 라틴어라는 공용어를 얻어서 르네상스 시대에 유럽의 과학과 문화가 발전하는 데에 크게 기여했다. 지금 가톨릭 교회에서 공식적으로 쓰이는 성경을 '불가타(Vulgata)' 성경이라고 부른다. 불가타란 '대중적인'이란 뜻이다. 그런 이름이 붙은 이유는 성경이 쓰이던 2~5세기에 원래의 고전적인 라틴어보다는 불가타 라틴어가 널리 사용되었기 때문이다. 하지만 이 불가타 성경을 가톨릭 교회는 1000년이 넘도록 인정하지 않다가 1546년 트리엔트 공의회에서 처음으로 공인했다. 정식으로 출판을 한 것은 1590년에 이르러서이다. 아마도 그 오랜 세월 동안 고전 라틴어 버전의 성경과 불가타 라틴어 버전의 성경이 공존했던 듯하다. 언어는 의외로 빨리 변천해간다. 우리나라도 타임머신을 타고 세종대왕 시대로 돌아간다면 당시 사람들과 대화하기가 매우 어려울 것이다. 『훈민정음』 서문만 보아도 짐작할 수 있다.

뉴턴의 『프린키피아』뿐만 아니라 18세기까지 유럽에서 출간된 많은 수학, 과학 서적들은 대부분 라틴어로 쓰였다. 그래서 유럽의 모든 학자가 번역 없이 내용을 공유할 수 있었고 라틴어로 쓴 편지를 통해 서로의 생각들을 주고받을 수 있었다.

중국도 한자라고 하는 공용 문자가 있어 문화의 교류와 발전에 큰 도움을 주었다. 광동 사람들과 베이징 사람들은 원래 자기들 말로는 서로 대화가 불가능하지만 글로는 뜻을 통할 수 있었다. 이렇듯 중국에서는 오래전부터 사람들의 구어(口語)는 달라도 문어(文語)는 통일돼 있었다. 지금은 대부분의 중국 사람이 표준어를 구사할 줄 안다. 1949년 공산화된 이후 중국 정부가 1956년경부터 표준어 사용 정책을 강력하게 시행했기 때문이다. 중국 공산정권의 전체주의적 정책으로 언어가 어느 정도 통일된 것이니, 공산주의가 병도 주고 약도 준 셈이다.

중국의 이웃 국가인 한국, 일본, 베트남도 오랫동안 한자 문화권에 속해 있었다. 베트남은 여러 가지 면에서 한국과 비슷한 역사를 갖고 있고 특히 중국과의 관계도 매우 비슷했다. 베트남은 뛰어나고 강인한 민족성을 갖고 있으며 미국을 상대로 전면적인 전쟁을 하여 승리한 유일한 나라이다. 수학 수준이 매우 높고 국제수학올림피아드에서도 늘 상위권에 있다. 응오 바오차우(Ngo Bao Chau, 1971-)는 2010년에 수학 분야에서 최고의 영예인 필즈메달을 수상했다. 그의 성 '응오'는 우리나라의 오(吳)씨에 해당된다. 가장 많은 성인 '응우옌(Nguyen)'은 한자로 '완(阮)'이고 두 번째 많은 성인 '쩐(Tran)'은 '진(陳)'이다. 이처럼 중국 주변의 나라들인 한국, 일본, 베트남 등은 한자라는 공용 문자를 통해 중국을 중심으로 서로 문화를 교류할 수 있었다.

문명을 파괴한 종교들

○

이슬람교와 기독교는 본질적으로 뿌리가 비슷하다. 같은 민족의 뿌리를 갖고 있으므로 구약성경의 일부를 교리 또는 신화로 공유한다. 무함마드가 종교를 일으킨 장소인 메카에는 당시 유대인과 기독교도들이 꽤 살고 있었고, 이슬람교를 일으킨 사람들은 이미 기독교의 교리를 잘 알고 있었다. 그래서 무함마드는 자신을 신격화하는 것을 경계하여 자신은 여호와(야훼)의 말씀을 전하는 예언자에 불과함을 강조했다. 또한 종교 전파를 위한 정복 전쟁을 일으켜 광활한 영역을 이슬람화했지만 다른 종교와 민족에 비교적 관용적이었다. 하지만 유일신을 믿는 종교는 필연적으로 다른 종교에 대해 배타적일 수밖에 없다.

역사와 지리에 관심이 많았던 나는 이집트를 가보는 것이 어릴 때부터의 꿈이었다. 20년 전쯤에 이집트의 카이로와 룩소르에 가보았을 때 웅장한 고대 이집트의 유물들을 보며 느낀 가슴 벅찬 감동은 지금도 생생하다. 하지만 지난 1000여 년 간 기독교도와 이슬람교도들에 의해 파괴된 유물들의 모습은 안타까웠다. 카이로 기자지구에 있는 파라오 쿠푸의 대피라미드(BC 2560년경 건립)는 어마어마하게 웅장했지만 그 외관은 너무나 참혹하게 파괴되어 있었다. 그 옆에 있는 유명한 대스핑크스상은 코 부분이 흉측하게 파괴되어 있었다. 룩소르(옛 테베)의 거대 석상들과 신전들의 파괴는 더 심했다. 멤논의 거상이라 불리는 두 개의 석상은 심하게 훼손돼 있지만 그나마 형체는 남아 있었는데, 그래도 그밖에 머리나 코가 없어진 석상들이 많았다.

　왕가의 계곡이라고 불리는 바위산에는 많은 파라오의 무덤이 바위산 속에 미로로 얽혀 있는데 모두 도굴 방지를 위해 설계와 장치를 해놓은 것이다. 하지만 기독교 또는 이슬람교가 지배적 종교이던 시절을 거치며 정부와 군대가 벌인 파괴와 도굴로 무덤들은 텅텅 비어 있었다. 그렇기에 투탕카멘(Tutankhamun, ?-?)의 무덤의 발견은 정말 굉장한 사건이다(이 무덤은 1922년 하워드 카터와 후원자 조지 허버트 백작에 의해 발굴되었으며 소위 투탕카멘의 저주로 유명하다. 투탕카멘의 재위 기간은 기원전 1333~1323년으로 추정되며 그는 당시 왕족의 근친 결혼에 따른 유전적 질환으로 어린 나이에 사망한 것으로 보인다고 한다). 아마도 역사상 가장 위대한 발굴이라고 불러도 손색이 없을 것이다. 카이로에 있는 국립박물관에는 이 무덤에서 나온 미이라와 유명한 금 마스크를 비롯한 유물들이 보관돼 있는데 그 전시물들의 종류와 양이 엄청나게 많다. 18세에 요절한, 별로 특별할 것 없는 파라오의 무덤에서 나온 유물들이 그 정도이니 다른 주요 파라오의 무덤들은 실로 어마어마했을 것이라 상상할 수 있다.

　21세기 초에 아프카니스탄의 이슬람 극단주의자 탈레반에 의해 저질러진 바이얀 석불의 폭파는 세계를 놀라게 했다. 나는 TV에서 폭파 영상을 보았는데 정말 끔찍했다. 21세기에도 종교라는 이름 아래 그런 만행이 저질러진다는 것이 믿어지지 않았다. 아직도 이 지구상에는 수백 년 전의 과거로 돌아가 살고 있는 듯한 사람들이 많다.

● 투탕카멘의 무덤. 1922년 하워드 카터와 후원자 조지 허버트 백작에 의해 발굴되었다. 투탕카멘의 저주로 유명하다.

이슬람 세계의 바깥 세계에 살고 있는 우리는 어쩌다 영상을 통해서 접하는 일부 국가의 여성들의 부르카 차림을 이해하기 쉽지 않다. 몇 년 전 국제수학올림피아드에 참가한 사우디아라비아 팀 학생 중 여학생이 두 명 있었는데, 열흘간의 대회 기간 내내 눈만 겨우 보이는 니캅을 입고 다녀서 그 대회 참가자 모두의 시선을 끌었다. 그 중 한 명은 각국의 학생들이 모여 노는 시끌벅적한 레크레이션 방에 저녁마다 와서 다른 나라 학생들과 어울려 함께 놀았다. 반팔 티셔츠를 입고 놀아도 더운데 머리까지 뒤덮은 니캅을 입고서 말이다.

어느 나라든 종교는 문화, 관습, 전통과 함께한다. 한마디로 종교는 보수적이다. 하지만 현재 세계는 빠른 속도로 좁아지고 있고 과학기술의 발전과 함께 새로운 삶의 형태와 가치관이 생겨나고 있다. 현대의 이슬람교는 날로 새롭게 변해가는 시대를 맞이하여, 쿠란의 가르침과 종교적인 전통을 얼마나 충실히 따를지 결정해야 하는 갈림길에 서 있는 것으로 보인다.

기독교와 과학의 공통점

이슬람 세계에서는 지식과 지식인들이 존중받고 지원을 받은 반면, 중세 유럽의 기독교 사회에서는 빛나는 지식이나 창의적인 발견 등은 무시되거나 금지되었다. 지식은 오로지 교회와 종교 내에서 인정되는 것만 허용되었다. 기독교는 오랜 세월 동안 유럽을 사회적, 사상적으로 지배했고, 그러한 지배는 봉건제도와 어울리며 유럽을 1000년이 넘는 기간 동안 깊은 암흑의 늪에 빠뜨렸다. 이 시대의 대중은 귀족들과 성직자들의 지배 아래 인간이 기본적으로 가져야 할 많은 자유를 억압받으며 살았다. 굶주림과 질병, 죽음을 늘 곁에 두고 불행하게 살던 당시 사람들은 종교 외에는 의존할 곳이 없었고 과학의 발전은 더뎠다.

사람들은 자연현상, 질병, 죽음 등에 대해 궁금한 것이 있으면 신부에게 가서 물었고 신부가 만족할 만한 답을 주지 못하면 직접 하나님께 기도를 통해 물었다. 자신의 순수한 이성으로 자연의 섭리를 탐구할 필요를 느끼지 못했다. 궁금해하지도 않았다. 인간들을 사랑하고 보호해주는 절대자 하나님이 계시지 않은가.

하지만 세월이 흐르면서 유럽에는 여러 가지 내부적, 외부적 사건이 일어났고 사람들이 문화적으로 진화하면서 기독교의 압도적인 사상적, 사회적 지배로부터 조금씩 벗어나기 시작한다. 기독교의 강력한 지배력이 조금씩 약화되고 르네상스 시대가 개막하는 데에 작용한 주요 사건들은 다음과 같다.

1| 십자군전쟁
2| 몽골의 침입
3| 이슬람과의 교역과 선진 문화 유입
4| 흑사병
5| 구텐베르크의 새로운 인쇄술
6| 동로마제국의 멸망
7| 종교개혁과 참혹한 종교전쟁
8| 대항해시대의 개막

인간은 수천 년 동안 수많은 자연현상 및 인간의 생로병사를 설명하기 위해 '신'을 등장시켰다. 신은 막강한 능력을 가진 반면 인간과 같은 희로애락의 감정을 가진 존재이다. 지난 수백 년간 과학자들은 신의 존재를 증명하는 데에는 실패했지만 천둥, 비, 저녁노을, 밀물과 썰물, 태양과 달의 운동 등의 자연현상을 설명하는 데에는 성공했다. 이전 사람들은 자연의 섭리를 종교를 통해 이해하려고 했지만 이후에는 과학의 힘으로 이해하려고 한다. 과학자들이 수행하는 연구 중에 신의 존재를 전제로 하는 연구는 찾기 어렵다. 사람들이 죽은 후에 남긴다고 하는 영혼이라는 존재도 과학에서는 잘 따지지 않는다. 하지만 기독교와 과학은 중요한 공통점을 갖는다.

요한복음 17:17
그들을 진리로 거룩하게 하옵소서. 아버지의 말씀은 진리니이다.

기독교에서는 진리를 중시한다. 과학도 물론 진리 탐구가 주요 목표이다. 기독교에서는 믿음을 통해 진리를 추구하고 과학은 순수한 이성으로 진리를 탐구한다는 점 때문에 기독교가 오랜 세월 과학의 발전에 있어 방해 요인이 되었지만 그 시기 기독교의 사회적, 사상적 지배력이 지나치게 강했기 때문인 것이지, 적당한 수준의 지배력이라면 기독교가 과학 발전에 (적어도 초등 단계에서는) 도움이 될 수도 있다.

기독교와 과학(수학)은 큰 공통점이 있다. 그것은 바로 절대자, 즉 우주와 자연의 뜻을 알고자 하는 노력이라는 것이다. 종교에서는 기도와 자기 수련을 통해 절대자의 뜻을 탐구하지만 과학은 인간의 지성만으로 절대자의 뜻을 탐구한다. 방법과 형식이 다를 뿐이다.

극과 극은 통하는 법이다. 예를 들어 어느 나라나 극우주의자들이나 극좌주의자들의 성향과 행동은 비슷하다. 극우주의자의 상징 히틀러와 공산주의자의 상징 스탈린이 저지른 짓이 비슷하듯이 말이다. 수학에는 극과 극이 통한다는 것을 잘 나타내는 이론이 하나 있다. '한점 컴팩트화 정리(One-point Compactification Theorem)'라는 것이다. 어떤 물체이든지 그것에 한 개의 점만 더 붙이면 그것이 콤팩트(compact)한 물체로 바뀐다는 정리이다. 곡선인 경우 원과 같은 폐곡선이 컴팩트한 물체의 예이다. 예를 들어 원래 물체가 수(數)직선 R^{45}인 경우 그것에 한 점만 더 갖다 붙이면 그것은 원이 된다. 즉, 직선을 큰 원에서 한 점을 뺀 것으로 간주할 수 있으며 직선 위에서 서로 반대 방향으로 멀어지는 두 점은 결국 이 한 점으로 수렴하는 것이다. 양극단이 만난다는 말은 바로 이런 의미이다.

'신의 뜻'을 연구하다

○

르네상스가 시작된 이후 유럽의 과학자들이 진리탐구 정신으로 연구에 임하게 된 데에는 그리스의 플라톤이나 아리스토텔레스 등이 남긴 과학철학 외에 기독교의 철학도 영향을 미친다. 기독교의 절대자에 대한 믿음은 과학 연구를 통해 자연의 섭리와 천체운동의 원리 등을 밝히는 것이 바로 이 세상을 창조하고 주재하는 '신의 뜻을 이해하는 것'과 일맥상통하기 때문이다. 금방 납득이 되지 않는다면, 종교가 온 세상을 지배하던 당시의 상황을 상상해 보라. 세상만사가 모두 절대 신인 하나님의 주재로 이루어지고, 우리가 보고 겪는 모든 자연 현상에 하나님의 뜻이 담겨져 있다고 믿는 상황에서는 자연현상, 물질, 천체, 생물에 담겨진 진실을 연구하는 것 자체가 하나님의 뜻을 이해하는 것이므로 매우 가치 있는 일이라고 여겨진다. 즉, 어느 정도 수준의 과학 연구에 있어서 필수적인 진리 탐구 정신이 과학자와 그들의 후원자, 그리고 국민들에게 자연스럽게 받아들여진 것이다.

중세에 성직자들이나 사회적 지배층이 대중의 엉터리 지식에 제한을 가하고 지식의 정화에 노력을 기울인 것도 그럴 만한 사연이 있다. 대중교육이라는 것이 전무했던 당시에 일반 대중은 지식수준이 매우 낮았다. 대중은 정상적이고 건전한 지식을 가질 기회가 없었고, 기독교가 전파된 지 수백 년이 지난 후에도 전파 이전부터 사람들이 생활 속에 갖고 있던 온갖 비정상적이고 불건전한 미신들이 세상을 어지럽혔다. 어디까지가 기독교적인 믿음이고 어디까지가 미신인지 구별되지 않는 경우도 많았다. 성직자들은 무지한 대중이 갖고 있거나 가질 만한 지식을 기독교라는 종교의 틀 안에서 정화할 필요가 있었다.

또한 봉건주의라고 하는 사회적 구조는 중세 유럽에서 기독교가 '대중의 지식'에 대해 행하던 절대적인 지배로부터 사람들이 벗어나는 것을 불가능하게 했다. 성직자들이든 귀족들이든 대중이든 사람들의 의식 수준과 교육 수준, 경제 수준이 높지 않아서 지식과 사상에 대한 자유를 갈망할 정도에 미치지는 못했다.

한편, 로마제국이 동서로 나뉨에 따라 유럽의 기독교도 두 개로 나뉘기는 했지만 유럽 사람들은 기독교라는 하나의 종교 아래 뭉쳐서 오로지 이슬람 세계와 대적하며 자기들끼리 닫혀 있는 세계에 살았다. 그들은 위대한 로마의 사상적, 문화적 전통이 기독교로 이어졌다고 믿었다. 위대한 로마제국의 후계자로서 로마제국의 사상적, 문화적 유산인 기독교 안에서 무한한 자부심과 평안을 느끼며 살았을 것이다.

천동설과 지동설

○

진리를 추구하는 기독교와 과학은 무엇이 진리냐는 문제로 종종 충돌해왔다. 천동설과 지동설의 충돌, 진화론과 창조론의 충돌이 대표적인 예이다. 16세기 말~17세기 초에 당시 최고의 선진국이었던 이탈리아에서 벌어진 충돌은 결국 이탈리아 과학 발전을 저해하는 원인이 된다. 교회의 권위에 도전하면 비참한 꼴을 당한다는 사실이 과학자들의 창의적인 연구 활동을 위축시켰기 때문이다.

종교적인 진실인 지구중심설을 부정한다는 이유로 종교재판에 처해진 유명한 사람 두 명의 예를 들어보자. 한 명은 당시 유럽 전체에서 가장 유명한 수학자(과학자)이던 갈릴레오 갈릴레이이고 또 다른 사람은 조르다노 브루노(Giordano Bruno, 1548-1600)이다. 갈릴레오는 한 번의 체포와 노후에 받은 가택연금 외에는 별다른 처벌을 받지 않았지만 브루노는 화형을 당했다. 갈릴레오는 종교재판에서 지동설을 철회했지만 브루노는 끝까지 주장을 굽히지 않았다. 갈릴레오가 종교재판에서 유죄판결을 받은 것에 대해서는 1992년 로마교황 요한 바오로 2세가 잘못을 인정했으나 브루노의 화형에 대해서는 아직까지 어떠한 언급도 없다.

브루노는 1591년 엉뚱한 주장을 한다는 이유로 베네치아에서 체포되어 8년간 감옥에서 온갖 고초를 겪었다. 그는 세상에는 여러 개의 태양이 있을 수 있고 따라서 여러 개의 세계가 있을 수 있다고 주장했다. 그의 주장이 천동설과 지동설에 대한 것은 아니지만, 우주가 무한히 크고 여러 개의 태양과 세상이 존재할 수 있다는 건 결국 맞는 주장일 뿐 아니

● 로마에 있는 조르다노 브루노의 동상. 브루노는 세상에 여러 개의 태양과 여러 개의 세계가 있을 수 있다고 주장했다가 종교재판에서 유죄판결을 받고 화형당했다.

라 지동설보다 더 획기적인 관점이다.

그가 1600년 2월 8일 로마에서 화형을 당한 것은 역사적으로 매우 중요한 사건이다. 그는 로마교황청의 이단 심문소로부터 유죄 선고를 받고 화형에 처해졌는데 죽기 전에 "묶여 있는 나보다도 나를 묶고 불을 붙이려는 당신들이 더 공포에 떨고 있다"라고 외쳤다고 한다.

데카르트는 신을 믿었을까?

○

근대 철학의 아버지로 불리는 데카르트는 위대한 수학자이면서 17세기의 유럽인들에게 합리주의와 기계적 우주관을 전해준 철학자이다(당시에는 전공 분야가 세분화되기 전이어서 수학자란 수학, 철학, 천문학 등을 모두 연구하는 지식인의 의미였음을 상기해주기 바란다). 나는 초등학교 저학년 학생들을 대상으로 한 강연에서 '나는 생각한다. 고로 존재한다(cogito ergo sum)'라는 그의 말을 안다면 손을 들어보라고 했는데 거의 모든 학생이 손을 들어 놀란 적이 있다. 그만큼 유명한 이 말은 그의 저서 『방법서설』(1637)에 나오는 말로, 확실한 진리를 추구해야 하며 자신의 존재조차 의심의 대상이 될 수 있다는 그의 철학을 한 문장에 담은 말이다.

이 유명한 말에는 몇 가지 복선이 깔려 있는데(유럽인들은 이렇게 몇 가지의 의미로 해석되는 말을 좋아한다), 그중 핵심은 이 말이 '탈종교'를 선언한 것과 다르지 않다는 것이다. 이 말에는 신의 존재와 그의 전지전능한 능력에 대한 믿음이 빠져 있음을 상기해 보면 내 말이 어느 정도 이해될 것이다. 그가 종교와 학문과의 결별을 노골적으로 표현했다면 큰 고초를 겪었을 것이고 후에 그의 말도 그렇게 유명해지지 않았을 것이다. 데카르트는 갈릴레오만큼은 아닐지라도 이미 당대에 매우 유명한 수학자였다. 그의 과학철학은 17세기의 수학자와 과학자들에게 깊은 영향을 미쳤다. 이로 인해 수학자와 과학자들은 (비록 신심이 깊은 종교인이더라도) 성경이나 성직자의 가르침을 고려하지 않고 자신들의 연구를 수행하는 것을 당연한 것으로 받아들이게 되었다.

데카르트는 당시 이원론자 또는 무신론자라는 의심을 받고 비난을 받았지만 공식적으로는 자신은 가톨릭 신자라고 자처했다. 독실한 기독교인이던 파스칼이 데카르트를 비난한 말은 유명하다. 그는 "나는 데카르트를 용서할 수 없다. 그는 신 없이 지내기 위해 최선을 다했다. 그는 신이 손가락 움직임만으로도 세계를 주재한다는 것을 인정할 수밖에 없었지만 그는 신을 더 이상 필요로 하지 않았다"라고 말했다. 데카르트는 대규모 종교전쟁인 30년 전쟁(1618-1648)에 참전했고, 유럽 전체를 다년간 여행한 뒤 1628년에 파리보다 조용하고 사상과 학문이 유럽에서 가장 자유로운 네덜란드로 이주해 영주한다. 그곳에서 『우주』라는 책을 쓰지만 갈릴레오의 재판과 가택연금 소식을 접한 그는 이 책의 출간을 포기한다. 유럽 전체가 종교 때문에 극심한 갈등을 겪고 있던 시절에 살던 그는 평생 종교와 부딪치지 않으려 노력했고 늘 몸조심을 하며 지냈다.

종교 갈등이 빚은 비극들

○

종교는 모든 민족에게 오랫동안 존재해 왔다. 그 형식과 영향력은 다양하지만 일반적으로 사람들에게 자연과 질병이 주는 공포를 덜어주고 가족을 잃는 슬픔으로부터 마음의 위안을 얻도록 도와주었다. 또한 사람들이 마음을 순화하고 보다 선량하게 살도록 유도했고 자비와 구원의 손길을 내밀었다. 갈 데 없는 고아들을 구제하고 사회적 도움을 받지 못하던 장애인들과 기아에 허덕이는 사람들을 도와주었다. 하지만 종교는 지도자들의 탐욕과 부패에 의해 인류에게 끊임없는 고통과 좌절을 불러오기도 했다. 기독교나 이슬람교처럼 유일신을 믿는 종교는 배타적일 수밖에 없어 타종교와의 갈등, 내부의 다른 종파들과의 갈등을 1000년 이상 일으켜 왔고, 참혹한 전쟁과 학살의 원인을 제공하기도 했다.

종교의 아픈 과거를 되짚어 보자. 기독교 세계와 이슬람 세계의 충돌인 십자군전쟁, 레콩키스타, 콘스탄티노플의 함락 등은 그 전쟁의 속성을 이해하기 어렵지 않으나 유럽 내에서 벌어진 로마 가톨릭과 개신교 사이에 벌어진 피비린내 나는 전쟁은 현대인들의 시각에서는 이해하기가 쉽지 않다.

16세기 초중반에 마르틴 루터, 울리히 츠빙글리(Ulrich Zwingli, 1484-1531), 장 칼뱅(Jean Calvin, 1509-1564) 등에 의해 이루어진 종교개혁 운동은 당시 지나치게 세속화된 로마 가톨릭의 병폐를 고치려고 하는 기독교 내부의 중요한 정화 작업이기는 했지만 결국에는 유럽에 참혹한 학살과 전쟁을 불러왔다. 신구 기독교는 성모 마리아를 신격화, 형상화하여 모신다는 차이와 예배 보는 형식의 일부 차이, 그리고 교회의 주인이 로마에 있는 교황이냐 아니냐의 차이로 서로를 증오하고 죽였다. 30년 전쟁 때 유럽은 로마 가톨릭 편 국가들과 개신교 편 국가들로 나뉘어 유럽의 거의 모든 나라가 참가한, 참혹하기 이를 데 없는 전쟁을 벌였다. 가톨릭 신자이던 신성로마제국의 페르디난트 2세가 황제로 선출되자마자 개신교 탄압에 앞장서는 바람에 촉발된 이 전쟁에서 약 800만 명가량이 죽고 독일 인구의 3분의 1 정도가 죽었다고 한다.

일명 위그노 전쟁이라고 불리는 프랑스의 종교전쟁(1562-1598)은 국내에서 이루어진 내전인 데다가 국민들끼리 종교가 다르다는 이유로 서로 학살하고 암살하는 참혹상이 30년 이상 이어졌다는 점에서 국가 간의 전쟁 이상의 비극이라 할 수 있다. 지금은 돈 많은 사람들을 지칭하는 프랑스어 부르주아지(bourgeoisie)는 '성 안 사람들'이란 뜻으로 상공업 중심의 중산계층을 뜻하는 말이었다. 부르주아(bourgeois)는 형용사형이다. 16세기에 프랑스에서는 그러한 부르주아지들이 많아졌는데, 그들 중에는 모든 직업이 하나님의 거룩한 부름에 의해 이루어진 것이라는 칼뱅의 직업윤리(직업소명설)에 감화되어 신교로 전환한 사람들이 많았다. 그러한 칼뱅파 신교도들을 위그노라고 불렀는데, 위그노 중에는 귀족과 지식인들도 많았다. 성 바르톨로메오 축일 대학살은 1572년 8월 4일부터 약 두 달에 걸쳐 가톨릭 신자들이 개신교도들을 학살한 사건으로 파리에서 시작되어 전국적으로 3만~7만 명이 살해되었다.

마녀사냥과 홀로코스트

○

16~17세기에 집중적으로 발생했던 마녀사냥도 수백 년간 끊임없이 지속되며 무고한 여자들을 마녀로 몰아 화형시켰다. 수만 명의 여성들이 말도 안 되는 고문과 재판을 통해 죽었다. 그 과정을 상상해 보면 끔찍하기 이를 데 없다. 수학자 케플러는 당대에 갈릴레이와 더불어 유럽에서 가장 유명한 학자였다(물론 케플러는 천문학자이지만 당시 천문학은 수학의 일부였으므로 수학자로 불렸다). 신성로마제국의 '제국 수학자'였으며 3명의 황제로부터 직함을 받고 경제적 지원을 받을 만큼 대단한 위치에 있었다. 그런 그가 40대 중반일 때 노모 카타리나가 마녀로 고발당한다. 그는 고향의 어머니를 변호하느라 6년간 극심한 마음고생을 한다. 그의 어머니는 감옥에서 14개월 동안 온갖 고생을 치르다 석방되었지만 시름시름 앓다가 결국 6개월 후에 죽는다.

● 아우슈비츠 강제 수용소. 나치는 600만 명에 달하는 유대인을 감금하고 학살했다. 홀로코스트라 불리는 나치의 광기도 결국 기독교와 유대교의 오랜 종교 갈등에서 비롯된 것이다.

인류가 역사상 벌인 사건 중에 가장 끔찍한 사건은 제2차 세계대전 당시 나치가 저지른, 600만 명에 달하는 유대인을 감금하고 학살한 사건이다. 홀로코스트(holocaust)라 불리는 나치의 광기에 희생된 것은 유대인들만은 아니다. 집시(롬이라고도 함), 슬라브족(전쟁 포로), 동성애자, 정치범 등 수백만 명이 더 학살됐다. 이 끔찍한 사건도 종교 갈등으로 발생한 것이다. 히틀러와 나치의 유대인에 대한 혐오감 때문에 일어났다고 생각하는 사람들이 많지만 그 내막과 역사를 잘 살펴보면 결국 기독교와 유대교의 오랜 종교 갈등이 내재적인 원인이라는 것을 알 수 있다.

유럽의 기독교인들은 예수가 메시아라는 것을 인정하지 않고 예수의 부활을 인정하지 않는 유대인이 너무나 미웠다. 유대인들이 바로 예수를 죽인 자들이라고 믿는 사람들도 많았다. 예수 자신이 유대인이자 유대인들을 위한 메시아였다는 사실과 유대인의 선민사상이 성경에도 나와 있다는 모순적 사실이 기독교인들을 더욱 기분 나쁘게 만들었다. 유럽에서의 유대인 탄압은 1000년 동안 집요하게 지속적으로 이어졌고 그 절정이 20세기의 홀로코스트였다. 나치의 광기가 시작되자 독일과 독일 점령지의 유럽인들은 능동적으로 유대인의 색출, 재산 몰수, 감금에 가담했다.

　기록에 따르면 첫 유대인 대학살은 첫 십자군 원정이 있던 1096년 독일에서 일어났다. 십자군 전쟁을 선동했던 교황 우르바누스 2세가 (유대인을 포함한) 이교도들을 죽이더라도 죄를 묻지 않겠다고 선포하자 그동안 쌓인 반유대 정서가 학살로 번진 것이다. 1267년 교황 클레멘스 4세(Clemens Ⅳ, 재임 1265-1268)가 유대교를 이단이라고 공식적으로 선언하자 유럽 각국에서는 유대인에 대한 학대와 추방이 본격화된다. 유럽 각지에서는 어린아이가 죽거나 전염병(예를 들어 흑사병)이 번질 때면 유대인의 소행이라는 헛소문이 퍼져 유대인들이 집단 학살당하는 일이 종종 벌어졌다. 스페인에서는 레콩키스타가 완성되던 1492년 유대인들은 기독교로 개종하지 않으면 국외로 추방한다는 왕명이 내려져 약 30만 명의 유대인이 개종했고 약 5만 명의 유대인이 북아프리카로 추방되었다. 스페인은 그야말로 유대인 청정(Jew-free) 국가가 된 것이다. 그 외에도 현대 유럽의 교회들에는 유대인을 비하하는 그림이나 조각들이 아직 많이 남아 있다.

　반유대주의 정서가 상대적으로 약한 편이었던 프랑스에서 19세기 말에 일어난 유명한 사건 하나를 보자. 드레퓌스 사건이다. 당시 포병 대위이던 알프레드 드레퓌스(Alfred Dreyfus, 1859~1935)는 파리 주재 독일대사관에서 발견된 스파이 문서의 작성자로 지목된 후에 필체가 비슷하다는 이유로 (실제로는 전혀 달랐지만 독일계 유대인이라는 이유로) 종신형을 선고받고 기아나의 '악마의 섬'이라는 악명 높은 감옥으로 보내진다. 나중에 에스터하지라는 자가 진범임이 확실하게 드러났는데도 이 진범은 흐지부지 무혐의로 풀려난다.

이 사건은 당시 프랑스의 문호 에밀 졸라(Émile Zola, 1840-1902)가 "나는 고발한다"라는 장문의 기고문을 신문에 내면서 사람들의 관심을 끌고, 에밀 졸라가 재판에서 유죄를 받으면서 논란은 더욱 심화된다. 프랑스 사람들은 드레퓌스파와 반드레퓌스파 두 진영으로 나뉘어 치열하게 대립하는데 반드레퓌스파 사람들은 주로 민족주의적 보수주의자나 보수적인 기독교인들이었다. 가족 모임에서도 이 논쟁이 시작되면 서로 치고받고 싸웠다는 내용의 당시 사회상을 풍자한 만화가 유명하다. 당시의 보수주의자들은 드레퓌스가 진범이냐 아니냐보다는 유대인을 비하하고 비난하는 데에 더 집중했다. 유대인들이 2000년 동안 유럽이라는 거대한 지옥에서 온갖 차별과 고통을 겪으면서도 자기들의 종교를 끝까지 지켜온 것을 보면 종교는 사람들에게 그 무엇과도 바꿀 수 없는 중요한 가치였다는 것을 짐작할 수 있다. 한편으로는 그러한 유대인들의 끈질긴 생명력 덕분에 세상에 크게 이바지하는 뛰어난 후손들이 나오게 되었는지도 모르겠다.

종교는 신 앞에서 만민이 평등함을 가르쳐주고 고통에 시달리는 사람들에게 위안과 자비를 베풀었다. 그리고 무엇보다도 저 세상으로 떠나는 사람들과 가족을 떠나보낸 사람들에게 마음의 평안을 주었다. 하지만 종교의 지나친 사회적, 철학적 지배는 좋지 않은 부작용을 일으켜 왔고 과학과 갈등을 빚었다. 요즘 선진국에서는 종교와 과학의 갈등이 더이상 존재하지 않지만, 안타깝게도 일부 지역에서는 아직도 지나친 종교의 영향력으로 심각한 갈등을 겪고 있으며 과학적 사고와 철학이 억압받고 있다.

진화론과 창조론

○

성경에 묘사된 천지창조 이야기에 위배되는 진화론이 찰스 다윈의 『종의 기원』(1859) 출간과 함께 등장한 후 오랫동안 진화론은 창조론과 대립해 왔다. 지금은 과학자들 사이에서 창조론은 거의 사라졌지만 종교의 가르침을 무조건적으로 따라야 한다고 생각하는 종교적 근본주의자들은 아직도 많다.

1984년 텍사스 중부의 작은 도시 글렌 로즈에는 '창조증거 박물관(Creation Evidence Museum)'이 들어섰다. 젊은 지구 창조론자인 칼 보(Carl Baugh, 1936-)가 주관하여 건립되었는데, 그는 성경에 서술된 바와 같이 이 세상은 창조된 지 6000여 년밖에 되지 않았고 공룡과 인간들이 동시대에 살았음을 증명하는 발자국을 발견했다고 주장한다.

한국창조과학회는 젊은 지구 창조론을 지지하고 이를 과학적으로 증명하려는 목적으로 설립되었고, 오랜 지구 창조론과 지적설계론은 지지

● 젊은 지구 창조론자인 칼 보어가 주관하여 건립된 창조증거 박물관. 공룡과 인간들이 동시대에 살았음을 증명하는 발자국을 발견했다고 주장한다.

하지 않는 것으로 알려져 있다. 지적설계론은 어떤 지적 존재가 '의도적'으로 세상을 창조하고 주재한다는 철학으로, 신이 필요 없는 과학 지상주의적 세계관과 신과 종교가 지배하는 신앙 중심주의적 세계관의 중간쯤에 서 있다. 지적설계론을 지지하는 사람들이 언급하는 이론 중에 마이클 베히(Michael Behe, 1952-)가 주장한 환원 불가능한 복잡성이라는 이론이 있는데, 생물학적 시스템이 너무 복잡하기 때문에 이보다 덜 복잡한 시스템 또는 생물로부터 자연선택을 통해 진화했다고 볼 수 없다는 견해이다. 하지만 이것은 다양한 연구의 논문들로 반박되었고 과학계에서 광범위하게 거부되고 있다. 지적설계론이란 말은 진화론에 반하는 창조론의 배경 이론을 지칭하는 광범위한 의미로 쓰이기도 한다.

1925년 테네시주에서 과학교사 존 스콥스(John Scopes, 1901-1970)에 대한 재판이 열렸다. 그는 공립학교에서 진화론을 가르치지 못하도록 하는 테네시주 법률을 어겼다는 이유로 벌금형을 받았다. 데이턴이라는 작은 마을에서 열린 이 재판은 라디오로 미국 전역에 중계되었다. 이를 계기로 기독교 내에서도 기독교 근본주의와 자유주의 신학 사이에 격렬한 논쟁이 벌어졌다.

이후 과학교과서, 특히 생물교과서 저술에 있어서 진화론과 창조론의 균형 문제에 국민들의 관심이 크게 쏠렸다. 생물학회를 중심으로 한 과학자들이 교과서 저술을 맡으면서 결국 교과서는 진화론 위주로 쓰였다. 그 후 창조론을 가르쳐야 한다는 소송이 미국 곳곳에서 제기되었으나 대부분 법원에서 패소했다. 종교적, 사회적으로 보수적인 색채가 강한 미국 남부의 몇 개의 주에서는 지금까지도 끊임없이 진화론에 대한 다양한 방식의 저항이 일어나고 있다.

우리나라에도 몇 년 전에 국내 유수 대학교의 공대 교수가 장관 후보자로서 국회 청문회 자리에 섰을 때 창조과학회 활동을 했음이 밝혀져 논란이 된 적이 있다. 그 교수는 청문회에서 창조과학에서 말하는, 지구 나이가 6000년이라는 주장에 동의하느냐는 질문에는 그렇지 않다고 하면서도 그것을 "신앙적으로 믿는다"라는 모순적인 발언을 했다. 과학적으로는 믿지 않지만 신앙적으로는 믿는다는 말도 비논리적이고, 지구가 젊다는 것을 '과학적으로' 증명해 보이겠다는 취지로 모인 창조과학회의 이사로 활동했다는 것도 '젊은 지구설을 과학적으로는 믿지 않는다'라는 자신의 말에 대한 모순이다. 청문회 당시에 언론이나 정치인들이 보여준 반응을 보면 우리나라에서는 미국과는 달리 창조론에 동의하지 않는 사람들이 다수인 것으로 보인다.

종교와 과학의 역할

○

거의 모든 과학자가 진화론을 생물학적 다양성에 대한 유일한 과학 이론으로 받아들이고 있지만 많은 지적설계론 지지자가 아직도 이에 저항하고 있다. 2005년에 38명의 노벨상 수상자는 "지적설계는 근본적으로 비과학적이다. 핵심 결론이 초자연적 행위자의 개입에 대한 신념에 기반하고 있기 때문에 과학적 이론으로서 검증될 수 없다"라는 성명서를 발표했다. 회원이 12만 명도 넘는 세계 최대 규모의 미국과학진흥회(American Association for the Advancement of Science, AAAS)도 수차례에 걸쳐 진화를 지지하는 성명을 발표했다. 반면 2009년도 조사에 따르면 미국인의 32%만이 진화론을 믿는다고 한다.[46] 이는 전 세계에서 터키 다음으로 낮다(25%). 물론 유럽이나 아시아에서는 진화론을 믿는 사람들의 비율이 매우 높다. 특히 덴마크, 스웨덴 등 북구 유럽은 그 비율이 80% 이상이다.[47]

지구에는 자연적으로 발생하고 발달했다고 하기에는 너무나 오묘하고 다양한 생물들이 살고 있다. 인간들의 머리로는 상상하기조차 어려운 수많은 기기묘묘한 생물 현상이 지구에 살고 있는 수많은 동물과 식물의 내부에서 일어나고 있다.

몇 달 전에 발 수술을 한 친구가 이런 말을 했다.

"발 수술을 하고 나서 보니 발이라는 것이 얼마나 복잡하고 기묘한지 처음 알았어. 이렇게 기묘한 것을 보니까 신이 만든 게 아닌가 싶은 생각이 들더라고. 자연적으로 그렇게 오묘한 것이 만들어졌다는 걸 믿기 어려워."

나도 그 느낌을 안다. 생물과 자연의 오묘함과 다양함을 보며 그런 느낌을 받은 적이 여러 번 있다. 하지만 냉정하게 생각해 보자. 지구의 생명체가 30억 년 이상 진화했는데, 그 30억 년이라는 세월이 얼마나 긴 시간인지 우리가 느낄 수 있을까? 세상의 생명체가 복잡하고 오묘하듯, 그렇게 진화해 온 시간도 우리가 헤아리기 어려운 엄청나게 긴 시간이다. 무엇인가 아주 조금씩 바뀌더라도 엄청나게 긴 시간이 흐른 후라면 결과적으로 발생한 변화도 엄청나게 클 것이기 때문에 우리의 느낌만으로 진화냐 창조냐를 판단할 수는 없을 것이다.

유럽에서 종교와 과학은 적이든 동지이든 긴 세월 함께 여행을 했지만 이제는 서로 이별의 과정을 거쳤다. 이념과 성향이 완전히 다름에도 불구하고 수천 년 동안 서로 얽히고설키는 세월을 보내왔지만, 이제는 굳이 얽힐 필요가 없을 정도로 현대인들의 가치는 다양해지고 사회도 복잡해졌다. 과학과 종교의 사회적 지배력에 대한 힘겨루기에 있어서 과학이 종교를 앞설 날도 머지않았다. 유럽에서 과학이 종교와 본격적으로 힘겨루기를 시작한 지 100년이 넘었고(예를 들어 1859년에 등장한 다윈의 진화론), 현재 유럽의 선진국이나 일본, 그리고 옛 공산권 나라들에서는 이미 과학이 사회적 지배력에서 종교를 압도하고 있다.

물론 아직도 종교가 사람들의 삶과 정신에 미치는 영향력은 절대적이다. 종교적인 차이만으로 전쟁을 불사하겠다는 사람들도 수없이 많다. 과학은 이성을 배경으로 하고 종교는 감성을 배경으로 한다. 감성의 힘이 이성의 힘을 앞설 수밖에 없다는 사람들이 많지만, 21세기를 살고 있는 현대인의 의식은 하루가 다르게 변하고 있다. 세계는 빠른 속도로 좁아지고 있고 사람들의 정서는 빠른 속도로 섞이고 있다. 종교에 완전히 지배되었던 나라들에서조차도 종교는 지배자가 아니라 동반자로 변해갈 것이고 사람들은 과학과 함께하는 삶을 살 것이다. 종교는 구원과 자비라는 본연의 역할에 보다 더 충실할 것이고, 과학은 인류를 질병과 고난으로부터 구해주는 역할과 지식의 지평을 넓이는 역할에 보다 더 충실할 것이다.

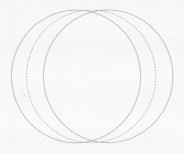

과학이 가장 발달한
100년은 언제일까?

Σ

역사상 가장 과학이 빨리 발전한 세기는 19세기일까, 아니면 20세기일까? 과학의 발전 속도는 점점 더 빨라지고 있다고 믿는 사람이 많은데 그런 사람들에게는 어리석은 질문으로 들릴 수 있겠다. 하지만 20세기의 과학 발전 속도가 19세기보다 더 빨랐다는 것이 그리 당연하지만은 않다. 우선, 적어도 수학은 20세기보다 19세기에 더 크게 발전했다.

인류 역사상 과학기술이 인류의 삶을 가장 크게 바꾼 100년을 꼽으라고 한다면 19세기 중반~20세기 중반 100년이 가장 유력할 것이다. 최근 50년간 인류는 컴퓨터, 인공위성, 휴대전화, 스마트폰, 인터넷 등으로 일상생활에 엄청나게 큰 변화를 겪었지만, 19세기 중반 이후에 겪었던 것보다 더 큰 변화라고 할 수는 없을 것이다. 사진기, 전기등, 모터, 신(新)제철술, 축음기, 전화기, 무선통신, 영화, 라디오, 자동차, 비행기, 플라스틱, TV, 화학비료, 합성섬유, 에어컨, 세탁기 등등 인류의 삶의 형태를 완전히 바꾸고 지금도 지대한 영향을 미치고 있는 많은 발명품이 그 기간에 탄생한 것들이지 않은가.

19~20세기 유럽의 수학자들

○

19세기의 위대한 수학자들을 살펴보면, 프랑스의 수학자로 조제프 루이 라그랑주, 피에르 시몽 라플라스, 아드리앵마리 르장드르, 조제프 푸리에(Joseph Fourier, 1768-1830), 에바리스트 갈루아와 레온하르트 오일러 못지않게 수학의 현대화에 지대한 역할을 한 오귀스탱 코시 등이 있다. 프랑스는 30년전쟁 이후 200년 이상 유럽 최고의 선진국이자 강대국으로 문화의 중심지 역할을 해왔으나 프랑스대혁명(1789)과 그 이후의 기나긴 나폴레옹 전쟁과 참혹한 패배, 그리고 7월혁명(1830), 2월혁명(1848), 파리코뮌(1871) 등 오랜 기간 정치적, 사회적 불안을 겪으며 19세기 중반 이후부터는 과학의 수준과 국력에서 독일에게 조금씩 밀리게 된다.

짧지만 빛나는 생을 살다가 간 역사상 최고의 수학 천재 갈루아의 삶을 보면 당시 프랑스 사회의 혼란한 모습을 엿볼 수 있다. 시장이었던 아버지가 억울하게 죽은 뒤 더욱 강경한 공화주의자가 된 갈루아는 국가전복 혐의로 감옥에 가는 등 파란만장한 젊은 시절을 보내고 만 21세가 되기 전에 죽는다. 영화 〈레 미제라블〉을 봤다면 주인공 장발장의 딸 코제트가 사랑한 젊은이 마리우스 퐁메르시를 기억할 것이다. 그와 동료들의 대정부 투쟁과 비극적인 죽음들을 보고 나는 동시대에 비슷한 삶을 살다 간 갈루아를 떠올렸다.

보불전쟁에서 프랑스가 프로이센에 맥없이 지고 만 주된 원인은 프랑스가 과학기술 경쟁에서 독일에 뒤졌기 때문으로 해석할 수 있다. 독일이 유럽의 최강자로 부상하는 그 시기를 대표하는 수학자가 바로 역사상 가장 위대한 수학자로 꼽히는 가우스이다. 그는 평생 괴팅겐 대학에서 천문대장 겸 수학교수로 근무했는데, 그가 살았던 조그만 도시 괴팅겐은 그의 사후 20세기 초까지 전 세계 수학의 메카 역할을 한다. 괴팅겐에서 활동한 수학자로는 가우스 사후에 그의 후계자로 선정되어 그의 자리를 이었던 레조이네 디리클레, 가우스의 제자이자 현대 수학의 아버지라 할 수 있는 베른하르트 리만, 그리고 펠릭스 클라인, 다비트 힐베르트, 헤르만 민코프스키(Hermann Minkowski, 1864-1909) 등이 있다. 그외에도 19세기에 독일에는 위대한 수학자들이 즐비했는데 그들 중 몇 명만 꼽아본다면 카를 야코비(Carl Jocobi, 1804-1851), 카를 바이어슈트라스, 리하트르 데데킨트, 에른스트 쿠머, 레오폴트 크로네커, 게오르크 칸토어(Georg Cantor, 1845-1918) 등이 있다.

당시 프랑스에는 일당백이라고도 할 수 있는 위대한 수학자 푸앵카레가 있었다. 그는 20세기 초반에 힐베르트와 함께 수학계의 양대산맥을 이루었는데 뛰어난 머리와 성실한 연구 활동, 그리고 풍부한 수학 및 과학 지식으로 당대의 모든 수학자를 압도했다. 수학자들은 누구나 그 앞에서 수학 이야기를 나눌 때면 주눅이 들었다고 한다.

그는 위상수학의 아버지로 불린다. 물리학에서도 최고 수준의 실력을 갖췄는데 물리학과 수학 두 분야 모두에서 세계적 대가였던 마지막 인물일 것이다. 참고로 그의 위상수학에 있어서의 추측인 푸앵카레 추측(Poincaré Conjecture)은 페르마의 마지막 정리, 리만 가설과 더불어 수학에서의 20세기 3대 난제이다. 푸앵카레 추측은 2005년경에 러시아의 그

● 위상수학의 아버지로 불리는 푸앵카레. 20세기 3대 난제 중 하나인 푸앵카레 추측은 페렐만에 의해 해결되었다.

리고리 페렐만(Gregori Perelman, 1966-, 2006년 필즈메달 수상)에 의해 증명되었고, 페르마의 마지막 정리는 1994년경 영국의 앤드류 와일즈(연령 초과로 필즈메달은 받지 못 함)에 의해 증명되었다.

프랑스인들은 아마도 과학기술에 있어서 프랑스가 독일에 뒤진다는 사실을 보불전쟁 이전이든 이후든 인정하지 않았을 것이다. 프랑스는 문화적으로는 여전히 유럽의 최고 선진국이다. 프랑스대혁명부터 약 100년간 겪은 정치적, 사회적 불안도 따지고 보면 시민들의 높은 문화 수준과 시민의식 때문에 발생한 것이다.

19세기 말~20세기 초중반 독일의 위대한 물리학자들이 유럽의 과학을 선도했다. 하지만 독일은 제1차 세계대전, 나치의 집권, 유태인 박해, 제2차 세계대전 등을 겪으면서 국세가 크게 기울었고 그 이후 미국이 지금까지 과학의 최고 선진국 자리를 차지하고 있다. 1930년대에 알베르트 아인슈타인, 폰 노이만, 헤르만 바일(Hermann Weyl, 1885-1955) 등이 나치의 유태인 박해를 피해 미국으로 건너가서 프린스턴 대학의 고등과학원(IAS)에서 근무했고 그 이후 지금까지 고등과학원은 수학과 이론물리학의 중심지 역할을 하고 있다.

우리나라에도 이를 모방하여 고등과학원(Korea Institute for Advanced Study, KIAS)을 1996년경에 서울 홍릉의 옛 과학원 자리에 설립하여 한국과학기술원(Korea Advanced Institute of Science and Technology, KAIST) 산하에 두고 있다. 한국과학원은 이공계 대학원으로 1971년 설립되었고, 정부의 전폭적인 지원으로 여러 가지 특혜를 받았다. 교수들의 급여 수준이 높았고 모든 대학원생에게 등록금과 장학금이 지급되었으며 군대 면제 혜택까지 주어졌다. 한국의 공학과 과학이 막 발전하기 시작할 때 우수한 대학원생을 육성하며 과학 발전에 크게 공헌했다.

당시에 과학원의 전공 분야는 대부분 공학이거나 응용과학분야였는데, 기관 이름에는 '과학'이라는 이름만 넣은 것이 특이하다. 이 기관은 1989년에 대전에 있던 한국과학기술대학(Korea Institute of Technology, KIT)과 통합되어 지금의 대한민국 과학기술의 최고 연구기관이자 교육기관인 한국과학기술원(KAIST)이 되었다. 서울 캠퍼스는 단계적으로 대전으로 이전했고, 현재 고등과학원과 카이스트 경영대학원의 경영공학부가 자리를 잡고 있다.

벨에포크 시대의 종말

O

19세기 후반~20세기 초반 대체로 보불전쟁 이후부터 제1차 세계대전 이전까지를 프랑스어로 '벨에포크(La Belle Époque)'라 부른다. 우리말로는 '아름다운 시절' 또는 '좋은 시절'이다. 유럽은 당시에 문화적, 사회적, 경제적, 과학기술적으로 크게 발전했고 평화가 유지되었다. 이 시대는 영국의 빅토리아 시대(1831-1903) 후반과 에드워드 시대, 독일은 빌헬름 시대에 대응되지만 대부분 유럽 국가는 이 무렵을 표현할 때 광범위하게 벨에포크란 말을 사용한다.

이 시기에 유럽은 불안한 힘의 균형을 이루면서 평화를 유지했고 2차 산업혁명의 풍요를 누리고 있었다. 물론 과학기술도 최고 속도로 발전하던 시기이다. 일본도 유럽과는 지리적으로 멀리 떨어져 있었지만 메이지유신 이후에 번영을 계속하여 유럽의 강국들을 부지런히 따라가고 있었고 동시대에 벨에포크 시대를 맞이했다. 일본은 제1차 세계대전 이후에도 과학기술적, 경제적 발전을 지속했지만 폭주하는 군국주의를 제어하지 못해 결국 중국을 침공하고 미국과의 전면전까지 도발한 끝에 철저하게 패망하고 만다.

20세기 초의 유럽의 강국들은 철강기술의 발달, 2차 산업혁명, 식민지 경영 등으로부터 얻어진 새로운 부, 자본주의의 발달 등으로 과거 그 어느 때보다 더 풍요로워진 반면 군국주의의 물결에 휩쓸리고 있었다. 각국은 빠르게 발전하는 과학기술에 힘입어 새로운 무기들을 성공적으로 개발했고, 이를 사용해 전쟁에서 승리하면 자국에게 부와 영광을 안

겨다 줄 것이라고 믿는 군인들이 정치적인 입지를 키우는 시기였다. 오랜 평화와 커다란 번영이 결국에는 비극적 전쟁으로 향하는 길을 재촉하는 꼴이 되고 말았다.

보불전쟁 이후 무려 44년 만에 벌어진 러일전쟁(1904-1905)에 영국, 독일, 프랑스, 미국 등은 관전 무관(military observer)들을 파견해 참관하며 20세기의 새로운 무기체제에서는 어떠한 전술로 전투를 하는 것이 유리할지 연구했다. 다른 나라에서 전쟁을 참관하는 것은 보불전쟁에서도 있었다. 제2차 세계대전과 한국전쟁의 영웅 더글러스 맥아더(Douglas MacArthur, 1880-1964)[48]장군도 초급 장교 시절에 당시 미국 육군 최고위 장성이던 아버지 아서 맥아더(Arthur MacArthur, 1845-1912)를 따라 러일전쟁을 관람하러 갔다고 한다. 과학기술의 발전에 따라 새로운 무기들이 개발되고 새로운 방식의 전투 체제를 연구해야 하는 상황인지라, 벨에포크 기간 동안 전쟁을 겪어보지 않았던 각국의 군인들은 러시아와 일본이 전쟁할 때 어떤 방식으로 전투가 전개될지 몹시 궁금했던 것이다.

평화롭고 풍요롭던 시대 벨에포크는 결국 수없이 많은 사람이 죽어간 참혹하기 짝이 없는 제1차 세계대전으로 막을 내린다. 이 전쟁은 1914년 사라예보에서 오스트리아-헝가리 제국의 황태자 프란츠 페르디난트(Franz Ferdinand, 1863-1914) 대공이 세르비아 민족주의자 청년에게 암살당한 사건을 평계로 오스트리아-헝가리제국이 세르비아 왕국을 침공함으로써 시작되었다. 그러나 전쟁의 진정한 원인은 새로운 과학기술로 무기를 개발해 낸 유럽의 강국들이 이를 활용해 힘겨루기를 해보려던 것이었다. 유럽에는 그전에도 힘자랑을 하려고 일으킨 전쟁들이 많았다. 예전 군인들과 군주들의 심리가 요즘 세상의 조직폭력배들과 유사하단 뜻이다.

앞서 말했듯 독일-오스트리아의 과학기술 수준은 오랜 세월 유럽의 최강자라며 우쭐대던 프랑스를 추월하는 분위기였다. 독일인들은 자기들이 프랑스와 영국보다 더 우수한 국민성을 갖고 있고 국력도 더 강한데도 불구하고 프랑스와 영국은 많은 식민지를 통해 큰 부를 챙기고 있다는 것, 그리고 프랑스가 유럽의 중심지 역할을 하고 있는 것 등이 못마땅했다. 반면, 프랑스와 영국은 국력이 날로 강해져 가는 독일에 위협을 느끼고 있었으므로 두 나라는 오랫동안 적대관계에 있었음에도 불구하고 서로 힘을 합쳐 독일과 대결하기로 결심한다.

무의미한 힘겨루기를 위해 시작된 제1차 세계대전은 보불전쟁과 같이 비교적 일찍 끝날 것이라는 오스트리아-헝가리 제국의 예상과는 달리 장기화된다. 점점 참전국 수가 확대되었을 뿐 아니라 결국에는 엄청난 희생이 발생한 참혹한 전쟁으로 진행된다. 전쟁에 참가한 군인 수만 7,000만 명에 육박했고, 군인 사망자가 약 1,000만 명, 실종자가 약 800만 명, 부상자가 2,000만 명 발생한 역사상 가장 처참한 전쟁이 되어버렸다. 영국, 프랑스, 러시아를 중심으로 한 연합국 측과 독일, 오스트리아-헝가리, 오스만제국을 중심으로 한 동맹국 측 사이의 전쟁이 유럽 대부분의 국가와 일본이 참여하는 세계대전으로 확대되었다.

과학기술의 발전 경쟁은 결국 참혹한 전쟁으로 이어졌고, 그 후유증으로 제2차 세계대전이라는 또 하나의 끔찍한 전쟁도 발발했다.

21세기가 시작된 지 20년이 넘은 현재, 전 세계의 사람들은 무엇을 위해 그런 끔찍한 살상을 하는 전쟁을 하는지 이해하지 못한다. 한 나라가 또 다른 나라와 전쟁을 해서 이긴들 뭐하겠는가. 전쟁이 가져오는 막대한 희생에 비해 얻는 것은 너무나 적다. 옛날처럼 지배국으로부터 얻는 값싼 노동력, 자원, 농산물 등은 현대의 선진국들에게는 그다지 큰 경제적인 이득을 주지 못한다. 경제적 이득이 있다고 하더라도 현대의 국제 관계로는 한 나라가 다른 나라를 식민지로 삼는 것 자체가 불가능하다. 하지만 아직도 전쟁을 하고 싶어 하는 정치인, 군인들이 남아 있어 몇몇 나라끼리는 사소한 일로 유혈 참극을 일으키고 있다.

영국 최고의 전성기

○

영국은 빅토리아 여왕(1819-1901, 재위 1837-1901)의 재위 기간에 '해가 지지 않는 나라' 대영제국의 최대 전성기를 맞이한다. 이때 영국에는 마이클 패러데이, 찰스 다윈, 제임스 맥스웰과 같은 역사상 가장 위대한 과학자들뿐만 아니라 윌리엄 톰슨(William Thomson, 1824-1907, 기사작위를 받은 후 켈빈Kelvin경으로도 불림), 피터 거스리 테이트, 토머스 헉슬리(Thomas Huxley, 1825-1925) 등 쟁쟁한 과학자들이 즐비했다(헉슬리는 찰스 다윈의 진화론을 적극적으로 옹호하여 '다윈의 불독Darwin's Bulldog'이라고도 불렸다. 진화론에 대해 1860년에 옥스퍼드 대학에서 벌어진 그와 사무엘 윌버포스Samuel Wilberforce 주교의 논쟁은 매우 유명하다. 그가 명명한 불가지론agnosticism이라는 새로운 단어가 알려지며 당시 사람들의 관심을 더욱 끌었다).

이 시대는 영국이 과학적, 문화적, 그리고 경제적으로 최고 선진국으

● 런던의 버킹엄궁 앞 광장에는 하얀 대리석으로 만든 빅토리아 여왕의 동상이 있다.

로서의 위치를 공고히 하는 시대였다. 영국은 나폴레옹전쟁(1803-1815) 이 끝난 이후에 프랑스와의 경쟁에서 점차 우위를 점했다. 이후 인도와 버마 일대를 (동인도회사에 의한 간접 지배가 아닌) 영국이 직접 다스리는 식민지로 전환하여, 빅토리아 여왕은 땅이 엄청나게 넓고 인구도 많은 인도제국의 황제를 겸하게 된다.

영국은 중국과의 두 차례에 걸친 아편전쟁을 통해 유럽의 과학기술의 수준이 중국을 훨씬 추월했다는 사실과 유럽 국가들 중에서는 영국이 가장 강한 나라라는 사실을 동시에 보여주었다. 해마다 수백만 명의 관광객들이 찾는 런던의 버킹엄궁 앞 광장에는 하얀 대리석으로 만든 멋지고 웅장한 빅토리아 여왕의 상이 있다. 중요한 시기에 영국을 영광스러운 나라로 만드는 데에 공헌한 여왕을 기리는 영국인들의 마음을 느낄 수 있다.

영국의 최고 전성시대인 19세기 중후반을 빅토리아 시대(Victorian era)라고 부르기 때문에 오늘날의 영국에서는 빅토리안 스타일 집, 빅토리안 스타일 가구, 빅토리안 스타일 의상 등 '빅토리안'이란 말을 일상생활 중에 흔히 들을 수 있다. 이 시기의 영국은 식민지로부터 얻는 부도 막대했지만 과학기술의 발전에 있어서도 선두 주자여서 2차 산업혁명을 일으키는 데에 공헌한다.

영국에서 시작된 2차 산업혁명은 당시 국가 통일과 더불어 유럽의 최강국으로 발돋움하던 독일과 신흥 공업국 미국이 주역이 된다. 철강, 전기, 화학, 석유 등과 관련된 산업이 새롭게 발전했을 뿐만 아니라 생산기술, 운송 수단 등에서도 획기적인 발전이 이루어진다. 19세기 후반에 이루어진 변화들 중에 무엇보다도 우리가 금방 떠올릴 수 있는 것은 전등과 자동차이지만 무선통신, 라디오, 축음기, 영화, 대량 인쇄기, 공장 생산 라인 등 과학기술 발전에 의해 수없이 많은 발명품도 등장한다.

전자기학을 발전시킨 두 사람

○

영국의 빅토리아 시대 사람 중 인류의 과학 발전에 가장 크게 공헌한 사람은 마이클 패러데이와 제임스 맥스웰이다. 이 두 과학자는 역사상 가장 위대한 과학자들로 꼽힌다. 패러데이는 원래 위대한 화학자 험

프리 데이비(Humphry Davy, 1778-1829)의 조수로서 연구를 시작하여 벤젠과 같은 화학물질을 발견했다. 염소, 암모니아 등 여러 가지 가스의 액화에 성공하고, 전기분해에서 전류의 양과 화학반응의 양이 비례한다는 법칙을 알아내는 등 많은 화학적 업적을 이뤘다.

그러나 무엇보다 중요한 업적은 전기와 자기에 대한 연구이다. 요즘의 시각으로 볼 때는 화학도 연구하고 물리학도 연구한 학자라고 할 수 있지만 당시에는 과학 분야 간 구별이 크지 않았다. 그는 끼니를 걱정할 정도로 매우 가난한 집안에서 태어나 글씨를 읽는 정도의 교육 이외의 정규교육을 전혀 받지 못했다. 그런 사람이 세계 최고의 과학자가 되었다는 것은 정말 영화 같은 이야기이다.

요즘에는 그런 이야기가 나오기 어렵다. 현대에는 국제적인 수준의 과학자가 되기 위해서는 기초적인 과학과 수학 지식을 갖추는 것이 필수적이다. 수학자나 이론과학자들은 물론이고 실험과학자들조차도 자기 분야의 기초지식뿐만 아니라 최근의 선도적 연구결과에 대해 상당한 지식을 갖추고 있어야만 연구 내용을 이해하고 연구를 수행할 수 있다. 19세기 초중반까지는 성실한 실험과 뛰어난 관찰력, 명석한 두뇌만으로도 패러데이와 같이 뛰어난 업적을 낼 수 있었겠지만 그 이후에는 그와 같은 과학자는 거의 찾아볼 수 없다.

20세기 초에 혜성과 같이 등장한 인도의 전설적인 천재 수학자 스리니바사 라마누잔(Srinivasa Ramanujan, 1887-1920)의 예도 있다. 그는 정규 교육을 거의 받지 않고 영국으로 건너가 놀라운 수학적 능력으로 그를 초청한 수학자 고드프리 해럴드 하디를 비롯한 당대의 영국의 수학자들을 놀라게 했다고 알려져 있지만, 실은 인도에서 대학을 다닐 때까지(졸업은 못 했지만) 매우 충실한 교육을 받았다. 그는 브라만 계층의 매우 학구열이 높은 가정에서 태어났으니 '고졸 출신의 천재 수학자'라고만 하면 오해의 소지가 있다. 그나마 그것도 100여 년 전이기 때문에 가능한 일이지 현대에는 라마누잔과 같은 수학자가 출현하는 것은 쉽지 않다. 최고 수준의 수학자가 되기 위해서는 일찍부터 익혀야 할 수학적 개념, 정리, 이론 등이 너무나 많다. 수학과 과학이 발전을 거듭하며 내용이 그만큼 복잡해지고 이론이 어려워진 것이다.

다시 패러데이와 맥스웰 이야기로 돌아가 보면, 패러데이가 발견한 전자기 유도의 기본적인 법칙은 후에 모터와 발전기의 기본 원리가 된다. 영구자석들 사이 공간에 구리판을 넣고 회전시키면 전기가 유도된다는 것과 그 반대도 가능하다는 것은 전기에 있어 가장 핵심적인 발견이다. 그의 전자기 유도 법칙은 후에 물리학자이자 수학자인 맥스웰에 의해 이론적으로 정립이 된다. 그가 만든 유명한 4개의 편미분방정식으로 이루어진 맥스웰 방정식은 전자기학에서 가장 아름답고 중요한 공식이다. 그는 뉴턴, 아인슈타인과 함께 역사상 가장 위대한 물리학자로 꼽힌다.

패러데이와 맥스웰은 여러 가지로 대비된다. 패러데이는 영국의 가난한 대장장이의 아들로 자라며 기초교육조차 거의 받지 못했지만 맥스웰은 스코틀랜드 에든버러의 비교적 부유한 집안의 아들로 태어나 당시 최고 수준의 엘리트 교육을 받았다. 패러데이는 수학은 거의 알지 못하는 실험 과학자였고 맥스웰은 뛰어난 수학 실력을 바탕으로 한 이론 과학자였다. 패러데이는 뛰어난 강의 실력으로 유명했지만 맥스웰은 난해한 강의로 학생들에게 인기가 없었다. 패러데이가 왕립학회에서 1825년부터 시작한 크리스마스 강연은 지금까지도 매년 열리는 매우 유명한 강연으로, 패러데이가 19회를 수행했다고 한다. 이 강연은 1966년 이후 매년 BBC에서 중계하고 있으며 강연자는 당연히 당대 영국 최고의 과학자 중 한 명으로 선정된다.

앞서도 말했듯이 천문학은 피타고라스 이후 오랜 세월 동안 수학의 한 분야로 간주되었다. 따라서 케플러나 갈릴레이, 뉴턴 같은 학자들은 당대에는 모두 수학자로 불렸다. 프랑스의 위대한 수학자 라플라스도 주로 천체역학 연구를 했다. 요즘으로 치면 천체물리학에 가깝다고 하겠다. 뉴턴으로부터 시작된 물리학은 뉴턴 당대에는 수학의 한 분야 또

● 마이클 패러데이가 발견한 전자기 유도 법칙은 모터와 발전기의 기본 원리가 되고, 후에 물리학자이자 수학자인 맥스웰에 의해 이론적으로 정립된다.

는 자연철학으로 간주되었다. 예전에는 학문 분야를 굳이 세세히 분류할 필요가 없었다. 19세기 초부터 과학이라는 말이 등장하긴 했지만 적어도 19세기 중후반까지 과학철학이라는 말과 병용되었고, 맥스웰과 같이 수학자와 물리학자의 구분이 명확하지 않은 경우도 많았다.

런던의 웨스트민스터 사원(Wesminster Abbey)은 영국에서 가장 중요한 교회이다. 프랑스의 노르망디에 정착한 후 다시 바다를 건너와 영국을 점령한 바이킹의 후예 윌리엄이 1066년에 대관식을 연 이후 모든 영국 왕이 이곳에서 대관식을 올렸고 많은 중요한 왕실의 결혼식 또한 그곳에서 열렸다. 많은 왕들과 왕비, 그리고 영국을 빛낸 위인들이 묻혀 있는, 영국에서 가장 성스러운 무덤으로서의 의미가 무엇보다 더 크다.

나는 옥스퍼드 대학에서 연구년을 보내던 시기에 종종 그곳에 들릴 기회가 있었는데, 우연히 복도 바닥에 있는 찰스 다윈의 무덤을 발견하고 당시 영국 사람들의 높은 수준에 감탄을 한 적이 있다. 다윈은 진화론으로 당시 사람들과 성직자들을 기분 나쁘게 하고 지금까지도 기독교계로부터 배척을 받는 사람인데 그가 영국에서 가장 중요한 교회에 안치되어 있다니 놀라웠다.

1859년에 출간된 그 유명한『종의 기원』을 통해 세상을 놀라게 한 다윈의 이론은 20세기에 와서야 학계의 인정을 받았다. 죽을 당시에 그는 그저 세상을 시끄럽게 한 유명한 이론가일 뿐이었다. 당시 영국인들은 다윈의 이론에는 동의하지 않았지만 그럼에도 그의 과학적 업적 자체는 높이 평가했다. 다윈이 죽자 그의 동료들과 왕립학회 회장을 비롯한 주요 학자들, 그리고 런던의 유력 신문사들이 그를 웨스트민스터 사원에

● 런던의 웨스트민스터 사원은 영국에서 가장 성스러운 무덤으로서 의미가 크다. 진화론을 발표해 교회로부터 배척당했던 다윈을 비롯해 패러데이, 맥스웰 등이 이곳에 묻혀 있다.

열네 번째 이야기

묻어야 한다고 탄원했다.

웨스트민스터 사원의 정문으로 들어서면(관광객들은 옆문으로만 출입할 수 있다) 좌측 정면에 멋진 벽장식과 함께 뉴턴의 무덤이 눈에 들어온다. 다윈의 무덤은 그 뒤편 그리 멀지 않은 곳의 복도 바닥에 패러데이, 맥스웰 등의 무덤과 가까이 위치하고 있다.

독일 괴팅겐의 수학자들

○

역사상 가장 위대한 수학자 한 명을 꼽으라면 가우스를 꼽는 사람이 가장 많으리라 생각한다. 15세 때부터 그에게 재정지원을 하던 브룬스윅의 공작이 전사하자 그는 괴팅겐 대학에 새로 짓는 천문대의 대장 자리를 맡기 위해 괴팅겐으로 온 후 (나중에 베를린에서 그를 초청하고 가족들도 베를린으로 가고 싶어 했으나) 죽을 때까지 그곳에 머물게 된다. 가우스는 평생 수학뿐만 아니라 천문학과 물리학(전자기학과 광학) 발전에 크게 이바지했다. 특히 천문대장으로서 평생 많은 시간을 천문대에서 별을 관찰하며 보냈다. 그가 이룬 수학적 업적으로 수학의 현대화가 촉진되었고, 이후 그의 제자 리만과 괴팅겐의 수학자들에 의해 현대화가 완성되었다.

평온하고 아름다운 도시 괴팅겐에는 가우스와 빌헬름 베버(Wilhelm Weber, 1804-1891)가 같이 있는 동상이 있다. 가우스는 앉고 베버는 서서 대화하는 동상이다. 베버는 1831년 가우스의 추천으로 괴팅겐 대학 교수가 되었고 두 사람은 전자기학, 전신 등을 연구했지만 1837년 유명한

● 가우스와 베버의 동상. 베버는 가우스의 추천으로 괴팅겐 대학 교수가 되었다. 두 사람은 전자기학, 전신 등을 연구했다.

'괴팅겐 7인 사건'[49]으로 학교에서 쫓겨난다. 그 뒤 1849년에 다시 괴팅겐으로 돌아와 죽을 때까지 머물게 된다.

1855년 가우스가 죽자 그의 후임으로 당대 최고의 수학자 레조이네 디리클레가 왔다(디리클레는 독일인이지만 조부가 벨기에 출신이어서 이름이 프랑스식이다). 그는 17세에 당시 유럽의 최고 선진국 프랑스에 가서 공부하는데, 그곳에서 위대한 수학자 프리에, 라플라스, 푸아송, 르장드르 등에게 수학을 배우거나 함께 연구했다. 이후에는 베를린 훔볼트 대학에서 근무한다. 디리클레의 자리를 이은 리만은 가우스의 제자 중 가장 뛰어난 수학자로, 프랑스의 코시와 함께 수학 현대화의 최대 공헌자로 인정받을 업적을 남겼다.

괴팅겐 대학은 가우스의 영향으로 수학, 물리학에 있어서는 독일뿐만 아니라 유럽 전체에서 가장 유명한 대학이 되었다. 그렇지만 그 대학을 진정한 수학의 메카로 만든 사람은 펠릭스 클라인이다. 그의 이름은 대중에게 안쪽 면과 바깥쪽 면이 구별이 되지 않는 '클라인병(Klein bottle)'으로 잘 알려져 있지만, 수학자들에게는 그가 에를랑겐 대학에 근무할 때 이끌었던 에를랑겐 프로그램(Erlangen Program)이라는 기하와 군 이론을 잇는 연구프로그램으로 유명하다.

키가 크고 외모가 멋졌던 그는 젊어서부터 독일 수학을 이끌어갈 재목으로 인정받았으며 불과 23세의 나이에 에를랑겐 대학의 교수가 되었다. 클라인은 28세에 뮌헨 대학 교수로 가는데 그곳에서 뛰어난 강의로 이름을 날린다. 괴팅겐 대학에는 1886~1913년 근무하면서 뛰어난 강의 실력과 행정 능력을 발휘하여 괴팅겐 대학을 명실상부한 수학의 메카로 키운다. 클라인은 학계의 인맥과 지위를 이용하여 괴팅겐 대학의 재정을 개선하고 여러 개의 건물을 짓는 데에 공헌한다. 무엇보다 큰 공헌은 다비트 힐베르트를 초빙한 일이다. 클라인은 수학의 응용에 관심이 많았는데, 힐베르트는 순수수학만을 고집하며 공학과 같은 응용과학과 수학의 협력에는 거부감을 갖고 있었다. 그러나 클라인은 개의치 않고 힐베르트를 초빙했다.

세계수학자대회는 규모가 가장 크고 유서 깊은 수학 학술대회로 4년에 한 번씩 열린다. 이 대회의 하이라이트는 필즈메달 시상이다. 2014년에 서울에서도 열렸다. 힐베르트도 이 대회에 참가한 적이 있다. 과학 발전에 있어서 가장 중요한 시기이던 19세기 말~20세기 초 괴팅겐에서 근무했던 당대 세계 최고의 수학자 힐베르트는 1900년에 파리에서 열린 제2회 세계수학자대회의 기조연설에서 23개의 문제를 제시한다. 그 유명한 힐베르트의 문제들이다. 이 문제들은 20세기 수학이 나아갈 방향을 제시했다는 의의가 있다. 그 문제들을 풀기 위해 20세기의 많은 최고 수준의 수학자들이 노력했다.

힐베르트는 클라인의 학문적 손자로, 그가 쾨니히스부르크에서 공부할 때 박사학위 지도교수였던 페르디난트 폰 린데만(Ferdinand von Lindemann, 1852-1939)은 클라인의 제자이다. 린데만은 1882년 원주율 π가 초월수임을 증명한 것으로 유명하다. 힐베르트는 1893년경 π와 e가 초월수라는 것을 또 다른 방법으로 증명했다. 초월수란 대수적인 수가 아닌 실수를 말한다. 대수적인 수란 어떤 (정수 계수) 방정식의 근이 되는 수이다. 예를 들어 $\sqrt{2}$는 무리수이지만 방정식 $x^2-2=0$의 근이 되므로 대수적인 수이다. 초월수는 자와 컴퍼스로 작도할 수 없다.

예전에 우리나라에서 π를 작도했다고 주장한 사람이 있었는데 그 사람은 수학계가 인정해 주지 않자 유명 일간 신문 1면에 자신의 증명을 광고로 내기도 했다. 린데만이 100여 년 전에 π는 초월수라는 것을 이미 증명했는데 그 사람은 그 말을 이해하지 못하고 받아들이려 하지 않았다. 그 후에는 페르마의 마지막 정리를 쉽게 증명했다고 주장하는 또 다른 사람이 나타나서 대한수학회 직원들과 교수들을 여러 해 동안 괴롭히기도 했다.

힐베르트는 평생 헤르만 민코프스키, 아돌프 홀비츠(Adorf Hurwitz, 1859-1919)와 깊은 우정을 나누었는데 민코프스키는 힐베르트가 고향 쾨니히스부르크에서 공부할 때부터 가장 친한 친구이자 수학적 동지였다. 1900년 파리 세계수학자대회(ICM)에서의 연설에도 민코프스키의 협조와 조언이 큰 도움을 주었다. 홀비츠는 1884년 린데만의 초청으로 쾨니히스베르크 대학 교수로 부임한 후 힐베르트와 민코프스키를 가르쳤고, 나이 차이가 많이 나지 않던 그들은 곧 가장 친한 친구가 되었다.

홀비츠는 클라인의 제자이다. 1877년 뮌헨 대학에서 클라인의 명강의를 처음 들었고 다음 해에는 베를린으로 가서 당대 최고의 수학자들인 에른스트 쿠머, 카를 바이어스트라스, 레오폴트 크로네커 등의 강의를 들은 후 다시 뮌헨으로 돌아와 클라인에게 배운다. 클라인이 라이프치히 대학으로 자리를 옮기자 홀비츠도 따라가서 1881년 클라인의 지도 아래 박사학위를 받는다. 그는 쾨니히스부르크 대학에서 8년간 근무한 후 스위스 취리히 대학의 페르디난트 프로베니우스(Ferdinand Frobenius, 1849-1917)가 은퇴하자 그 자리로 초빙되어 평생을 지낸다.

당대 최고의 수학자 중 한 명으로 인정받던 홀비츠는 취리히 대학에 초빙된 직후에 괴팅겐 대학에서도 초빙을 받았다. 그곳에 근무하던 헤르만 슈바르츠(Hermann Schwarz, 1843-1921)가 베를린 대학에서 은퇴한 스승 바이어스트라스의 자리를 이어받기 위해 베를린으로 가면서 빈자리가 생겼기 때문이다. 괴팅겐은 당시 수학에서는 유럽 최고의 대학이었고 그의 스승 클라인도 있었기 때문에 초빙을 받은 홀비츠는 고민이 되었을 것이다. 하지만 원칙을 중시하는 신사이던 그는 취리히 대학에 가겠다고 이미 답을 주었기 때문에 번복하지 않았다.

취리히 대학에 가자마자 홀비츠는 민코프스키를 초빙하여 같이 근무하는데, 그곳에서 그들은 아인슈타인을 가르치게 된다. 특히 민코프스키는 그 후 오랜 기간 아인슈타인에게 큰 영향을 미친다. 그가 개발한 민코프스키 공간(Minkowski space)이라는 비유클리드 공간은 아인슈타인의 일반 상대성 이론을 설명하는 데에 큰 도움을 주었다. 아인슈타인은 젊었을 때 수학은 물리학적 직관을 얻는 데 도움을 주는 도구라고만 생각했는데, 나중에 민코프스키나 힐베르트와 같은 수학자들의 영향을 받고 난 후에는 수학이 과학적 창조의 근원임을 깨달았다고 한다.

수학적 재능이 특히 뛰어난 민코프스키는 1902년에 괴팅겐으로 가서 그곳에서 죽을 때까지 근무한다. 로베르트 융크(Robert Jungk, 1913-1994)가 원자과학자들에 대해 쓴 『천 개의 태양보다 밝은(Heller als 1000 Sonnen)』에 당시 괴팅겐에 대한 이야기가 나온다.

"매주 목요일 3시 정각이면 수학연구소의 네 거장인 클라인, 룽게, 민코프스키, 힐베르트가 힐베르트의 집 정원에 자리 잡은 사랑채에 모였다. 그곳에는 큰 칠판이 서 있었는데, 절반 정도는 방 밖으로 삐죽 나와 있었다. 힐베르트는 자주 마지막 순간까지 칠판에 뭔가를 적었는데, 재킷 소매에 묻는 분필 가루가 그것을 증언했다. 토론은 대개 참석자들이 숲과 탁 트인 평원을 지나 높은 지대에 위치한 케어호텔까지 이를 때까지 계속 이어졌다. 이 유명한 4인조는 그곳에서 커피를 마시면서 사생활과 그들이 사랑한 대학, 넓은 세계의 크고 작은 온갖 문제에 관해 이야기를 나누었다."

이 책은 원자폭탄을 개발하는 맨해튼 프로젝트에 참여한 과학자들에 대한 이야기다. 훗날 원자폭탄이나 원자력 개발에 핵심적인 역할을 한 인물들은 거의 다 1924~1932년에 괴팅겐을 다녀갔다. 특히 주역인 유태계 미국인 로버트 오펜하이머는 괴팅겐의 막스 보른(Max Born, 1882-1970) 밑에서 공부하기 위해 유학을 왔다. 그는 당시 괴팅겐에 와 있던 베르너 카를 하이젠베르크(Werner Karl Heisenberg, 1901-1976)와 볼프강 파울리(Wolfgang Pauli, 1900-1958), 유진 위그너, 엔리코 페르미(Enrico Fermi, 1901-1954) 등 유럽 각국에서 모인 젊은 이론물리학자들과 교류했다.

청나라의 양무운동

○

19세기는 수학과 과학이 가장 많이(20세기보다 더 많이) 발전한 시기이자 2차 산업혁명으로 완전히 새로운 패러다임의 산업과 경제가 자리잡는 시기였지만, 종교의 사회적인 지배력은 과학을 압도했다. 베드로 이후 가장 오랫동안 로마 교황직에 있었던 교황 비오 9세(Pius IX, 재임 1846-1878)는 1869년에 열린 제1차 바티칸공회에서 교황무류성(敎皇無謬性, Papal infallibility)과 성모마리아의 원죄 없는 잉태를 가톨릭교회의 공식 교의로 삼았다. 교황무류성이란 교황이 신앙과 도덕에 관하여 어떤 공식적인 결정을 내릴 경우, 그 결정은 성령의 특별한 은혜로 보증되기 때문에 결코 오류가 있을 수 없다고 하는 교리이다. 수단의 이슬람 지도자 무함마드 아마드 압달라(1845-1885)는 1881년 자신이 이슬람교의 구세주인 마흐디임을 선언하고 오스만제국, 이집트, 영국의 지배에 저항하는 무장 봉기인 마흐디전쟁을 일으켜 대영제국을 상대로 전쟁에서 승리한 후, 죽을 때까지 자신의 세력을 유지한다.

중국에서 일어난 태평천국의 난(1850-1864)은 인류 역사상 가장 참혹한 종교전쟁이었다. 14년간의 이 전쟁에서 최소한 2,000만 명 이상이 사망하고 수천 만 명의 난민이 발생했다. 종교지도자 홍수전(洪秀全, 1814-1864)은 기독교를 바탕으로 한 '상제'라는 이름의 유일신을 믿는 배상제

회라는 종교를 일으켰다. 그는 자신이 상제(여호와)의 둘째 아들이자 예수의 동생이라고 주장하며 1851년 자신을 천왕으로, 자신의 나라를 태평천국이라 칭했다. 이는 청나라에 대한 선전 포고와 다름이 없었다.

천왕은 자신의 아래에 여러 명의 왕을 두었다. 태평천국군은 높은 도덕성을 유지했고, 이 새 종교는 불교, 기독교, 이슬람교와 똑같이 '만민 평등'을 표방함으로써 종교 확대에 성공을 거두었다. 한때는 남경을 수도로 삼을 정도로 그 기세가 대단했다. 청나라는 제2차 아편전쟁으로 군사력이 분산되어 태평천국군을 무찌를 만한 여력이 없었다. 하지만 홍수전과 2인자 양수청의 극한 대립과 내전으로 지도자들이 흩어지고, 제2차 아편전쟁이 끝난 후 청나라 정부와 체결한 베이징조약에 만족한 서구 열강들이 전쟁에 청나라 편을 들어 참여하면서 결국 태평천국의 난은 진압이 되었다.

이 전쟁은 후에 청나라 관료들 주도 아래 군대를 중심으로 한 근대화 운동인 양무운동이 일어나는 계기가 된다. 이 운동은 서양의 근대 과학 기술을 받아들여 청나라를 강하게 만들자는 운동으로 일본의 메이지 유신과 흡사하다. 청나라는 원래부터 갖고 있던 어느 정도의 경제력을 바탕으로 서구 열강과 겨룰 만한 군사력을 갖추는 데에는 성공했지만, 낡은 제도와 관료들의 부정부패로 강대국으로 변신하는 데에는 실패한다. 청나라는 베트남을 사이에 놓고 프랑스와 벌인 청불전쟁(1884-1885)과 조선을 사이에 놓고 일본과 벌인 청일전쟁에서 연거푸 패하고 만다.

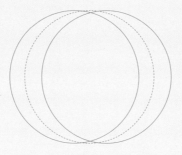

근현대에 꽃핀
일본의 과학기술

Σ

학교 다닐 때 선생님들은 일본에 대해 이런 이야기를 자주 했다.

"일본이 우리보다 앞선 것은 우리보다 일찍 서양 문명을 받아들였기 때문이다."

"일본은 선진국 모방을 잘했을 뿐이고 스스로 만들어낸 것 없다."

"일본인들은 경제적 동물이다."

당시의 선생님들은 대부분 비슷한 취지로 이야기했고, 어린 나는 그런 말들을 있는 그대로 믿었다. 하지만 고등학교 2학년 때 친형이 구독해 보던 〈일본연구〉라는 월간지를 읽으면서 조금씩 일본에 대해 알게 되었다. 일본은 메이지유신 훨씬 이전부터 국력이 만만치 않던 나라였다.

직업외교관 출신인 서현섭이 쓴 『일본은 있다』라는 책에는 1876년 조선과 일본 사이에 벌어진 강화도조약(조일수호조규)에 대한 이야기가 나온다. 이미 일본에는 국제법 전문가들이 다수 있었다. 그들이 작성한 말도 안 되는 불평등조약 문서를 조선 정부 대표들에게 제시했는데, 조선 정부는 그것을 검토한다고 가져간 지 며칠 후 조선 앞에 대(大)자를 붙여 '대조선'으로 하자는 의견만 제시하여 일본 측을 놀라게 했다. 일본 측에서는 일본 앞에도 '대'자를 붙이자고 제안한 후 결국 조약에 합의를 봤다고 한다. 과장된 이야기일지도 모르지만, 당시의 조선과 일본의 수준 차를 잘 보여주는 일화이다.

학창 시절 학교 선생님들과 당시의 지식인들은 '일본이 별것 아니다'라는 것을 후학들에게 전하고 싶었을 것이다. 그러나 그들 말대로 정말 일본이 우리보다 개화를 일찍 해서 강국이 되고 한국이 일본의 식민지가 되었다면 그것은 일본을 깎아내리려는 의도와는 달리 오히려 일본인의 우수성을 칭찬해준 꼴이 된다. 일본은 메이지유신 이후 서양문명을 본격적으로 받아들이는 개화정책을 쓴 지 불과 8년 만에 조선을 윽박질러서 강화도조약을 체결했고, 청나라와의 전쟁에서 가볍게 승리했으며 유럽의 강국 러시아와의 전쟁에서도 승리한다. 20세기 초에는 유럽과 거의 맞먹는 과학 수준을 이룩한다. 개화 전에는 그저 그랬던 일본이 단지 개화 이후에 그만큼 발전했다고 주장한다면 그것은 일본인들이 대단히 우수하다고 말하는 것이나 다름없다.

메이지유신 이전의 과학

○

일본은 오랜 기간 동안 국내에서 벌어진 무한경쟁과 전쟁으로 국방기술, 토목술 등의 과학기술이 발전했고, 세토내해를 중심으로 한 교역으로 상업이 발달했다. 그 결과 상당 수준의 기술과 부를 아주 오래전부터 보유하고 있었다.

13세기에 몽골제국 원나라의 황제 쿠빌라이는 일본 원정을 명령하여 두 차례(1274, 1281)에 걸쳐 일본에 쳐들어갔지만 '신풍(神風, 카미카제)'이라 불리는 태풍으로 실패한다. 2차 원정 때는 남송군 10만 명, 몽골-고려 연합군 4만 명으로 구성된 막강한 군대를 보냈는데, 전투의 전개과정을 잘 보면 물론 태풍의 도움이 크기는 했지만 기본적으로 일본군의 전쟁 대비 상태가 매우 우수했다는 것을 알 수 있다. 당시 가마쿠라 막부였던 중앙정부는 수년 간 몽골의 침입에 대비해 하카타만(후쿠오카)을 중심으로 수십 km에 이르는 해변에 방책을 건설했고, 그것이 몽골 군대의 첫날 공격을 막아내는 데 결정적인 도움을 준다. 하카타 지역은 중앙정부가 있던 가마쿠라에서 1,500km 이상 떨어진 먼 외곽이다. 그런 곳에 그렇게 방대한 방책을 설치했다는 점에서 경제력과 전쟁에 대비하는 판단력과 조직력, 그리고 (몽골 사신을 두 차례나 참수하는) 자신감 등을 엿볼수 있다.

임진왜란(1592) 때도 일본이 20만 군대를 배에 싣고 조선을 침략했다는 것은 경제력이 있었다는 것을 의미하고, 군사들이 총으로 무장했다는 것은 기술력이 있었다는 것을 의미한다. 또한 임진왜란 때 잡아간 조선 도공들을 통해 우수한 도자기를 생산했는데, 이를 나가사키 앞바다에 네덜란드 상인들을 상주시키기 위해 건설한 인공 섬 데지마를 통해 유럽으로 수출함으로써 막대한 은도 축적했다.

19~20세기 일본의 과학자들

○

19세기에서 20세기로 넘어가던 그 시기에 독일 괴팅겐 대학은 유럽의 최고의 젊은 수학도들이 몰리는 수학의 메카 역할을 했는데, 당시에 괴팅겐에는 다카기(高木)라는 일본인 유학생이 있었다. 일본은 이미 1870~1880년대에 유럽의 수학을 배웠고 19세기 말에는 괴팅겐으로 유학생을 보내는 수준에 이르렀다. 나는 20년 전쯤 교토 대학에 초청 강의를 하러 갔다가 수학과 도서관에 1880년대 학생들이 작성했던 강의 노트가 보관돼 있는 것을 보고 놀랐던 기억이 있다. 일본에서 최초로 유럽 언어로 쓰인 논문은 1895년에 기쿠치 다이로쿠(菊池大麓, 1855-1917)가 쓴 것이며, 후지사와 리키타로(藤沢利喜太郎, 1861-1933)는 1900년에 파리에서 열린 제2회 세계수학자대회의 토픽에 대해 읽었다고 한다.[50]

19세기 말~20세기 초의 일본의 과학자들을 살펴보자.

다카기 테이지(高木貞治, 1875-1960)[51]

괴팅겐 대학 유학 후 1901년에 일본으로 돌아왔다. 일생동안 일본의 수학을 세계적인 수준으로 끌어올리는 데에 크게 기여했다. 그는 유체론(class field theory)에서의 다카기 존재정리와 다카기 곡선 등의 업적을 남겼고, 세계적인 대수적 수론(algebraic number theory) 학자였다. 세계수학자연맹(International Mathematical Union, IMU)에서도 필즈메달 심사위원을 맡는 등 중요한 역할을 했다.

다카미네 조키치(高峰讓吉, 1854-1922)

일본에서 공부하고 미국에서 활동한 화학자이다. 1900년에 아드레날린을 발견했고 1901년에 아드레날린 호르몬을 소의 장기로부터 분리하고 정제하는 데 성공했으며 다카디아스타제라 불린 디아스타제 분리에도 성공했다. 후에 자연과학 종합연구소인 이화학연구소 설립의 원동력이 되었다.

노구치 히데요(野口英世, 1876-1928)

세균학자로서 매독의 원인인 스피로헤타균을 발견했다. 1900년에 미국으로 건너가 공부했고, 세계적인 세균학자가 되었다. 전염병 연구를 위해 중앙아메리카와 남아메리카의 많은 곳을 돌아다녔다. 황열병 연구를 위해 아프리카로 갔다가 황열병에 걸려 사망했다. 현재 일본 1,000원권 지폐의 모델이다.

다나카 히사시게(田中久重, 1799-1880)

도시바(東芝) 회사의 모태인 다나카제작소의 설립자이며 일본의 에디슨으로 불린다. 활 쏘는 인형, 글씨 쓰는 인형, 만년자명종(1851) 등의 제작으로 유명해졌다. 일본 최초의 증기기관차, 증기기선의 모형도 제작했으며 대포, 반사로, 증기선 등의 제작에도 공헌했다.

기쿠치 다이로쿠(菊池大麓, 1855-1917)

메이지유신 직후에 영국 케임브리지 대학에서 유학하여 일본에 근대적인 수학을 도입한 수학자이다. 문부성 장관, 토교제국대학 총장, 이화학연구소 초대 소장 등을 역임했다.

기타자토 시바자부로(北里柴三郎, 1853-1931)

일본 세균학의 아버지로 불린다. 1894년 흑사병의 병원체 페스트균을 최초로 발견했고(프랑스의 알렉산드르 예르생과 거의 동시에 발견) 파상풍의 치료법을 발견했다. 세균학의 아버지라 불린 독일의 로베르트 코흐의 제자였다. 2024년부터 쓰일 일본의 1,000원권 지폐의 모델이다.

이화학연구소와 노벨상

○

일본에서는 1913년경 다카미네 조키치의 주창으로 1915년에 의회를 통과하여 1917년에 설립된 이화학연구소가 20세기 초반 일본의 과학발전을 이끌었다. 주로 리켄(理研)이라는 약자로 불린다. 현재 와코에 있는 리켄 본부에는 차세대 슈퍼컴퓨터 R&D센터가 있고 일본 곳곳에 연구 거점들과 분소들이 있다. 리켄이 보유한 슈퍼컴퓨터 후가쿠는 2021년 세계 슈퍼컴퓨터 랭킹 1위이다. 리켄 출신 노벨상 수상자로는 일본 최초로 노벨상을 수상한 유카와 히데키(湯川秀樹, 1907-1981, 1949년 노벨물리학상) 외에도 도모나가 신이치로(朝永振一郎, 1906-1979, 1965년 노벨물리학상)와 노요리 료지(野依良治, 1938- , 2001년 노벨화학상)가 있다. 유카와와 도모나가는 고등학교(제3고)와 교토 대학 물리학과 동창으로 평생 친구이자 라이벌이었다. 전체적으로 보았을 때 일본은 2021년까지 총 28명의 노벨상 수상자를 배출했고 그중 25명이 과학 부문에서 수상했다.

일본은 1880년대 초반부터 철도를 건설하기 시작했고, 1890년경에 백열전구 생산을 시작했다. 초기의 철도 건설이 민간 자본의 사철 중심

● 일본 최초로 노벨상을 수상한 유카와 히데키. 일본은 2019년까지 28명의 노벨상 수상자를 배출했다.

이었던 것을 보면 일본의 경제 수준이 상당했다는 것을 알 수 있다. 20세기 초반에는 이미 과학기술이 서양의 선진국들과 거의 비슷한 수준에 이르렀다. 1905년에 러일전쟁에서 러시아의 막강한 발틱 함대는 대한해협에서 일본 해군에게 참패를 당해 엄청나게 많은 병사들을 잃었고, 결국 일본에게 패배한다.

한편, 일본은 라이트 형제가 세계 최초로 동력비행기를 만든 지 몇 년 후인 1910년에 동력비행기를 만들었고 1913년에는 서울의 용산연병장에서 일본인 나라하라 산지(奈良原三次, 1877-1944)가 만든 비행기 오토리호의 항공쇼가 열렸다. 이 행사에 수만 명의 관중이 몰렸는데, 이후 조선에서는 비행기에 대한 관심이 뜨거워졌다.

1917년에 여의도비행장에서 열린 미국인 아트 스미스(Art Smith)의 곡예비행에도 수많은 사람이 몰렸다. 이 행사에 참석했던 안창남(1901-1930)은 자기도 비행기를 타고 하늘을 날 것이라고 결심한다. 결국 일본으로 건너가 비행기 조종사가 된 안창남은 1922년 자신의 비행기 금강호를 갖고 조선으로 돌아와 서울의 하늘을 나는 행사를 열었다. 이 행사에는 5만여 명의 인파가 몰렸다고 한다. 안창남은 1920년대에 조선 반도 전체에서 가장 인기가 많은 유명인이었다. 그는 1923년 관동대지진 때 조선인들이 학살당하는 것에 충격을 받고 다음 해에 중국으로 망명해 조선독립운동에 투신했다가, 이후 비행기 사고로 1930년에 사망한다. 당시 조선에는 "떴다, 보아라, 안창남 비행기, 내려다보아라, 엄복동 자전거"라는 노랫말이 대유행했다.

과학연구도시를 만들다

○

일본에는 계획도시인 츠쿠바연구학원도시(筑波研究学園都市)가 있다. 도쿄의 위성도시 중 하나이고 2007년에 특례시로 지정된 과학연구 도시이다. 츠쿠바시 중심부에 연구학원지구가 위치하고 있으며 그 주변에는 주변개발지구가 있다. 츠쿠바시 인구는 약 24만 명이고 300여 개의 연구소가 있다. 그리고 7,000여 명의 박사와 2만여 명의 연구기관 종사자, 그리고 7,000여 명의 외국인이 있다. 태양계를 탐사하다가 실종된 후 기적적으로 돌아온 우주탐사선 '하야부사'로 유명한 우주항공연구개발기구(Japan Aerospace Exploration Agency, JAXA)의 츠쿠바 우주센터도 이곳에 있다.

이 과학연구도시는 1950년대 말에 계획 시안이 처음 나왔고 1961년에 계획이 발표된 후 1963년에 츠쿠바에 건설하기로 최종 선택되었다. 도쿄교육대학을 종합대학으로 승격시켜 만든 츠쿠바 대학은 현재 일본의 6대 명문 대학으로 발전했다. 츠쿠바의 중고등학교 학생들의 평균 학력 수준은 일본에서 가장 높다고 한다. 도시개발 초기에는 개발이 지지부진했지만 1985년에 개최한 엑스포를 기점으로 본격적으로 발전하기 시작해 지금은 매우 성공적인 연구도시로 평가받고 있다.

현재 연구환경과 교육환경 못지않게 우수한 주거환경이 주목받고 있다. 도시 면적의 4분의 1이 녹지이고 93개의 공원이 조성돼 있다. 연구원들의 배우자들이 주축이 된 환경단체와 환경봉사단 등의 활동이 매우 활발하여 전국적으로 유명하다고 한다. 2005년에는 츠쿠바 익스프레스라는 열차가 생겼다. 그 덕분에 도쿄 아키하바라역에서 츠쿠바역까지 45분 정도 걸린다.

우리나라에도 대전광역시에 대덕연구개발특구가 이미 조성되어 현재 국제과학비지니스벨트 거점지구로 지정되어 있다. 이 연구개발특구는 다른 나라들이 부러워할 만큼 훌륭한 연구소들이 즐비하게 자리 잡고 있고 국제적인 수준의 과학기술 연구가 이루어지고 있는, 그야말로 우리나라 과학 발전의 산실이다.

하지만 국제과학비지니스벨트 사업의 일환으로 시작한 '국제과학도시'와 기초과학연구원(Institute for Basic Science, IBS)은 과다한 투자와 연구비로 기초과학의 생태계를 어지럽히고 있어 아쉽다. 이 국제과학도시 건설을 주도한 사람은 일본의 연구학원도시는 국제적인 도시가 아니기 때문에 실패작이고 자신이 기획한 도시는 인구의 반 이상이 외국인으로 이루어질 국제적인 도시라고 했다. 외국 과학자들을 초빙하려면 과학자 한 명당 평균 매년 150억 원씩 10년 단위로 지원해야 하는데, 그런 연구자가 최소한 50명은 되어야 한다고 주장했다. 실행 단계에서 연구비 지원 액수가 좀 줄기는 했지만 그래도 과다하다. 현재는 연구단들이 전국으로 흩어져 있고 국제적인 학자 초빙도 거의 못하고 있어, 결과적으로는 도시도 아니고 국제적이지도 않은 상태이다.

프랑스 남부 니스 인근에도 소피아 앙티폴리스(Sophia Antipolis)라는 과학연구도시가 있는데, 유럽 최고의 첨단산업단지로 인정받고 있다. 타이완에도 신주과학산업단지(1980년 출범)라는 IT산업의 중심지가 있으며 인도에는 방갈로르라는 인도 컴퓨터 소프트웨어의 중심지가 있다.

기독교가 전파되지 않은 이유

일본은 한국을 40년간 지배했고, 그로 인해 한국인들은 많은 고통과 슬픔을 겪었다. 그 아픈 과거를 극복하고 진정한 보상을 받는 방법은 일본을 따라잡고 더 높은 수준의 나라를 만드는 것이다. 그러기 위해서는 우선 일본이 앞서간 이유와 그들의 장점을 냉철한 눈으로 봐야 한다.

나는 예전에 일본 후쿠오카에서 1년간 연구년을 보낸 적이 있다. 일본으로 가기로 결정했던 이유는 일본에 대해 좀 더 잘 알고 싶었고, 일본을 이기고 싶었기 때문이었다. 적을 이기려면 적을 알아야 한다는 마음가

짐으로 적지에 뛰어든 셈이다. 미국 유학을 갈 때에의 각오와 흡사하다. 나는 일본에 도착하자마자 우선 YWCA에서 비싼 등록금을 내고 1년간 열심히 일본어를 공부했다. 아울러 일본인들과 일본 문화를 열심히 관찰했고 일본 역사에 대한 책들을 읽었다. 나의 일본 연구는 한국에 돌아온 후에도 지속되었고 일본도 수십 차례 방문했다. 그 결과 일본어를 자연스럽게 구사하게 되었고 일본인들과 일본 문화에 나름의 이해도를 갖게 되었다.

몇 년 전에 내가 근무하는 대학의 교수들과 후쿠오카 대학을 방문했다. 방문 목적은 두 대학의 축구 친선경기를 하기 위함이었다. 경기가 없는 이틀간 버스를 대절하여 규슈 북부의 역사적인 유적지 몇 곳을 둘러보는 문화, 역사 탐방을 했고 일본에서 공부했던 교수 한 분과 나는 둘이서 가이드 역할을 했다.

내가 버스에서 일본 문화와 역사를 설명하던 중 누군가 "왜 한국은 기독교인들이 많은데 일본은 왜 기독교가 그렇게 널리 전파되지 않았는가?" 질문했다. 나는 한마디로 말하자면 부의 차이 때문이라고 평소 생각하던 바를 말했다. 개화기를 맞이하여 서양식 교육기관을 세울 당시 민족자본이 부족한 조선은 미국 선교사들이 세운 기독교 학교들이 신교육을 맡았고, 자체적인 자본을 보유하고 있던 일본은 자신들의 자본으로 학교를 세웠다. 상업을 경시하고 경제에 대한 이해가 부족했던 조선은 교육을 중시하는 강한 전통이 있었음에도 불구하고 안타깝게도 아이들을 교육할 학교들을 세울 만한 자본이 없었다.

배제(1885), 숭실(1897), 이화(1886), 정신(1887), 경신(1885), 연희전문학

교(경신학당에서 분리), 계성(1906) 등 여러 미션스쿨(mission school)은 오랫동안 한국의 주요 엘리트들을 양성했다. 미션스쿨들은 해방 전까지는 주로 국민 기초교육에 기여했고 해방 후에는 대학 교육에 크게 기여했다. 우리나라 대학교 중 미션스쿨은 가톨릭 12개 대학교, 기독교 50여 개 대학교가 있다. 일본에도 미션스쿨들이 많이 설립되었지만 국가의 주류 엘리트들을 양성하는 데에 기여한 정도는 한국보다 현저히 낮다.

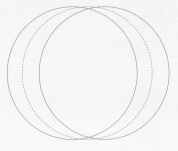

미국과 중국의
21세기 과학 전쟁

Σ

　미국의 새로운 상대로 중국이 떠오르고 있다. 이 새로운 양상체계는
중국과 미국의 정치인들이 모두 원하는 바이다. 중국은 경제력, 국방력,
기술력에서 아직은 미국의 상대가 되지 않지만 그래도 미국과 양강체제
를 이루는 것을 바라고 있다. 나름 좋은 점이 많기 때문이다. 내부적으로
는 기존 정치체제의 안정, 과학기술의 발전, 국방력 증대 등을 꾀하는 데
좋고, 외부적으로는 미국과 사이가 좋지 않은 나라들을 중국을 중심으
로 결집시키는 효과가 있어 좋다.

　이렇게 생각하는 중국의 일부 정치인들은 그것을 바라고 미국을 향
해 인상을 쓰고 있지만, 중국 국민들은 대부분 미국문화에 많이 젖어 있
다. 중국 최고 대학의 졸업생들은 미국 유학을 꿈꾸고 갑부들은 미국에
집을 사서 자녀들을 조기 유학을 보내고 있으며 아이폰은 늘 최고 인기
스마트폰이다. 미국 GM 차들이 도로에 가득하고 사람들은 극장에 가서
헐리우드 영화를 즐긴다.

　중국과의 양강체제는 미국 입장에서도 바라는 바이다. 미국은 베트
남 전쟁 이후에도 오늘날까지 계속 높은 수준의 국방비를 유지하고 싶
어 한다. 그 이유는 막대한 국방비가 있어야 국방산업과 세계 최고의 기

술력도 유지되기 때문이다. 또한 최강의 군사력은 세계의 경찰국가로서의 입지를 강화함과 동시에 세계 유일의 기축 통화인 달러화의 입지를 유지하는 데에도 도움이 된다. 미국의 유수한 대학과 연구소, 기업에 조달되는 연구비의 상당 부분이 국방비로부터 나온다. 미국의 납세자들은 납세에 무척 예민하다. 만일 세계 전체가 평화롭고 전쟁의 위협이 없어진다면 자기들이 매년 내고 있는 턱없이 많은 국방비 부담용 세금을 줄이라고 요구할 것이다. 그렇게 되면 결국 미국에 좋지 않을 것이라는 데에 암묵적으로 동의하고 있는 미국 정치인들이 많다. 그래서 미국은 지난 수십 년간 세계 어딘가에 미국에 대항하는 적들이 필요했다. 그 역할을 북한, 리비아, 이란, 이라크, 아프카니스탄, 파나마 등이 돌아가면서 해왔다.

그런데 만일 중국과의 양강체제가 공고히 성립된다면 그동안 해왔던 것처럼 국민들에게 미국의 안전을 위협하는 나라들이 아직도 많다는 것을 알리기 위해 조그만 나라들과 티격태격하는 치사한 일을 벌이지 않아도 되니 좋고, 양강체제는 오랫동안 안정적으로 지속될 것이니 더 좋다. 중국은 아직까지 미국에게 경제적, 문화적으로 종속되어 있다. 만에 하나 두 나라 사이에 군사적 대결이 실제로 발생한다면 중국에게는 대재앙일 뿐 아니라 미국에게도 좋을 일이 하나도 없겠지만, 그래도 이 두 나라의 긴장 관계를 이용하려는 정치인들에게는 세상 사람들이 '이제 세계는 미국과 중국의 양강체제이며 경제적으로뿐만 아니라 군사적으로도 대립하고 있다'라고 인식해주면 고마운 것이다.

기묘한 대립 관계

○

지금의 미국과 중국의 긴장 관계는 예전 냉전 시대 미국과 소련의 관계나 서유럽과 동유럽과의 관계와는 완전히 다르다. 당시에는 공산주의와 자본주의의 사상적, 정치 체제적 대립이 매우 치열했다. 미국과 소련은 핵무기 개발에 있어서 무한경쟁을 하고 있었다. 미국과 서유럽은 공산주의 국가들의 공산주의 확장 욕망을 자유세계에 대한 커다란 위협으로 느끼고 있었기 때문에 전쟁을 해서라도 막아야 한다고 생각했다. 미국이 막대한 인명과 돈을 희생하며 총력을 기울여서 이기려고 했던 베트남 전쟁도 공산주의의 확장을 염려했기 때문에 일어난 것이다.

세계는 미국을 중심으로 한 자유주의 세계와 소련을 중심으로 한 공산주의 세계, 둘로 나뉘어 서로 경제적, 인적 교류를 전혀 하지 않았다. 두 세계가 서로 핵무기를 대량으로 생산하여 핵전쟁이 발생할 가능성도 지금보다는 현저히 높았다. 소련이 미국에 물건을 팔아서 경제를 유지하지도 않았고 소련의 젊은 엘리트들이 미국으로 유학을 가지도 않았다.

하지만 지금 중국은 자신들의 공산주의 체제를 다른 나라로 확장하기 위해 전쟁을 불사할 필요가 전혀 없다. 공산주의의 종주국인 소련은 공산주의를 포기하고 여러 나라로 쪼개져 없어져 버렸다. 그나마 아직까지 남아 있는 몇 개의 공산주의 국가들은 경제적인 체제로서의 공산주의를 버렸거나 쿠바나 북한과 같이 낡은 방식의 독재체제를 유지하며 지리멸렬의 상태에 빠져 있다. 그런 나라들은 자기들의 정치 체제의 유지가 급급할 뿐이다. 다른 나라를 침범하여 공산주의를 퍼트린다는 것이 허황된 일이라는 것을 이미 잘 알고 있을 것이다.

중국과 미국의 관계를 이해하는 데에 도움이 되는 통계자료를 몇 개 살펴보자. 2019~2020년 미국의 대학에 유학하는 외국 학생은 모두 107만 5,000명이고 그중 약 35%인 37만 5,000명이 중국으로부터 온 유학생으로 국가 순위 1위이다.[52] 그뿐만 아니라 미국 내 전체 유학생 수는 2015년 이후 매년 조금씩 줄고 있어 2019년에는 2015년에 비해 13%가량 줄었지만, 중국 유학생 수는 늘고 있다. 전체 순위에서 2위와 3위인 인도와 한국은 19.3만 명(18%), 4.6만 명(4%)이고 4위 이하는 모두 3% 미만이다. 그 40년 전인 1979~1980년도에는 1, 2, 3위가 이란, 타이완, 나이지리아로 각각 5.1만 명, 1.8만 명, 1.6만 명이었던 것과 대조적이다.

현재 미국 대학의 외국 유학생 비율은 6% 정도인데 전체 유학생들이 내는 등록금 총액은 미국 대학 등록금 수입 총액의 30% 정도다. 미국 대학으로 장학금 없이 유학을 보내려면 매년 평균 8만 달러 정도가 필요하다. 전체 중국 유학생 37.5만 명 중 25만 명(정확한 수는 모른다. 다만 전체 유학생 중 자비 유학생은 약 60%이다)만 자비로 유학을 한다고 해도 매년 200억 달러(약 22조 원)의 현금이 중국에서 미국으로 들어간다.

국제교육자협회(Association of International Educators, NAFSA)에 따르면 미국에서 외국인 유학생들로 발생하는 일자리 수는 41만 6,000명 정도이고 경제적인 효과는 390억 달러(약 43조 원)라고 평가한다. 또 다른 조사기관인 educationdata.org에서는 2018년에 발생한 경제적인 효과를 450억 달러(약 50조 원)로 평가한다. 이 통계자료에는 중고등학교 유학생은 제외되어 있다.

전국의 중고등학생들 중 외국인 수는 조사하기 매우 어렵다. 이민자 자녀들과 순수 유학생들을 구별하기도 어렵고, 부모의 미국 현지 근무 때문에 1~2년만 자녀가 체류하는 경우도 워낙 많기 때문이다. 그래서인지 조사를 총괄하는 기관도 없다. 하지만 중국으로부터 건너온 초중고 학생들의 수는 대학(원)생들의 수보다 적지는 않을 것으로 추측된다.

과학기술로 승부하다

○

중국의 외환 보유액은 2021년 1월 7일 인민은행의 발표에 따르면 2개월 전보다 380억 달러 증가한 3조 2,170억 달러이다. 그리고 그중 약 3분의 1인 약 1조 800억 달러를 미국 국채로 갖고 있다. 얼마나 큰돈인지 실감하기가 어려울 정도로 어마어마한 돈을 중국은 '달러'로 갖고 있다. 중국은 그동안 대미 수출 덕분에 경제가 성장했다고 해도 과언이 아니다. 중국과 미국은 이렇게 금전적, 경제적으로도 서로 크게 의존하는 관계이다.

달러는 전 세계 유일한 기축통화이지만 어디까지나 미국의 화폐이고 미국 정부가 그 화폐에 대한 통화정책을 결정한다. 미국은 자국의 경제 활성화를 위한 정책이라며 한 분기에도 3조 달러나 되는 국채를 찍어내기도 한다(이자율은 고작 0.6%). 총 국채 중 외국이 보유하고 있는 국채만 40조 달러가 넘는다. 그야말로 자신들 마음대로 돈을 마구 찍어내고 있어 다른 나라들이 보기에는 좋지 않지만, 자국의 돈을 찍는 것이니 다른 나라들은 어찌할 도리가 없다.

현실은 기축통화인 달러의 가치가 유지되어야 중국 경제도, 세계 경제도 유지되는 상황이다. 2008년에 발생한 미국 월스트리트 발 경제위기 때에도 미국의 감기로 전 세계 거의 모든 나라가 심한 몸살을 앓았으나 미국은 달러를 마구 찍어냄으로써 위기를 극복했다. 돈을 아무리 찍어내도 유럽연합, 일본, 중국 등 모든 나라가 자국의 화폐가 평가절상되는 것을 꺼려하는 상황이라 달러의 상대적 가치는 오히려 높아졌고 결국 미국만 가장 먼저 경제위기를 벗어났다.

　중국으로서는 미국의 그러한 경제 독주체제가 불만이겠지만, 그저 미국과 대립하는 모양새를 구성하는 것으로 만족해야 할 뿐 어찌할 다른 방도가 현재로선 마땅치 않다. 중국의 경제는 이미 미국의 경제 상황과 미국 정부의 경제 정책에 완전히 의존하고 있다. 진정한 정치적, 외교적, 군사적 대결은 불가능하고 할 필요성도 없다. 지금은 그저 세계인들이 미중의 대결 구도를 인정하기만 하면 만족이다.

　앞으로 중국과 미국의 진정한 대결은 과학기술의 경쟁에서 벌어질 수밖에 없다. 그것을 잘 아는 중국은 항공우주개발, 인공지능, 국방무기 개발을 위해 기초과학과 하이테크 기술 개발 지원 등에 총력을 기울이고 있으며 미국이나 유럽에서 활동하는 중국 출신 과학자들을 파격적인 대우를 약속하며 자국으로 유치하고 있다. 예를 들어 나와 가까운 친구인 중국 출신 위상수학자는 중국의 한 대학으로부터 중국 교수들 평균보다 6~7배 높은 연봉과 부인의 정규직 교수 자리, 그리고 숙소 제공 등의 제안을 받고 최근에 이직했다. 또 한국의 수학 교수 한 명도 중국의 한 대학에 매년 2~3개월씩 방문하여 강의하고 대학원생 연구지도를 하는 조

● 지금은 기축통화인 달러의 가치가 유지되어야 중국 경제도, 세계 경제도 유지되는 상황이다. 2008년 월스트리트 발 경제위기 때에도 거의 모든 나라가 타격을 받았다.

건으로 거액의 연봉을 제안받기도 했다. 별로 실용적이지도 않은 순수 수학 분야에 중국이 그러한 투자를 하는 예들을 볼 때, 이보다 더 실용적인 분야들에 대한 투자는 실로 막대할 것임을 추측할 수 있다.

중국은 1990년대 초 '211공정'이라는 프로젝트를 진행했다. 21세기를 대비하여 112개 대학을 선정해 막대한 예산 지원과 행정 지원을 집중 지원한 것이다. 1998년에는 '985공정'이라는 이름으로 211공정 내에서 새로 세계적인 일류 대학 39개를 선정하여 더 많은 지원을 했고, 2017년에는 '쌍일류'라는 새로운 프로젝트를 만들어 베이징 대학, 칭화 대학, 저장 대학, 인민 대학 등 일류대학 42개를 세계적인 대학으로 키운다는 목표로 또 다시 전폭적인 지원을 하고 있다. 중국 정부는 과학과 교육으로 나라를 흥하게 한다는 의미로 '과교흥국(科教興國)'이라는 정책을 앞으로 내세우고 있다.

친미 VS. 친중

○

우리나라의 가장 중요한 외교 대상인 미국, 중국, 일본과의 관계에 있어서 일부 국민과 정치인들은 친미냐, 친중이냐를 따지며 다투고 있다. 한국전쟁과 반공주의의 영향을 받은, 그리고 냉전 시대에 긴장된 국제 관계를 보고 들었던 중년 세대는 이러한 이슈에 더 민감하다. '중국은 6.25 때 우리와 싸운 적군인 '중공'인데, 아무리 세상이 바뀌어도 그렇지 결국 친중은 반미와 같다'라고 생각하는 분들이 아직도 많다. 친중은 반미요, 친미는 반중이라는 것이다.

일본, 중국과의 관계에서도 비슷한 이분법적 논리가 존재한다. 누군가 일본과의 관계 개선에 대해 이야기하면 친일파 또는 '보수꼴통'이라고 몰아세우고, 또 누군가 중국과의 관계 개선 이야기를 꺼내면 좌파 또는 '빨갱이'라고 몰아세운다. 나라 사이의 외교 문제는 매우 복잡하고 미묘하다. 그래서 외교학이라는 학문도 존재하고 외교 전문가들도 필요하다. 나라 간의 이해관계에는 겉보기와는 다른 이중 삼중의 관계가 있기에 각 나라는 여러 나라와 다양한 채널의 외교 라인을 운영한다. 그래서 우리나라도 많은 노력을 기울여 외교전문가들을 양성하고 있으며 해외 공관 운영만 해도 매년 수조 원의 예산을 쓰고 있다.

지정학적인 이유로 주변의 나라들이 한국과 우호관계를 유지하고 싶어 하는 상황인데 한 나라에만 기우는 선택을 하는 것은 한국을 위해 좋지 않다. 우리나라의 외교는 기본적으로 미국과의 관계를 축으로 움직여 왔고 아마 앞으로도 그럴 것이다. 우리는 미국과 중국 사이에서 인내심을 갖고 현명하게 외교를 해나가야 한다.

사드 배치 사태로 한중 관계가 악화되었던 건 아쉬운 예이다. 당시 중국에는 한류문화의 물결이 대단했고 화장품, 패션산업 등에서 한국 상품의 이미지가 최고조에 달했을 때여서 더 아쉽다. 미국의 요구 때문에 사드를 배치해야 하는 상황이었다면 정부와 민간의 외교 라인을 총동원해서 중국 정부와 대화를 적극 추진했어야 했다. 그랬으면 많은 기업과 사람들이 경제적 손해와 고통을 겪지 않았을 것이다. 굳이 한 나라만을 골라 그 나라에 의지하는 것은 19세기 말에 조선 정부가 했던 실수인데, 100년이 넘게 지난 현대에도 비슷한 일이 발생하고 있다.

중국 대학의 수학이나 기초과학 수준은 아직 세계 최고와는 거리가 있다. 교수들의 급여 수준도 낮은 편이다. 최고 수준의 중국 수학자, 과학자들은 대부분 미국에서 활동하고 있다. 하지만 중국은 사람도 많고 인재도 많다. 베이징 대학, 칭화 대학 등의 몇몇 일류 대학 교수들의 수준은 이미 선진국 수준에 이르렀다. 그래서 우리나라 수학자들도 전에는 주로 일본 수학자들과 학술대회, 공동연구 등을 통해 교류했는데 요즘에는 중국 수학자들과의 교류가 빠른 속도로 늘어나고 있다.

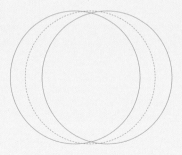

인공위성을
쏘아 올리는 나라

$$\Sigma$$

대한민국은 지난 반세기 동안 세계에서 가장 빨리, 그리고 가장 많이 발전한 나라이고 현재도 빠른 속도로 발전하고 있다. 우리나라는 일인 당 국민소득이 3만 달러를 넘고 삼성전자, 현대자동차, LG 등과 같은 세계적인 기업들을 보유하고 있으며, 한류문화는 세계적인 관심을 받고 있다. 사람들의 질서 의식과 시민 의식의 수준도 높아졌다. 특히 거리가 무척 깨끗해서 우리나라를 방문하는 외국인들이 칭찬을 많이 한다.

세계적으로 발전한 한국의 수학

○

우리나라의 과학 수준도 선진국 수준이니 이제 노벨상만 받으면 된다고 생각하는 사람들이 있다. 과연 대한민국의 과학 수준은 어느 정도인 것인가? 결론부터 이야기하면 아직 선진국들에 비해 뒤처져 있다. 세계적 전자회사인 삼성전자와 LG전자가 있지만 아직 우리나라의 과학은 갈 길이 멀다. 그동안 우리나라의 과학이 경제 발전의 속도만큼, 어떤 면에서는 그보다 더 빠르게 발전해 온 것은 사실이다. 1980년대 말인 올림픽 개최 전후부터 과학기술이 본격적으로 발전했고 그 후 30여 년이 지났다. 최근에는 세계적인 수준의 논문을 발표하는 과학자, 수학자도 많아졌다. 세계에 우리나라보다 더 빨리 과학 발전을 이룬 나라가 또 있을까 싶다. 빠른 발전을 이룩한 것은 국민들의 우수성 때문이기도 하고 정부의 과학기술 육성 지원 정책 때문이기도 할 것이다. 하지만 아직까지 과학은 최고 수준에 이르지는 못했다.

수학은 기초적이고 표준적인 학문이어서 국가 또는 대학의 전반적인 학문 수준을 대표하는 경우가 많다. 우리나라 수학은 다른 분야도 그렇듯이 지난 30년 동안 눈부시게 발전했다. 물리학이나 화학 등의 경우에는 그나마 1990년대에 이미 세계적인 학술지에 논문을 내는 과학자들이 꽤 많이 있었지만, 수학에서는 세계의 모든 수학자가 똑같은 문제를 갖고 경쟁하는 데다가 실험 없이 순수한 이론 실력으로만 경쟁하기 때문에 국제적인 수준의 논문을 쓸 수 있는 수학자들이 그리 많지 않았다. 하지만 지금은 국제적인 수준의 수학자들이 30년 전보다 10배 이상 늘었다.

우리나라 수학이 그동안 얼마나 빨리 발전했나를 볼 수 있는 좋은 예가 있다. 2014년에 서울에서 세계수학자대회(ICM)가 열렸다. 이 대회는 120년 전부터 4년마다 열리는 세계 수학의 최고·최대 행사로, 대회의 하이라이트는 수학의 노벨상이라 할 수 있는 필즈메달 수여식이다. 세계수학자대회는 세계수학자연맹(IMU)에서 주관하는데 이 연맹에는 세계 각국의 대표가 참여한다.

회원국들에게는 1군부터 5군까지 다섯 가지 등급이 매겨진다. 국가의 대표들이 모여 주요 사항을 결정하는 총회(General Assembly, GA)에서는 각 나라가 속한 군에 따라 대표가 행사하는 표의 수가 달라진다. 1군은 1표, 2군은 2표, 5군은 5표를 행사한다. 각 군은 그 나라의 수학 수준과 (어느 정도 수준 이상의) 수학자의 수를 평가하여 정한다. 한국은 오랫동안 2군에 속하다가 2007년에 4군으로 승격했는데 세계수학자연맹 역사상 두 단계를 한 번에 올라간 첫 번째 나라다. 참고로 5군에는 미국, 영국, 프랑스, 독일, 일본 등 11개국이 속하고 4군에는 호주, 인도, 이란, 한국, 네덜란드, 폴란드, 스페인, 스웨덴, 스위스 등 9개국이 속한다.

한국이 1981년 세계수학자연맹에 가입할 당시에는 가장 수준이 낮은 1군이었고 국제 학술지에 등재되는 국내 수학자의 논문 수가 연간 3~4편에 불과했다. 1993년에 2군으로 승격한 이후 한국 수학은 눈부시게 발전하여 오늘날에는 세계 10위권의 나라로 평가받고 있다.

냉전 시대의 인공위성 전쟁

○

1957년 10월 4일 소련은 스푸트니크 1호 인공위성을 쏘아 올려 세상을 놀라게 했다. 특히 소련과 냉전 중이던 미국 국민들은 이 소식에 소위 스푸트니크 쇼크라 불리는 큰 충격을 받았다. 소련이 원자폭탄을 로켓에 실어 미국으로 발사할 수도 있기에 충격은 더욱 컸다. 마치 진짜 전쟁이라도 터진 것 같았다. 온 나라가 야단법석이었다. 소련은 첫 발사 이후 불과 한 달 후인 11월 3일 강아지를 태운 스푸트니크 2호 발사에 성공하고, 다음 해 2월 3일에는 무게가 무려 1.3톤에 이르는 과학탐사 위성 스푸트니크 3호 위성을 발사한다.

그런데 더 놀라운 점은 미국이 스푸트니크 쇼크 이후 불과 4개월이

Monday July 21 1969
1969: Man makes his first sp:
On the moon after perfect touchdown

● 미국은 1969년 닐 암스트롱과 버즈 올드린을 인류 최초로 달에 보내면서 소련과의 우주개발 경쟁에서 승리한다.

채 지나지 않은 1958년 1월 30일에 익스플로러 1호 위성 발사에 성공했다는 사실이다. 이렇게 시작한 두 나라의 우주개발 경쟁에서, 한발 앞서 출발한 소련이 몇 년간은 미국을 훨씬 앞섰다. 소련은 1961년 4월 12일 유리 가가린(Yurii Gagarin, 1934-1968)을 태운 인류 최초의 유인우주선 보스토크 1호를 쏘아 올렸고(미국은 한 달 후에 비행거리와 고도는 보스토크 1호에 훨씬 미치지 못했지만 유인우주선 머큐리-레드스톤 3호 발사에 성공한다), 가가린은 그 후에 다섯 번이나 더 우주 비행에 성공한다. 미국도 익스플로러 1호 발사에 성공한 지 3년 후에 미국항공우주국(NASA)의 유인우주선 계획에 따라 1961년 5월 5일에 앨런 셰퍼드(Alan Shepard, 1923-1998)를 태운 프리덤 6호의 발사에 성공하지만 아직은 소련에 여러모로

뒤졌다.

하지만 미국은 몇 년 만에 소련을 따라잡는다. 1961년 초에 취임한 존 F. 케네디(John F. Kennedy, 1917-1963) 대통령은 그해 5월에 1960년대 말까지 인간을 달로 보낸다는 계획을 발표한다. 결국 1969년 7월 20일 닐 암스트롱(Neil Armstrong, 1930-2012)과 버즈 올드린(Buzz Aldrin, 1930-)이 인류 최초로 달에 발을 디딤으로써(아폴로 11호) 우주개발 경쟁에서 미국이 승리를 거둔다.

독일과 일본의 활약

○

항공우주 기술 분야의 미국과 소련의 뜨거웠던 경쟁에서 활약한 핵심 과학자 중에는 나치 독일이 전쟁 말기에 개발한 V-2 로켓 개발에 참여했던 독일 과학자들이 있었다. V-2 로켓은 전쟁 말기에 느닷없이 런던에 날아와 수많은 인명을 빼앗은 무기로, 당시 영국은 처음엔 어떠한 폭탄이 떨어진 것인지도 몰랐다. 이 무기는 미국과 영국은 상상하지 못할 정도로 긴 사정거리와 정확성을 가진 로켓이었다.

19세기 후반~20세기 전반 과학과 수학에 있어서 독일은 세계 최고 국가였고, 20세기 중반의 로켓 경쟁에서도 독일 과학자들이 선도적인 역할을 했다. 미국의 로켓개발은 V-2 로켓 개발의 주역이었던 베르너 폰 브라운(Wernher von Braun, 1912-1977) 남작과 독일 동료들에 의해 주도되었다. 귀족 출신인 이 천재 과학자는 20대에 이미 독일의 로켓 연구에서 주도적 역할을 했다. 미국의 역사적인 익스플로러 1호부터 아폴로

11호의 발사까지 발사체 개발은 모두 그의 책임 아래 이루어졌다. 당시 그는 미국 최고의 인기 스타였다. 소련에서도 스푸트니크 로켓뿐만 아니라 핵무기 개발에 있어서 전쟁 후 독일에서 데려온 과학자들이 핵심적인 역할을 했지만 미국보다 폐쇄적이었던 소련의 사회적, 정치적 분위기 때문에 그 과학자들 중 바깥세계에 알려진 사람은 별로 없다.[53]

여기서 잠시 일본의 우주탐사선 하야부사 이야기를 해보자. 여러 해 전, 실화에 바탕을 둔 〈하야부사〉라는 영화를 보고 깊은 감명을 받았다. 이는 일본인에게도 대단한 일인지라 비슷한 시기에 같은 주제의 영화가 두 편 더 만들어졌다고 한다. 화성과 지구궤도를 넘나드는 소행성 이토가와(길이 500m밖에 안 되는 작은 소행성)를 탐사하기 위해 2003년 탐사선 하야부사('매'라는 뜻) 1호가 쏘아 올려진다. 소행성 표면의 물질 채취라는 미션은 성공하지만 돌아오는 과정에서 온갖 역경을 다 겪었고 결국에는 예정보다 3년이 늦은 2010년에 지구로 귀환했다. 귀환 전까지 태양을 5회 공전하고 총 60억 km를 여행했다고 한다. 소행성은 태양계가 생성될 때의 물질들을 그대로 갖고 있기 때문에 태양계 생성의 비밀을 갖고 있다고 본다.

이 탐사계획은 순수 일본 기술로 이루어졌으며 일본 우주항공연구개발기구(Japan Aerospace Exploration Agency, JAXA)가 주관했다. 원래 하야부사에서 분리된 미네르바라는 소형 탐사선을 이토가와에 착륙시킬 예정이었으나 사고로 미네르바를 잃었고, 결국 하야부사 본체가 이토가와에 직접 착륙하여 샘플을 채취했는데 그 과정에서 본체가 반 이상 파손된다. 이 본체를 지구까지 소환하는 과정에서 많은 복잡한 어려움이 있었고 돌아온 것이 기적이라고 하는데, 우리로선 그 복잡한 기술적 문제들을 다 이해하긴 쉽지 않다. 다만 아주 어려웠을 것이라는 막연한 상상만 가능할 뿐이다.

소행성 류구('용궁'이라는 뜻) 탐사를 위해 2014년에 발사된 하야부사 2호는 제어시스템을 4개, 미네르바를 3개나 탑재하고 엔진을 강화하는 등 1호를 대폭 개선하여 임무를 완벽하게 수행했다. 류구의 표면에 폭발물로 인공 크레이터를 만들어 지표면 아래의 물질을 채취하는 데 성공한 것이다. 2019년 말에 지구에 샘플 캡슐을 전해준 본체는 다시 다른 소행성 탐사를 위해 우주로 돌아갔다.

일본은 하야부사 1, 2호 외에도 아카츠키라는 금성탐사선과 베피콜롬보(유럽우주국ESA과 공동 개발)라는 수성탐사선을 쏘아 올렸다. 그 외에

● 하야부사2와 소행성 류구의 상상도.

도 10여 개의 인공위성이 있다. 달착륙선과 유인우주선을 쏘아 올릴 예정이고 여러 나라가 참여하는 아르테미스 달 유인 탐사 계획과 국제우주정거장 사업에도 참여하고 있다.

나로호와 누리호

○

미국이 주도하는 아르테미스 계획으로부터 소외되었던 한국은 나중에 미국에게 참여시켜 달라고 요청했다. 이에 2021년 5월 21일 한미정상회담에서 한국의 참여 가능성이 언급되었고, 미국은 며칠 후 한국이 열번째 참여국이 되었다고 발표했다(중국은 처음부터 제외). 그동안 제외되었던 것은 아쉽지만 이제라도 참여하게 된 것은 우리나라의 우주개발 기술 개발의 좋은 기회로 보인다. 막대한 예산 부담에 비해 실질적인 소득은 미흡할까 염려도 되지만 말이다.

2020년 12월 과학기술정보통신부는 2021년 2월에 발사예정이던 우리나라 최초의 자력 인공위성 발사체 누리호의 발사를 기술문제로 10월로 연기한다고 발표했다. 사람들은 의아해했다. 우리나라가 그동안 인공위성을 못 쏘아 올렸나? 그동안 간간이 인공위성을 쏘아 올리는 데 성공했다는 언론보도를 접해왔던 많은 사람은 이미 우리가 인공위성 발사에 성공한 것으로 알고 있었다. 나로호 발사 소식(2013)도 있었고 인공위성 아리랑호가 여러 차례 쏘아 올려져 우주를 돌고 있는 것으로 알고 있는데 이제야 최초로 쏘아 올린다니 의아했을 것이다. 학생들은 물론이고 내 주변의 사람들, 심지어는 이공계 교수들까지 막연히 그렇게 알고

● 대한민국 자력으로 개발된 최초의 발사체 누리호는 2021년 발사되어 고도 700km에 성공적으로 진입했으나 목표한 궤도에는 오르지 못했다.

있던 사람이 많다.

두 번의 실패를 딛고 세 번째에 성공적으로 발사되었던 나로호는 러시아 기술진의 도움을 받았다. 2018년 11월에 나로우주센터에서 누리호를 성공적으로 쏘아 올렸다는 발표가 있었지만 실제로는 시험 발사체를 쏘아본 것에 불과했다. 누리호는 KRE-075 엔진 4개를 1단, KRE-075 엔진 한 개를 2단, KRE-007 엔진 한 개를 3단으로 사용할 예정인데 이 시험 발사에서는 KRE-075 엔진 한 개를 발사해 본 것이었다.

대한민국 자력으로 개발된 최초의 발사체 누리호는 2021년 10월 21일에 '거의' 성공적으로 발사되었다. 고도 700km에 성공적으로 진입했으나 마지막 단계에서 3단 엔진이 일찍 연소를 마치는 바람에 원하는 궤도에 올려놓는 데에는 실패했다.

그동안 우리나라가 자력으로 인공위성을 쏘아 올리지 못했던 것이 미국과 맺은 발사체 제한 협의 때문일 것이라고 추측하는 사람들도 있는데 그건 사실이 아니다. 우리나라는 오래전인 1996년부터 우주발사체 개발 계획을 시작했다. 삼성전자, 현대자동차, LG, SK 등 세계 최고 수준의 기술을 보유한 기업들이 즐비한 기술 선진국인 한국이 왜 항공우주 기술 분야에서는 일본과 중국에게 뒤지는 것일까? 우리나라가 그동안 인공위성을 쏘아 올리지 못했다는 사실보다 더 주목해야 할 것은, 뼈아픈 자기성찰보다는 국민들을 상대로 성과를 홍보하는 데에만 열을 올려왔던 일부 관계자들과 언론의 태도라고 생각한다.

경제성을 갖춘 발사체

○

우리가 이룬 과학적 성과를 부풀려 홍보해 온 경우는 비단 인공위성만이 아니다. 예전에 언론에 가장 자주 등장하던 과학 소식은 세계 최초의 신약 개발 소식이었다. 최근에는 좀 신중해졌지만 과대 홍보의 경향은 아직도 남아 있다. 2021년 4월 9일 언론은 일제히 한국항공우주산업(KAI) 생산 공장에서 열린 KF-21(일명 보라매) 시제 1호기 출고식에 대통령이 참석했다는 보도를 냈다. 보도에 따르면 이로써 대한민국은 세계 여덟 번째 초음속 전투기 보유국이 되었고 2028년까지 40대, 2032년까지 모두 120대를 실전 배치한다고 한다. 하지만 이런 장밋빛 이야기들은 "향후 5년간 지상시험과 비행시험을 성공리에 마치면" 가능한 이야기이다. 아직 비행시험은 고사하고 지상시험조차 시작하지 않은 전투기인데 5년 사이 어떤 기술적인 문제가 발생할지 모른다. 게다가 KF-21은 CNN의 보도에 따르면 개발에 성공하더라도 국산화율이 65%밖에 되지 않는다고 한다. 인공위성 발사나 전투기 개발과 같은 심각한 이슈에 있어서는 신중한 태도가 필요하다. 상대를 꺾으려면 자신의 부족한 점을 냉철하게 돌아보고 상대의 실력을 살피며 조용히 끈기 있게 실력을 키워야 하는 법이다.

우리나라는 그동안 정부의 막대한 지원과 연구자들의 노력 덕분에 이제 우리 힘으로 인공위성을 쏘아 올릴 수준에 이르렀지만 아직은 갈 길이 멀다. 누리호 개발 사업에 국민의 세금 2조 원이 투입되었고, 앞으로 실용화 단계에 이르기까지 투입될 예산 또한 막대할 것이다. 20년 이내에 실용화, 상업화하는 것도 어렵지만 투입된 예산 대비 경제성에도 문제가 있다.

전기자동차 회사 테슬라의 창업자이자 최고경영자인 일론 머스크(Elon Musk, 1971-)가 세운 우주탐사기업 스페이스X(SpaceX)의 행보는 놀랍다. 로켓 추진체를 재사용한다는 획기적인 아이디어를 실현하는 데에 성공했을 뿐 아니라 회수되는 로켓 부스터가 지상에 수직 착륙하는 장면을 보여줘 세계를 놀라게 했다. 2021년 6월 30일에 발사된 팰컨 9에는 무려 88개의 인공위성을 실어 궤도에 올렸다. 스페이스X는 한 발사체에 여러 개의 인공위성을 실어 쏘아 올리는 이러한 소형위성승차공유(Small Sat Ride share, SSR) 시스템으로 2021년 상반기에만 무려 900개의 인공위성을 쏘아 올렸다.

고객들은 자사 위성을 궤도에 올리기 위해 로켓 전체를 구매할 필요가 없다. 스페이스X에서는 인공위성 485파운드(약 220kg)당 100만 달러(약 12억 원)을 받는다. 누리호에 실어 올리고 싶은 화물 1,500kg을 680만 달러(약 80억 원)을 받고 쏘아 올려준다는 뜻이다. 간단히 계산을 해보면 한국이 개발해 상용하고자 하는 발사체가 경제성을 갖추기가 얼마나 어려울지 상상이 된다.

스페이스X가 추진하는 위성인터넷 사업인 스타링크(Starlink)도 놀랍다. 저궤도 소형 위성 1만 2,000개를 지구 전역에 쏘아 올려서 글로벌 인터넷 망을 구성한다는 사업인데 현재 활발히 진행되고 있다.

아마존닷컴의 창업자 제프 베이조스(Jeff Bezos, 1964-)가 스페이스X보다 2년 먼저 세운 경쟁 업체 블루 오리진(Blue Origin)도 만만치 않다. 발사체 재활용은 이 회사가 스페이스X보다 앞서 시작했다. 2021년 7월 20일에는 베이조스가 직접 우주 캡슐을 타고 유인 비행에 성공했다. 원래는 유인 달 탐사 계획이었기에 베이조스가 직접 달에 가겠다고 했지만, 이 계획은 미국 정부가 주도하는 아르테미스 사업에 흡수되었다.

기초과학의 중요성

○

누리호 발사체는 1964년에 미국에서 2인 유인 인공위성 발사 계획으로 발사된 제미니 1호의 발사체와 그 규모와 구성이 매우 흡사하다. 이것은 우리가 발사에 성공하더라도 그제야 60년 전 미국의 항공우주기술과 비슷해진다는 뜻으로 해석될 수도 있다.

그럼 왜 우리는 아직도 인공위성을 우리 기술로 쏘아 올리지 못했던 것일까? 항공우주연구원이나 정부의 잘못일까? 연구를 주관하는 항공우주연구원의 연구 능력이나 정부의 지원이 미흡해서는 아닐 것이다. 주된 이유는 우리나라의 전반적인 과학 수준이 그 정도이기 때문일 것이다. 하지만 한편으로 나는 이 발사체 개발 사업에 수학자나 이론물리학자와 같은 기초 이론과학자의 참여가 부족했기 때문이라고 생각한다.

우리나라에는 실력 있는 이론과학자, 수학자가 선진국에 비해 부족하다. 그럼에도 항공우주개발 연구에 기초과학자들을 참여시켰어야 하는데 그동안 그 점이 미흡했던 것이다. 항공, 기계, 재료 공학자들이 모여 '기술적'으로만 문제를 해결하려고 하니(순수이론을 공부하는 기초과학자들의 참여가 부족하여) 기술 외적으로 기초과학적인 어려운 문제에 봉착했을 때 그것을 돌파할 힘이 부족했던 것이다. 내가 앞서 언급한 명나라와 유럽의 비교와도 일맥상통하는 대목이다.

발사체 개발에 참여해 온 공학자들은 자신들의 연구에 수학자나 기초과학자의 지식이 필요하지는 않았다고 이야기할 수 있다. 아마도 그 말은 일정 부분 맞을 것이다. 하지만 정작 이 연구에 필요한 것은 그들의 지식보다는 능력일 것이다. 기초과학자들의 능력은 그 지식으로부터 나오기도 하지만, 여기에 추가적으로 오랜 기간의 수련과정을 통해 얻은 학문적 통찰력(또는 직관)과 한 문제를 오랫동안 붙들고 연구하는 연구 습관으로부터 나온다. 기초과학자에게는 좋은 통찰력과 끈기가 곧 실력이고 그런 실력을 통해 어려운 문제들을 해결한다.

원자폭탄 개발 프로젝트인 맨해튼 프로젝트에는 책임자 오펜하이머

뿐만 아니라 많은 실력 있는 이론물리학자가 참여했다. 미국항공우주국(NASA)의 아폴로 프로젝트도 마찬가지이다. 물론 우리나라에는 그만큼 훌륭한 이론과학자나 수학자가 없어서 부득이 참여시키지 못했을 수도 있다. 우리나라의 젊은 수학자들과 이론과학자들은 대학 교수 자리 이외의 정규직 일자리를 구하는 것이 매우 어렵다. 매년 수천억 원의 예산을 쓰는 항공우주연구원이나 수십 개의 정부 출연 연구기관에서 젊은 기초이론 과학자들의 일자리를 늘린다면 기초과학 분야의 학문적 토양이 좋아지고 그들이 분명 결정적인 순간에 중요한 역할을 해낼 것이라고 확신한다.

연구기관만 탓할 수는 없다. 삼성, LG와 같은 굴지의 전자회사들도 그동안 수학자, 이론과학자에게는 별 관심이 없었다. 선진국을 빨리 따라가야 하고 당장 눈에 보이는 성과를 내야 하는 상황이었기에 언제 성과를 낼지도 모르는 이론과학자의 원론적이고 추상적인 연구 결과를 기다리는 것은 쉽지 않았을 것이다.

순수이론과학도 중요하다

○

60여 년 전에 미국과 소련은 그렇게 쉽게 쏘아올린 인공위성을 쏘아올리지 못한 것은 기초과학의 실력이 부족하기 때문일 것이다. 그동안 공학자들과 과학자들은 서로를 불신해 왔다. 과학의 저변이 얕은 우리의 현실이다. 선진국을 빨리 따라가기 위해 기초과학보다는 기술을 주로 육성할 수밖에 없었다는 것은 이해할 수 있다. 하지만 이제는 차분히 우리의 상황을 돌아보며 기초과학 육성에 힘을 기울여야 한다. 명나라의 과학이 유럽에 뒤처진 것은 과학의 실용적인 가치만 인지하고 진리 탐구 정신의 중요성을 이해하지 못했기 때문이라는 사실을 명심해야 한다.

우리나라의 기초과학 연구자들은 개인 연구비를 대개 한국연구재단에서 지원받는다. 연구비 신청을 할 때 연구계획서를 입력하는 웹사이트 창에서 자신의 연구가 IT기술, BT기술 등 어떤 기술과 연관이 있는지 세부적인 부분까지 선택해야 연구비 신청서 제출이 가능하다. 기초과학을 연구하는 과학자는 자긍심 하나로 고생하며 연구를 수행하는데, 자신의 연구가 실용적 기술 개발에 곧바로 도움이 되지 않으니 연구비를 신청할 때 그 실상을 감추어야 한다면 자존심이 상할 것이다. 이는 기초과학이 추구하는 방향과 그 중요성에 대한 사회의 이해가 부족하다는 것을 보여주는 사례다.

우리나라는 더 많은 '실력 있는' 과학자가 필요하다. 연구 실적을 많이 발표하는 것은 물론 필수이지만, 이제는 논문 수가 많은 과학자보다는 실력 있는 과학자들을 중시할 때이다. 기초적인 지식과 과학적 사고 능력을 갖춘 실력 있는 과학자가 많이 있어야 인공위성도 우리 힘으로 쏘아 올리고, 4차 산업혁명 시대에도 선진국에 뒤처지지 않게 될 것이다.

최근에는 우리나라에도 세계적인 수준의 연구결과를 발표하는 과학자들이 많이 늘었다. 하지만 대다수가 '실험과학자'라는 점이 아쉽다. 우리나라는 정부의 연구비 지원이 넉넉해졌고 유능하고 젊은 대학원생들이 열심히 실험에 임해주고 있기 때문에 좋은 실험 논문을 쓰는 것이 좋은 이론 논문을 쓰는 것보다 더 용이할 수 있는 상황이다. 하지만 우리의 과학 수준을 높이기 위해서는 국제적인 수준의 실력 있는 이론과학자가 좀 더 많아져서 실험과학과 이론과학의 균형이 어느 정도 맞아야 한다. 이 점은 학문 특성상 실험의 비중이 비교적 높은 화학, 생명과학, 의학, 재료공학 등과 같은 과학 분야에서 오히려 더 절실하다.

인재를 자국에서 교육하는 나라

○

　한국인들은 대체로 능력이 좋다. 어려운 일이 있더라도 창의적인 아이디어를 내서 해결하는 경우가 많다. 그리고 무슨 일이든 빨리 처리한다. 한국은 다이내믹한 나라다. 변화가 빠르고 그에 따라 발전도 빠르다. 일상생활에서의 '편리함'은 압도적이다. 나는 미국에서 지낸 기간 7년을 포함하여 영국, 일본, 중국 등 외국에서 10년 이상을 체류했다. 내가 유학을 가서 공부하던 시절에는 미국인들의 생활수준이나 생활 속의 편리함, 합리성 등이 한국보다 훨씬 앞서 있었다. 하지만 지금은 한국이 미국보다 더 살기 좋은 나라가 된 느낌이다. 아마도 한국보다 더 살기 좋은 나라는 찾기 힘들지 않을까 싶다. 내가 한국인이고 언어와 습관에 불편함이 없어서 더 그렇겠지만 그럼에도 한국처럼 무슨 일이든 빨리빨리, 척척 진행되는 나라는 드물다.

　한편으로는 그렇다 보니 유형이든 무형이든 옛것들이 너무 자주 바뀌어 아쉬울 때가 많다. 또한 사람들의 말과 행동이 빨라 행정과 정책이 너무 즉흥적이어서 문제가 생길 때도 종종 있다. 한국 사람들은 기초적인 상식과 오랜 시간의 깊은 고려를 통해 합리적으로 판단을 내리는 것보다는 창의적인 아이디어를 내서 빨리 일을 처리하거나 결정하는 것을 좋아한다. 일종의 인스턴트 문화다.

그동안 눈부시게 발전한 한국은 선진국 문턱에 와 있다. 교육열이 높고 민족성이 뛰어나고, 세계에서 가장 빨리 발전하고 있는 나라이다. 나는 "선진국이란 인재를 자국에서 키우는 나라이다"라는 말을 자주 한다. 나는 미국 유학을 갔을 때 미국의 대학원에는 일본 유학생들이 거의 없다는 걸 처음 알았다. 가서 보니 유럽에서 온 학생들은 동유럽 학생들뿐이고 서유럽 학생들은 거의 없었다. 그때 깨달았다. 자국의 최고 인재들을 자국에서 교육시키는 나라가 바로 선진국이라는 것을. 한국은 그런 의미에서 아직 선진국은 아닌 것이 분명하다.

나는 오랫동안 수학올림피아드에서 내가 가르친 우리나라의 최고 수학영재들과 계속 교류한다. 국제수학올림피아드 대표 학생들이나 루마니아 수학마스터대회 대표 학생들과는 그들이 중학생일 때부터 겨울학교, 여름학교 등을 통해 만났고 국제대회 출전 직전에는 주말교육, 집중교육 등을 통해 종종 만난다. 그래서 자연스럽게 대학 진학과 그 이후의 학업에 대해 이야기를 나눈다.

학생들은 예전에는 미국 대학으로 진학하는 경우가 종종 있었지만, 최근에는 국내 대학으로 진학해서 수학을 전공하는 것을 당연하게 받아들이는 것 같다. 대학을 졸업한 후에는 미국의 프린스턴 대학, 하버드 대학, MIT 등 최고 대학들의 박사과정으로 유학을 가고 싶어 한다. 본인의 의지도 있겠지만 그동안 우수한 선배들이 그렇게 해왔고, 부모나 주변에서도 그렇게 권하니까 으레 그렇게 생각하는 것 같다. 대학부터 미국 유학을 가는 경우도 재작년부터 다시 매년 한두 명씩 나오고 있다. 국제 수학올림피아드에서 두 번 금메달을 수상한 한 학생의 경우에는 애초에 서울대 수학과에 입학을 했지만, MIT에서 그 학생에게 직접 연락을 해 와서 그곳으로 가게 되었다.

최근에는 한국의 상위권 대학에서 국제적인 수준의 연구 역량을 갖춘 박사들을 배출하고 있다. 전문연구요원제도라는 병역특례로 남학생들이 군대 면제를 받는 제도도 있어 우수한 인재들이 외국 대신 국내 대학원으로 진학하는 경우가 많다. 사실 이제는 최고 수준의 이공계 학생들조차도 굳이 박사학위를 따러 미국에 갈 필요가 없다. 한국이 선진국 문턱에 바싹 다가서 있다는 의미일 것이다.

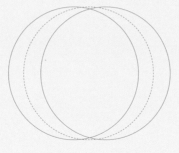

수학적 사고가
필요한 이유

$$\Sigma$$

우리의 삶에 있어서 판단력과 분별력은 매우 중요하다. 판단력은 인생의 중요한 일들을 결정할 때 발휘되기도 하지만 일상적인 생활 중에도 늘 필요하다. 살아가면서 우리는 이런저런 판단을 하고, 그것들이 쌓여서 각자의 삶의 질과 행복지수가 결정된다. 그리고 분별력은 옳고 그름을 판별하는 능력, 좋고 나쁨을 구별하는 능력, 이것과 저것의 서로 같음과 다름을 분별하는 능력 등을 포괄하는 개념이다.

내가 판단력과 분별력을 강조하는 이유는, 첫째는 수학과 과학 공부를 하면서 얻는 논리적이고 과학적인 사고력과 해당 지식을 통해 사람들이 판단력과 분별력을 키울 수 있다는 믿음 때문이다. 둘째는 한국 사람들이 갖고 있는 유난히 뛰어난 창의력이나 목표를 달성하는 능력, 학업이나 업무를 수행하는 능력 등에 비해서 기초적인 판단력과 분별력은 상대적으로 좀 부족한 경향이 있기 때문이다(이 부분에 대해서는 '한국은 선진국인데 무슨 말이냐'라거나 '한국 사람들이 판단력과 분별력이 부족하다는 근거가 있느냐'라는 반박이 있을 수 있겠다. 하지만 실례와 근거를 제시하며 설득을 이어나가는 것은 불필요해 보인다. 부정적인 내용이 과다할 수 있기 때문이다).

판단력과 분별력

○

좋은 판단과 분별을 하는 데에 꼭 필요한 조건 중 하나는 바로 사실을 사실대로 받아들이는 태도이다. 분명한 증거 또는 데이터가 있거나 합리적이고 납득할 만한 설명이 따르는 경우, 그것을 인정하고 그것에 기반하여 본인의 판단을 내리는 태도가 필요하다. 그런데 당연해 보이지만 그러한 태도를 갖추기가 쉽지만은 않다. 어떤 합리적인 사실이나 설명을 인정한 후에도, 그것에 기반하지 않고 엉뚱한 결정을 하는 사람들이 의외로 많다. 수학적, 과학적 소양을 갖춘 사람들은 사실을 사실로 받아들인다. 그런 사람들은 확실하지 않는 것에 대해서는 몰라도 확실한 것에 대해서는 그것을 근거로 판단을 내린다.

우리는 살아가면서 물건을 구매할 때, 몸이 아파 치료를 받을 때, 사회적이나 정치적인 이슈에 대해 의견을 정할 때, 미래를 결정해야 할 때, 가정이나 직장, 학교 등에서 중요한 결정을 내릴 때 등등 판단을 내려야 할 상황을 수없이 맞이한다. 어떤 결정을 내릴 때 합리적인 사실을 인정하고 그것을 자신의 판단에 적용하는 데에 수학이나 과학 공부를 통해서 얻을 수 있는 논리적, 과학적 사고 습관이 크게 도움이 될 것으로 믿는다.

좋은 판단력은 좋은 '정보력'으로부터 나온다. 좋은 정보를 구별하고, 그런 정보를 취득하여 자기 것으로 만들어 필요할 때 활용하는 능력을 정보력이라고 하자. 그런데 좋은 정보력을 갖는 것은 의외로 쉽지 않다. 여기에는 다양한 기초적인 지적 소양이 요구된다. 현대는 디지털 정보화 시대이자 과학이 우리의 삶과 늘 함께하는 시대이다. 당연히 과학적 또는 수학적 지식과 상식이 정보력에 도움을 주거나 판단력에 직접적인 도움을 준다.

예전에는 얻기 쉽지 않았던 지식들을 요즘에는 스마트폰을 통해 쉽게 얻을 수 있다. 최근 뉴스나 중요한 정보들도 자기가 굳이 찾지 않더라도 쉽게 얻을 수 있다. 하지만 쏟아지는 정보 속에서도 어떤 정보가 필요한지 인식하여 기억하거나 어느 정보의 옳고 그름을 분별해내는 능력이 필요하다. 그러한 능력을 갖추기 위해서는 수학적, 과학적 소양이 점점 더 요구되는 세상이 되고 있다.

1971년에 경북 순흥에서는 고구려풍의 벽화가 그려진 (이미 도굴된) 신라고분이 발견되었는데 그 이전부터 "벽에 칠해진 회는 만병통치약"이라는 잘못된 말을 믿은 주민들에 의해 벽화가 대부분 벗겨져 있었다. 그해에 발견되어 세상을 떠들썩하게 만든 백제 무령왕릉 발굴 이야기는 너무나 유명하다. 발견되었다는 소식을 듣고 몰려든 사람들에 당황한 발굴단은 하룻밤 사이에 왕릉 내부의 유물들을 포대에 쓸어 담고 발굴 조사를 마쳤다.

과학 상식의 중요성

○

현대사회에서는 과학적 또는 수학적인 소양의 중요성이 점점 더 커지고 있다. 과학적 기초 소양을 가진 사람들에게는 너무나 당연한 판단이 그렇지 않은 사람들에게는 어려운 경우가 흔히 일어난다. 하지만 과학적, 수학적 소양은 그렇게 쉽게 얻어지지 않는다. 사람들이 열역학 제 1법칙(에너지 보존법칙)을 이해하지 못해 에어컨이나 냉장고를 오용한다 든지, 전자파를 막연히 두려워한다든지, 우리 몸의 면역 반응이라는 것 이 무엇인지 이해하지 못해 근거 없는 고가의 영양제를 무작정 먹는다 든지 하는 등 생활 속 불편 상황이 종종 발생한다.

나는 과학 상식이 부족한 치과의사 때문에 죽음 직전까지 간 적이 있 다. 20년 전쯤 치아 임플란트가 막 시작되던 시절에 친구의 소개로 간 한 치과병원에서 임플란트 시술을 받던 중에 벌어진 일이다. 나사를 잇몸 에 박아 넣었는데 염증이 발생하여 2주 이상을 매일 극심한 통증에 시달 렸다. 치과의사는 내가 찾아가 통증을 호소할 때마다 항생제의 양을 늘 렸고, 결국 나는 밤에 자다가 과다 처방된 페니실린의 부작용으로 호흡 이 곤란해져서 죽을 고비를 넘겼다.

다음 날 그 치과에 찾아가니 당황한 그 치과의사는 대학병원 교수 출 신이라는 후배 의사를 소개해 줬다. 새로 찾아간 의사는 항생제가 아닌 면역억제제(스테로이드제)를 처방했고 그 약을 먹자 바로 염증이 가라앉 았다. 그 전의 치과의사는 염증이 세균의 침입에 의해서만 생기는 것이 아니라 다른 단백질 등의 이물질에 의해서도 발생한다는 것을 몰랐던 모양이다. 나에게 발생했던 염증은 임플란트를 하기 위해 박아놓은 나 사라는 이물질에 내 몸의 면역 기능(주로 T-세포 등 면역세포에 의한 면역 반 응)이 과다하게 반응하여 일어난 것이기 때문에 항생제가 아니라 면역 기능을 약화시키는 약을 처방했어야 하는데 면역을 강화하는 정반대 방 향의 약을 처방했던 것이다.

왜 음모론을 믿을까?

○

사람들은 대개 종교나 정치적인 이슈에 대해서 자기가 믿고 싶은 것만 믿는 경향이 있다. 그리고 다른 의견에 매우 민감하게 반응한다. 예를 들어 해군의 군함 안에는 사관실이라고 하는 장교들만 사용하는 식당 겸 휴게실이 있는데, 그곳에서는 종교나 정치에 대한 이야기를 절대 꺼내서는 안 된다는 불문율이 있다. 이것은 유럽 해군의 전통이 지금까지 전해진 것인데, 그만큼 종교와 정치는 사람들이 서로 다른 생각을 갖기도 쉽고 서로 다투기도 쉬운 주제인 것이다.

물론 그러한 경향은 종교나 정치에 국한된 것은 아니다. 수학교육이나 학교교육에 대한 공개 토론회에 참석해 보아도 믿고 싶은 것만 믿는 사람들이 많다는 것을 느낄 수 있다. 사적인 자리에서 육아 문제에 대해 이야기할 때에도 사람들마다 생각이 다른데 남들의 다른 의견에 매우 민감하게 반응한다. 복지정책이나 원자력 발전 문제, 그리고 후쿠시마 원전이나 위안부 문제 등과 같은 민감한 주제들에 대해서도 서로 자기 입맛에 맞는 정보와 뉴스에만 의존하여 원래부터 자신이 갖고 있던 생각을 더 굳히기만 한다. 합리적인 판단을 갖는 힘을 키우기 위해서는 한쪽으로 치우친 정보만이 아니라 가급적 객관적이고 균형 잡힌 정보를 선택하려는 의지와 습관을 갖는 것이 필요하다.

세상에는 음모론을 좋아하는 사람들이 많다. 대개 지식과 정보로부터 소외된 사람들이 음모론을 쉽게 믿는 경향이 있다. 케네디 전 대통령의 암살에 얽힌 음모론은 지난 60년간 수십 가지가 등장했고, 세계의 무슬림 중에는 이슬람국가(IS)가 벌인 테러나 뉴욕에서 벌어진 911 테러가 이슬람교와 교도들을 모함하기 위해 미국이 저지른 음모라고 믿는 사람들도 많다. 중국 우한에서 시작된 코로나19 사태도 미국의 음모라고 믿는 이들도 있다.

2020년 9월경에 빌 게이츠가 코로나19 팬데믹은 2021년 말이나 되어서야 끝날 것 같다고 예측한 기사가 나온 적이 있다. 그때 그 기사에 많은 사람이 빌 게이츠를 욕하는 댓글을 올리고 또 많은 이들이 그런 댓글에 동의했다. 당시에는 그게 무슨 영문인지 잘 이해하지 못했는데, 나중에 알고 보니 그 사람들은 빌 게이츠가 일루미나티의 일원으로서 코로나19를 퍼트린 원흉 중 한 명이며 세계의 인구를 5억 명 수준으로 낮추기 위해 대량 살상을 획책했다고 믿는 사람들이었다. 그들은 그러한 믿음의 근거로 2015년에 빌 게이츠가 테드(TED)에서 한 연설을 제시했다.

일루미나티는 바이에른 광명회라고도 부른다. 일루미나티와 관련된 음모론은 수없이 많지만 가장 압권은 외계인들과 연관되어 있다는 것이다. 누가 이야기를 만들었는지는 모르겠지만 음모론을 믿는 사람들은 렙틸리언이라는 파충류형 외계인이 일루미나티라는 조직의 최상층 지도부에 있으며 지구에 새로운 질서를 확립하기 위해 인류의 대량 살상을 모색하고 있다고 믿는다. 세계 경제계의 거물들은 대부분 그 조직의 일원이고 케네디 전 대통령의 암살, 서브프라임 모기지 사태, 911 테러, 지구온난화, 비트코인 등 굵직한 사건들은 대부분 그 조직이 일으킨 것이라고 믿는다.

음모론을 믿는 사람들은 어떤 이야기이든 그 내용의 신빙성에는 관심이 없다. 이야기가 자신의 판단으로 볼 때 어느 정도 일리가 있어 보이면 그냥 믿는다. 그런 음모론은 대개 재미가 쏠쏠하다. 음모론 신봉자들은 그들이 들은 이야기를 퍼트리는 것을 즐긴다. 우리나라에서 빌 게이츠를 싫어하는 사람들이 유난히 많은 것은 아마도 그에 대한 음모론을 믿는 일부 종교집단의 지도자들이 그런 이야기를 퍼트리고 있기 때문일지도 모른다.

생명과 직결되는 과학

○

JTBC 등의 언론보도에 따르면 코로나19 집단 감염으로 유명해진 BTJ열방센터를 운영하는 인터콥의 대표 최바울 선교사가 교인들에게 빌 게이츠 등이 코로나 바이러스를 퍼트렸을 뿐만 아니라 코로나19 백신은 그것을 맞은 사람들을 지배하기 위한 것이기 때문에 백신을 맞아서는 안 된다고 설교했다고 한다. 그런 주사액으로 인간들을 지배할 수 있다는 것은 현대 과학으로는 성립하기 어려운 이야기이지만 그런 이야기를 만들어낸 사람들이나 믿는 사람들에게는 그럴듯한 이야기였던 모양이다.

과학자들은 과학적으로 또는 어느 정도의 합리적 추측으로 설명이 되지 않는 현상은 잘 믿지 않는다. 종교 행사 같은 곳에서 사람들이 흔히 보는 기적은 이상하게도 과학자 앞에서는 잘 일어나지 않는다. 목격한 것을 주제로 〈네이처〉나 〈사이언스〉와 같은 유명 저널에 논문을 내면 금세 세계적인 유명 과학자가 될 수 있을 텐데 아직까지 그런 행운을 누린 과학자가 있다는 이야기는 들어보지 못했다.

병에 걸리거나 다쳐서 병원 신세를 질 때 스스로 판단해야 할 일들이 의외로 많이 일어난다. 이때 평소에 갖고 있던 과학 상식이 도움이 되는 경우가 많다. 어떤 병원에서 어떤 치료를 받을지 결정할 때도 있고 사후 관리를 어떻게 할지를 결정할 때도 있다. 그리고 자신 또는 가족이 내린 결정에 따라 극단적으로는 생사를 오가는 경우도 있다. 갑자기 아플 때 어떤 병원으로 가야 할지를 결정하거나, 치료를 받을 때나 받은 후에 의사의 지시를 왜 따라야 하는지를 잘 이해해야 한다.

나는 예전에 청각장애인인 동생이 중병에 걸려 몇 달간을 보호자로서 동생과 함께 병원 무균실에서 지낸 적이 있다. 그때 나는 환자나 보호자들이 면역의 개념, 항암치료의 종류와 원리, 혈구 세포, 이식편 대 숙주 반응과 같은 의학 용어의 뜻 등에 이해가 부족하여 잘못된 선택을 하는 경우를 종종 보았다.

내가 10여 년 전부터 겪고 있는 통풍이라는 병에 대해 이야기해 보자. 통풍이란 간단히 말하자면 혈액 속 요산의 농도가 높은 병인데 요산 농도가 높으면 요산결정이 온몸 곳곳에 침착되어 염증을 일으키거나 각종 장기의 기능을 저하시킨다. 특히 콩팥에 쌓이면 심각한 기능 장애가 일어나고 죽음에 이를 수도 있다. 우리 핏속의 요산은 퓨린체 단백질을 소화, 흡수하는 과정에서 생기는데 요산에 대한 대사 이상이 생기는 경우에는 그 농도가 올라간다. 그런데 통풍 환자들 중에는 자기는 이제 관절이 아프지 않으니 다 나았다는 사람, 관절이 아픈 것은 파란색 (요산결정)

침이 찔러서 그런 것이라는 사람, 술은 맥주만 마시지 않으면 괜찮다는 사람, 자기는 한약(또는 식품)을 먹고 다 나았다는 사람 등등 다양한 경우가 있다. 그런 사람들 대다수가 이제는 아프지 않으니 다 나은 것 같다며 의사가 처방해 준 약을 더 이상 먹지 않는다. 그냥 자이로릭(알로푸리놀)이나 페브릭(페북소스타트)을 매일 한두 알씩 먹으면 별 문제 없이 지낼 수 있는데 잘못된 판단을 하여 결국에는 심각한 병을 얻는 사람들이 많다. 모두 과학적 상식 부족으로 잘못된 판단을 한 경우에 해당된다.

오답을 알아내는 힘

○

수학이 판단력과 연관되었던 예를 하나 들어보자. 강력한 산아제한 정책을 벌이던 1980년대 초에 있었던 이야기이다. 1960년대 중반부터 시작된 아이 둘만 낳기 운동은 새로운 군사정부가 들어선 1980년대 초부터는 '하나만 낳아 잘 키우자'라는 운동으로 강화되었다. 당시에는 정부의 통제가 심하던 때라 자식을 셋 이상 낳는 것은 금기시했다. 자식을 셋 이상 낳는 경우 공무원들이나 학교 교사, 공기업 직원들이 인사상의 불이익을 받는 것은 물론이고 일반 기업의 직원들도 주변의 압력을 받는 상황이었다.

한편으로는 아직까지 남아선호사상이 강하게 남아 있어서 딸 둘을 낳은 경우 아들을 얻기 위해 셋째를 낳는 경우가 많았다. 그래서 국회에서 딸 두 명을 낳은 가정에서 아들을 낳기 위해 세 번째 자식을 낳으면 벌금을 부여하는 법안을 논의했다는 기사가 신문에 난 적이 있다. 기사는 '그

법안은 검토 과정에서 남자아이가 태어날 확률을 줄여 남녀 성비를 무너뜨릴 수 있어 폐기되었다'라는 내용으로 마무리되었다. 여아 둘이나 셋을 낳은 가정에게 그다음 자식으로 남아를 낳을 기회를 박탈하면 태어날 남아 수가 줄어든다는 것이다. 과연 그럴까?

딸을 둘, 셋을 낳았으니 이젠 아들을 낳을 확률이 크다는 사회적 통념이 있었지만 실은 그것은 옳지 않다. 어떠한 법률이나 제도가 남녀 성비를 깨뜨리지는 못한다. 왜냐하면 그런 법률이나 제도로 '태어나지 못할' 아이들의 남녀 성비가 늘 같기 때문이다. 자연적인 남녀 성비는 약간의 차이가 있지만 여기서는 일단 자연적인 남녀 성비가 같다고 가정하자. 태아의 남녀 성을 미리 알고 난 후에 벌어지는 낙태 등의 인위적 조작이 아닌 한 남녀 성비가 그런 것으로 깨지지는 않는다.

이러한 수학적 사고 부족에 따른 오해는 농구 경기와 같은 스포츠 경기 중계방송에서도 종종 들을 수 있다. "자유투 던지는 저 선수는 성공 확률이 80%인데 지난 두 번 연속 실패했으니 이번에는 넣을 확률이 크다"라는 식으로 말하는 해설자들이 있다.

나는 대학교 강의 시간에도 학생들에게 판단력과 분별력을 언급할 때가 가끔 있다. 한번은 학생 한 명이 사적인 자리에서 물었다.

"수학 공부를 많이 하면 판단력이 늘어난다고 봐야 하나요?"

중고등학생 때 수학 공부를 많이 하면 판단력이나 분별력이 좋아지는가 하는 질문이다. 나는 그렇다고 생각하지만 그것을 쉽게 증명할 방법은 없다. 사람들의 판단력을 평가할 합리적인 잣대를 찾기 어렵기 때문이다. 수학 공부의 필요성을 이야기할 때, 사람들은 흔히 수학 공부를 통해서 학생들이 '논리적 사고 및 서술 능력'과 '문제 해결 능력'이 증진된다고 말한다. 물론 맞는 말이다. 하지만 나는 논리적 사고력보다는 어떤 추상적 개념을 구체적으로 명확하게 이해하고 활용하는 능력이 더 중요하다고 생각한다. 좌표, 함수, 그래프, 집합, 연산과 같은 추상적 개념을 이해하여 자기의 것으로 만드는 게 우선이다. 논리적 사고력이나 문제 해결력은 그다음이다.

수학 공부를 많이 하면 새로운 개념을 받아들이는 능력, 복잡한 개념을 단순화하는 능력이 증진된다. 그리고 누군가 틀린 말을 할 때 그것이 틀리다는 것을 인지하는 능력이 증진된다. 어떤 문제에 대해 누군가 제시한 답이 틀릴 경우, 비록 정답이 무엇인지는 모를지라도 그것이 틀리다는 것은 알아채는 능력이 향상되는 것이다. 그런 의미에서 수학 공부는 분별력을 키우는 데에 도움이 된다.

교육에서의 핵심역량

○

현재 학교교육에 적용하고 있는 교육과정인 2015 개정교육과정에서는 6개의 핵심역량을 제시한다. 그것은 자기관리 역량, 지식정보처리 역량, 창의적 사고 역량, 심미적 감성 역량, 의사소통 역량, 공동체 역량 등이다. 우리나라 사람들은 유난히 '창의'라는 말과 '창조'라는 말을 좋아한다. 우리나라 수학과 과학의 교육과정을 맡고 있고 과학 영재교육, 과학 문화사업 등 과학, 수학의 교육과 문화에 관련된 모든 일을 담당하고 있는 기관의 이름도 과학창의재단이다. 박근혜 정부에서는 핵심 공약으로 '창조경제'를 내세웠고, '미래창조과학부'라는 거대한 정부 조직을 만들었다. 2015 개정교육과정에서도 이 교육과정을 통해 학생들이 궁극적으로 갖춰야 할 성향과 능력을 갖춘 사람으로 '창의·융합형 인재'를 꼽고 있다.

예전에 어느 교육 관련 포럼에서 발표자가 한국 사람들을 대상으로 창의력, 의사소통 능력, 정보력, 논리적 사고력, 문화적 감수성, 지도력, 문제해결 능력, 협업 능력 등 10개의 역량 중 중요도 설문조사를 했는데 그 10개의 항목 중 창의력이 중요도 순위에서 1위를 차지했다는 이야기를 들은 적이 있다. 내가 중시하는 '판단력과 분별력'은 10개의 항목 중에 존재하지도 않았다.

나는 우리 국민들 상당수가 이미 넘치는 창의력을 보유하고 있다고 생각한다. 뛰어난 창의력, 경쟁력을 갖고 있고 좋은 아이디어를 내서 무엇을 만들거나 보통의 방법으로는 불가능한 일을 가능하게 만드는 능력이 있는 사람들이 많다. 특히 가시적인 목표를 달성하는 능력이 탁월하다. 승부욕이 강하고 집중력이 좋아 남들과의 경쟁에서 강하다. 그래서 한국은 스포츠에 있어서 국력, 인구, 여건 등에 비해 매우 강한 면모를 갖추고 있다. 내가 지도하고 있는 수학올림피아드의 경우에도 우리나라는 국제수학올림피아드에 참가하는 110개국 중에서 미국, 중국, 러시아와 함께 최강국 중 하나이다.

우리나라 사람들은 그 창의력과 경쟁력에 비해 아주 기본적인 사안들에 대해서조차 합리적인 판단력의 부족함을 보이는 경우가 종종 있다. 그래서 나는 2015 개정교육과정에서도 합리적인 판단 역량을 창의적 사고 역량보다 더 강조해야 하지 않을까 싶은데 아쉽게도 판단 역량은 항목에 제시조차 되어 있지 않다.

교육부는 그동안 해마다 수학능력시험에서 한국교육방송(EBS) 교재와 연계된 문제를 70% 정도 출제해야 한다는 정책을 유지해 왔다. 그것은 공공 방송을 통해 과외 수업을 하면 사교육에 따른 불공평을 해소할 수 있다는 판단에서 나온 일종의 사교육 억제 정책이다. 10여 년 전에 어느 라디오에 출연한 한 교육학자가 사교육의 병폐를 줄일 묘안을 갖고 있다며 이 같은 관점을 제시한 적이 있다. 대입수학능력시험 문제를 EBS 강의 내용에서 출제하면 학생들이 학원에 가지 않고 EBS 강의를 들으면 되니 사교육이 크게 줄어들 것이라고 주장했다. 나는 속으로 '유명한 교육학자인데 참 단순하군. 얼마나 많은 학생이 집에서 스스로 EBS 강의를 들을까? EBS 강의를 모아서 한꺼번에 가르쳐주는 학원으로 가는 게 더 유리할 텐데'라고 생각하며 저 제도는 절대로 시행될 수 없다고 믿었다. 출제되는 문제의 자유도와 질을 저하시키고 창의적인 문제 출제를 방해하는 부작용은 차치하고라도 사교육 억제라는 본래의 목적조차 달성하지 못할 것이라는 것이 불 보듯 뻔했기 때문이다. 그런데 얼마 후 그런 제도가 실시될 것이라는 뉴스를 접하고 무척 놀랐다. 그 정책을 주장한 교육학자와 그 정책을 시행한 교육부는 정말로 사교육이 억제되어 공평해질 것이라고 믿은 걸까?

지난 11년간 유지되어 왔던 'EBS 강의 내용 70% 직접연계' 정책은 2022년 대입 수학능력시험부터는 '50% 간접연계'로 바뀌었다. EBS 연계는 시행 당시부터 문제가 많다는 지적이 있었으나 대입제도를 너무 자주 바꾼다는 비판을 의식했기 때문인지 10년이 지난 지금에 이르러야 바뀌었다. 그나마도 강도만 낮춘 것처럼 보이는 새 정책을 내놓았다. EBS 연계 제도는 사교육 억제에 실제로 효과가 있고 없고를 떠나 그 정책으로 일선 고등학교에서 EBS 문제풀이 위주의 수업을 하게 된다는 게 심각한 부작용이다.

판단력이 중요하다

○

자신이 하려는 일의 근본적인 취지가 순수하고 정의로우면 다소 부작용이 발생하더라도 정당하다고 생각하는 사람들이 의외로 많다. 복지나 사회 정의 구현을 위해 활동하는 사람들, 공직자들, 교수들 중에 그런 사람들이 특히 더 많다. 자신이 순수하고 남을 위하는 마음을 갖고 있다고 우쭐하거나 남들은 불순하다고 여기지 않으면 좋겠다. 이제는 예전과는 다르다.

과거에 사교육 문제를 해결하겠다며 매년 입시제도를 바꾸던 시절이 있었다. 자신은 사교육 문제를 단숨에 해결할 묘안을 갖고 있다고 여기는 사람들이나 자신도 교육은 좀 안다고 여기는 정치인, 공무원, 기자들이 많았다. 사교육 문제를 해결하고 공교육을 바로 잡겠다고 나서 영향력이 막강해진 민간단체도 여럿 있다. 그런 단체의 활동가들은 사회 정의를 위해 제도권 교육자들을 상대로 숭고한 전쟁을 벌이고 있다고 여기는 듯하다.

1997년 말에 IMF 사태라고 부르는 경제위기가 왔을 때에는, 많은 사람이 이 경제위기를 극복하기 위해서는 무조건 절약해야 한다고 생각했다. 라디오, TV 등에서는 대대적으로 절약을 강조했고 과소비하는 사람들의 예를 찾아 비난하는 프로그램들을 쏟아냈다. 결국 이 잘못된 판단으로 인하여 국민들은 소비를 극도로 자제했고 그 때문에 많은 내수 기업이 도산하거나 큰 어려움을 겪었다. 근검절약은 언제나 정의로운 것이라고 믿고 자랐던 세대가 벌인 일이다.

얼마 전에는 일본군 위안부 피해자인 이용수 할머니의 폭로로 그동안 위안부 운동을 주관하던 민간단체의 부정행위가 드러나 세상이 시끄러웠다. 위안부 피해자를 안타깝게 여기고 그런 악행을 벌인 이들에게 죄를 물어야 한다고 생각하는 것은 그들만의 일이 아니다. 한국 국민들뿐만 아니라 피해 사실을 알게 된 대부분의 사람도 그렇게 생각할 것이다. 그럼에도 자신이 하는 일의 취지에 심취하여 자신은 천사화하고 상대방은 악마화하는 것에 몰두하지 않으면 좋겠다. 잘잘못을 가리고 죄를 어떻게 물을 것인지를 고민해 주기를 기대해 본다.

최근에는 요즘 젊은 사람들이 통일에 대한 관심이 적어져서 걱정이라는 내용의 TV 프로그램을 본 적이 있다. 많은 사람, 특히 언론인들은 통일을 정의로운 가치로 여기는 듯하다. 한 언론기관은 '통일나눔펀드'를 만들어 민간기부금 모금 운동을 벌이기도 했다. '독일의 통일을 보니 돈이 많이 들어가더라. 그러니 미리 돈을 마련하고 통일사업을 시작하여 통일을 연착륙시키자'라는 생각에서 출발한 사업으로 보였다.

북한의 경제규모는 남한의 1.8%에 불과하고 1인당 국민총소득(GNI)은 남한의 27분의 1밖에 되지 않는다. 남북이 통일된다고 가정할 때, 북한 출신의 국민들이 지금 남한의 경제 수준에 이르려면 수십 년이 걸릴 텐데 그게 감당이 될까? 그들은 같은 국민으로서 남한 출신 국민이 자기들보다 수십 배 더 잘사는 것을 저항 없이 받아들일 수 있을까? 그들이 숭배하던 김일성 일가를 잊을 수 있을까? 남한의 경제, 정치 체제와 문화에 잘 적응할 수 있을까? 역으로 남한 출신 국민들은 그들을 대한민국의 국민들로 인정할까? 자신들이 낸 세금의 혜택이 그들에게 더 많이 돌아가는 것을 받아들일까?

통일 후에 발생할지 모르는 이런 문제들을 깊이 따져보고 문제 해결에 필요한 시간과 노력이 얼마나 될지 생각해본 후에 판단하는 신중함과 계획성이 있어야 한다고 믿는다. 통일을 열망하는 감정은 이해하지만, 남한이 바라는 통일은 북한 정권이 붕괴되고 흡수 통일을 하는 것인데 그게 실로 어렵다. 그들의 체제 붕괴는 그들 사회를 개방으로 유도하는 것을 통해서만 가능하다. 국제적인 압박 정책으로 한 나라의 공산독재체제를 붕괴시킨 전례도 없다. 북한과 전쟁을 벌이는 것은 상상하기도 싫다.

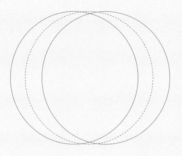

우주가 휘어져 있다는 게
무슨 말일까?

$$\Sigma$$

우주 공간은 3차원이 아니고 4차원이라든가, 아인슈타인의 일반상대성이론에 의하면 우주가 휘어져 있다든가 하는 이야기를 들어보았을 것이다. 마치 깊은 골짜기처럼 우주 공간에 있는 블랙홀에 물체들이 빨려 들어간다는 이야기도 잘 알려져 있다.

우주는 너무나 광활하고 우주의 역사는 너무나 길어 그 신비를 모두 밝히는 것은 지금으로서는 요원하다. 하지만 수백 년 또는 수천 년의 시간이 흐른 후라면 인류는 그러한 신비의 상당 부분을 알게 될 것이다. 우주공간과 그 안의 수많은 별, 그리고 블랙홀 등은 어떻게 생기는지, 우주가 4차원이라면 우리가 살고 있는 우주는 한 겹인지 아니면 여러 겹의 3차원 공간인지 궁금하다. 상대성이론에 의하면 빛의 속도 이상으로는 날아갈 수 없는데 SF 영화에 등장하는 우주여행은 과연 가능한지, 가능하다면 어떤 식으로 이동하면 되는지, 지구에 외계생명체가 와 있는 건 아닌지 등등이 모두 궁금하다.

이러한 궁금증은 미래에 밝혀질 것이다. 모두 과거와 현재의 과학이 있기 때문에 가능하다. 과학적 성취는 마치 커다란 탑을 차곡차곡 쌓듯이 이루어져 왔고, 앞으로도 그럴 것이다.

아인슈타인의 일반상대성이론은 1915년 발표되었다. 특수상대성이론이 발표된 지 10년 만이다. 일반상대성이론을 제대로 이해하려면 아인슈타인의 중력장 방정식을 알아야 해서 일반인이 온전히 이해하기는 어렵다. 이 장에서는 일반상대성이론에서 말하는 공간의 휘어짐이 어떤 의미이고 그것이 블랙홀 이론과는 어떤 연관성이 있는지, 그리고 아인슈타인이 이 이론을 생각하게 된 계기가 무엇인지에 대해 이야기하려 한다. 학습 배경에 따라서 일부에게는 너무 쉬운 내용일 수도 있고 일부에게는 너무 어려울 수도 있다.

4차원의 세계는 만화나 SF 영화 등에 종종 등장하는 소재이고 일반상대성이론에도 등장한다. 대부분의 사람은 4차원의 세계가 무엇인지 상상조차 되지 않을 것이다. 우리는 3차원 세계에서 살고 있고 3차원적인 사고만 할 수 있어서 그 이상의 고차원의 세계는 볼 수도 느낄 수도 없기 때문이다. 아인슈타인의 상대성이론에 의하면 우리가 살고 있는 이 우주는 휘어져 있다. 3차원 세계인 이 우주는 4차원 또는 그 이상의 고차원 세계에 놓여 있다는 뜻이다.

차원(dimension)이라는 것은 어떤 의미인지, 그리고 4차원의 세계라는 것을 감각적으로 느끼거나 상상하기는 어렵지만 그곳에서는 어떤 일이 벌어질 수 있는지 살펴보자. 아인슈타인은 어떤 의미에서 우주가 휘어져 있다고 한 것이며 그 말이 왜 이 우주가 4차원 공간의 부분 공간이라는 뜻인지 등에 대해서도 이야기할 것이다. 어려운 수학이 나오는 이야기가 아니니 부담을 갖지 말고 이야기를 따라와 주기 바란다.

4차원이라는 세계

○

차원이라는 말은 수학적 개념이자 용어이다. 지금부터는 n차원의 '세계'라는 말 대신에 n차원의 '공간(space)'이라는 말을 쓸 것이다.

통상적으로는 '공간'이라고 하면 3차원 세계를 의미하기도 한다. 고등학교 수학에서도 '공간도형' 또는 '공간벡터'라는 말은 3차원 공간에서의 기하나 벡터를 의미한다. 하지만 n차원 공간이라는 말이 좀 더 일반적인 용어이다.

차원 이야기에는 '실수(real number)'가 등장한다. 중학교 수학에서 등장하는 '수(數)직선'이 바로 1차원 공간이다. 1차원 공간이란 통상적으로 '직선'을 의미하고, 2차원 공간이란 '평면'을 의미한다. 1차원 공간이란 실수의 집합을 뜻하고 2차원 공간이란 2개의 실수의 순서쌍(x, y)의 집합을 뜻한다. 3차원 공간이란 3개 실수의 순서쌍(x, y, z)의 집합이다. 이와 같이 n차원 공간이란 n개 실수의 순서쌍의 집합이다. 이러한 n차원 공간은 '평평한(flat)' 공간을 뜻하고, 이를 'n차원 유클리드 공간'이라고 부른다. 수학적으로는 n차원 공간의 한 점과 'n차원 벡터'는 같은 말이다. 어차피 n개 실수의 순서쌍$(x_1, x_2, \cdots x_n)$으로 나타내기 때문이다. 점은 점이고 벡터는 '방향과 크기를 둘 다 갖는 물리량'이라고 이해하는 사람들이 많지만 그것은 수학이나 물리학에서 벡터의 개념을 활용할 때 유용한 개념일 뿐이지 벡터의 엄밀한 수학적 정의는 아니다. 'n차원 유클리드 공간'이란 바로 'n차원 벡터들의 집합'이다.

차원에 대한 이야기를 시작한 것은 독자들의 4차원 공간에 대한 이해

를 돕기 위해서인데 4차원이 어떤 세상인지 직접 설명하거나 각자 이해
하는 것은 어려우니 좀 더 이해하기 쉬운 저차원 공간에 대한 이야기부
터 시작해 보려 한다. 1차원 공간과 2차원 공간과의 관계, 2차원 공간과
3차원 공간과의 관계, 그리고 차원에 따른 공간들의 몇 가지 특징을 살
펴봄으로써 4차원 공간에 대한 이해와 상상의 범위를 넓혀보자.

공간의 휘어짐

평평하지 않은 휘어진 2차원 공간을 곡면, 1차원 공간을 곡선이라 한
다. 그런데 휘어져 있다는 것이 어떤 의미일까? 수학적으로는 각 점마다
그것의 아주 작은 근방(neighborhood)이 구면(sphere)의 일부와 (거의)
같으면 곡면, 원(circle)의 일부와 같으면 곡선이라고 한다. 곡면이나 곡
선의 각 점에서의 휘어진 정도를 곡률(curvature)이라고 하는데 이때 곡

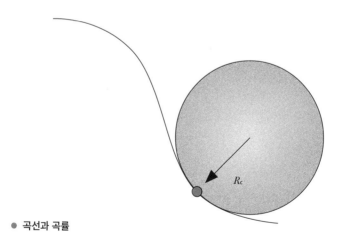

● 곡선과 곡률

률이란 그 점의 근방을 이루는 구면이나 원의 반지름의 역수이다. 즉 곡률이 클수록 반지름이 작아서, 그 점에서의 곡률이 클수록 그 점 근방에서 그 곡면이나 곡선이 많이 휘어진 것이다.

이제 가장 중요한 이야기를 해보자. 어떤 공간이 휘어져 있는가 평평한가는 그 공간 안에서는 느낄 수 없다. 그것이 놓여 있는, 한 차원 더 고차원인 공간에서 외부 시선으로 그것을 바라보아야 휘어짐을 느낄 수 있는 것이다. 가령 1차원 공간(곡선)에서 살고 있는 개미(이 개미는 그냥 상상의 1차원 물체이다. 이 개미의 부피와 넓이는 없다)는 매순간 두 방향 중 한 방향으로만 움직일 수 있으므로 그 곡선이 휘어져 있는지 똑바른지는 판단하지 못한다. 그 곡선이 놓인 평면(그 곡선보다는 차원이 하나 더 높은)에서 그 곡선을 바라보아야 그 곡선이 휘어져 있음을 느낄 수 있다.

곡면도 마찬가지이다. 곡면 위에 사는 개미는 그 곡면의 휘어짐을 느낄 수 없고 그 곡면의 휘어짐은 그것이 놓인 3차원 공간에서 그 곡면을 바라보아야만 느낄 수 있다. 우리가 살고 있는 3차원의 우주도 그렇다. 우주 안에 살고 있는 우리는 우주의 휘어짐을 느낄 수 없다. 4차원에서 바라보아야만 느낄 수 있는 것이다.

공간 내 두 물건의 대칭성

한 공간 내에는 서로 대칭적이지만 서로 다른 물건들이 있다. 예를 들어 다음 그림과 같이 평면 위에 서로 합동이면서 (한 직선에 대해) 대칭인 두 직각자가 있다고 하자. 이 경우 우리는 두 직각자가 서로 '거울대칭'이라고 한다.

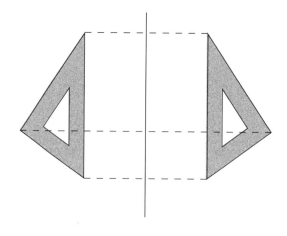

● **거울대칭을 이루고 있는 두 직각자**

　위 그림과 같이 거울대칭인 두 직각자는 2차원인 평면 위에서는 움직여서 서로 겹치게 할 수 없다. 겹치게 하려면 '3차원' 공간을 이용하여 뒤집어야 한다. 유클리드 시절부터 고전 기하에서는 거울대칭인 두 삼각형을 평면 내에서 겹치게 할 수 없더라도 합동일 수 있도록 정의했다.

　그런데 겹치지 않는 두 물건을 실제로 '같은 모양의 물건'이라고 인정해야 할까? 이것은 2차원 평면이 아닌 우리가 살고 있는 3차원 공간에서는 좀 더 심각한 문제가 된다. 3차원 내에 다음 그림과 같은 거울대칭인 두 사람이 있다고 하자. 그런데 이 두 사람은 완전히 대칭적이지만 한편 완전히 다른 사람들이다. 왜냐하면 한 사람은 심장이 왼쪽에 있는 반면 또 다른 사람은 심장이 오른쪽에 있기 때문이다.

　그러한 예는 우리의 생활 주변에서 흔히 볼 수 있다. 오른손잡이가 치

● 사람 A와 A'는 거울대칭이다. A의 심장이 왼쪽에 있다면 A'의 심장은 오른쪽에 있다. 이 두 사람은 3차원 공간에서는 다른 사람이지만 4차원 공간을 통해 뒤집으면 완전히 동일한 사람이 된다.

는 기타와 왼손잡이가 치는 기타는 거울대칭이지만 다른 물건이다. 골프채나 야구 장갑의 경우도 마찬가지이다. 왼손 장갑과 오른손 장갑은 거울대칭이다. 한 사람의 왼쪽 귀와 오른쪽 귀도 거울대칭이지만 서로 다른 것(3차원 도형)으로 간주하는 게 상식적이다.

2차원 공간에서 거울대칭인 두 물건이 있을 때 그중 하나를 3차원 공간을 이용해 뒤집으면 이 두 물건을 서로 완전히 같게(겹치게) 만들 수 있듯이, 3차원에서 거울대칭인 두 물건을 4차원 공간을 이용해 뒤집으면 서로 겹치게 할 수 있다. 오른손잡이용 기타를 4차원에서 뒤집으면 왼손잡이용 기타로 만들 수 있고, 보통 사람을 4차원 공간을 통해 뒤집으면 심장이 오른쪽에 있는 사람으로 바꿀 수 있다.

닫힌 물건, 열린 물건

다음(그림 1)과 같이 2차원 공간인 평면 위에 놓인 곡선을 닫힌 곡선, 즉 폐곡선이라고 한다. 이 경우 폐곡선 때문에 전체 평면은 폐곡선의 안쪽과 바깥쪽 두 개의 부분으로 나뉜다. 그래서 예를 들어 평면 위에서 살고 있는 개미(이 개미는 2차원 물체여서 높이가 없다)가 이 폐곡선의 안쪽에 살고 있다면 안쪽에서 바깥으로 이동할 수가 없다. 개미는 2차원의 세계에서만 살고 있기 때문이다. 이때 경계선인 폐곡선에 낮은 담이 쳐져 있다고 상상하면 이해가 더 쉬울 것 같다.

이 개미는 3차원 공간을 이용하여 폐곡선(경계선)을 뛰어넘어야만 바깥으로의 이동이 가능하다. 이와 같이 폐곡선은 2차원 공간인 평면에서만 보면 '닫힌' 물건이지만 3차원 공간에서 보면 '열린' 물건이 된다.

평면상의 폐곡선의 경우와 같이 3차원 공간 내에서도 한 폐곡면에 의해 전체 공간은 폐곡면의 안쪽과 바깥쪽의 두 개의 부분으로 나뉜다. 그렇기에 그림 2와 같은 폐곡면 내부에 있는 작은 물건은 꺼낼 수가 없다. 예를 들어 농구공(의 표면)을 폐곡면이라고 할 때, 농구공 안에 야구공이 하나 들어

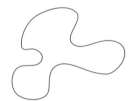

그림 1 | 1차원 닫힌 물건(폐곡선)

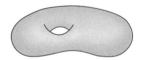

그림 2 | 2차원 닫힌 물건(폐곡면)

그림 3 | 2차원 열린 물건(열린 곡면)

열아홉 번째 이야기

가 있다면 그 야구공을 (농구공을 찢지 않는 한) 꺼낼 수가 없다. 하지만 그 것도 (우리가 조금 아까 2차원에서의 폐곡선에 대해 살펴본 것과 같이) 4차원을 이용하면 3차원에서의 폐곡면 안에 있는 물체를 폐곡면 밖으로 꺼낼 수 있다. 즉 농구공 안의 야구공도 4차원 공간을 통하면 꺼낼 수 있다. 결국 폐곡면은 3차원에서 보면 닫힌 물건이지만 4차원에서 보면 '열린' 물건 인 것이다.

이제 다소 어려운 이야기를 하나 해보자. 이 부분은 이해가 어려우면 그냥 넘어가도 좋다. 단위원(unit circle)이란 평면 위에 있는 원점에서부 터 거리가 1인 점들의 집합이고 단위 구면(unit sphere)은 3차원 공간 내 에 있는 원점에서부터의 거리가 1인 점들의 집합이다. 3차원 공간에서 의 구면은 2차원 물건이므로 '2차원 구면'이라고 부르고 기호 S^2로 나타 낸다. 평면에서의 단위원은 '1차원 구면'이라고도 하고 기호 S^1로 나타 낸다. 농구공의 표면이나 지구의 표면과 같은 구가 곧 S^2이다. 일반적으 로 'n차원 구면'은 $n+1$차원 공간 내에서 원점에서부터의 거리가 1인 점 들의 집합이고 기호 S^n으로 나타낸다.

이제 우리가 살고 있는 우주에 대해 한번 상상의 나래를 펴보자. 우리 가 살고 있는 3차원 우주 공간이 만일 닫힌 공간이라면, 우리의 우주가 어떤 4차원 공간을 둘로 나누는 경계를 이룰 수도 있다. 닫힌 공간이 아 니라 3차원 유클리드 공간이라고 하더라도 '열세 번째 이야기'에서 언급 했던 '한 점 컴팩트화 정리'에 따르면 이 우주와 3차원 구면 S^3의 차이는 한 점밖에 되지 않으므로, 이 우주가 어떤 두 4차원 공간의 경계를 이룰 수 있다는 상상은 얼마든지 할 수 있다.

수식과 차원

유클리드 공간과 같이 평평한 공간만이 아니라 좀 더 일반적으로는 휘어진 공간인 곡면과 곡선도 각각 2차원 공간, 1차원 공간이라 할 수 있다. 평면에 놓인 곡선의 경우 수식으로 나타낼 수도 있는데, 포물선 $y=x^2$이나 원 $x^2+y^2=1$과 같은 이차곡선이 대표적인 예이다. 3차원 공간에 놓인 곡면의 경우에도 수식으로 나타낼 수 있는 경우가 많다. 다음 그림은 3차원 공간 내의 이차곡면의 예이다.

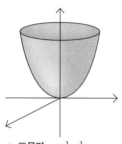

● 포물면 $z=x^2+y^2$

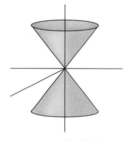

● 원뿔곡면 $z^2=x^2+y^2$

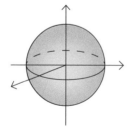

● 구면 $x^2+y^2+z^2=1$

3차원 공간 내 놓인 2차원적인 물체는 한 개의 수식으로 나타낼 수도 있다. 2차원 공간(평면) 내의 1차원 물건(곡선)도 한 개의 수식으로 나타낼 수 있다. 어떤 물건을 수식으로 나타낼 수 있다는 것은 그 물건이 수식이라고 하는 제약조건(constraint)을 만족하는 점들의 집합이라는 뜻이다. 그래서 n차원 공간에서 하나의 수식을 만족하는 점들의 집합은 '$n-1$'차원 물건이 되는 것이다. 즉, 수식(제약조건) 하나는 차원을 하나 떨어뜨린다.

예를 하나 들어 설명하면 이해가 더 쉬

열아홉 번째 이야기

울 것 같다. 3차원 공간 내의 평면은 일반적으로 $ax+by+cz=d$와 같은 1차식 '한 개'로 나타낼 수 있다. 그것이 2차원적인 물체이기 때문이다. 하지만 공간 내의 1차원적인 물체인 직선은 공간과의 차원의 차이가 2이므로 직선을 수식으로 나타내려면 '두 개'의 식이 필요하다. 고등학교 과정에서 배우는 공식으로, 한 점(x_0, y_0, z_0)을 지나고 벡터(a, b, c)에 평행한 직선의 식은 $\frac{x-x_0}{a}=\frac{y-y_0}{b}=\frac{z-z_0}{c}$ (단, $abc\neq0$)이 된다. 이때, 왼쪽 등식과 오른쪽 등식은 모두 평면을 나타내는 $ax+by+cz=d$ 꼴의 식이므로, 직선은 (평면을 나타내는) 두 개의 식을 모두 만족하는 점들의 집합이라는 뜻이다. 그 말은 직선은 두 개의 평면의 교집합으로서만 나타낼 수 있다는 것이다.

이와 마찬가지로, 만일 4차원 공간 내에 어떤 곡면이 하나 있다면 그 곡면은 2차원 물건이므로 (4개의 변수로 이루어진) 수식 두 개가 있어야 나타낼 수 있는 것이다. 이로써 수학적으로는 우리가 살고 있는 3차원 세계가 두 개의 4차원 세계의 교집합으로 해석될 수도 있다는 것을 상상할 수 있다. 또는 우리가 살고 있는 세계는 4차원 공간 내에서 어떤 하나의 제약조건을 만족하는 세계라고 해석할 수도 있다.

중력과 관성력은 같다

○

아인슈타인의 일반상대성이론을 이해하려면 중력과 관성력이 근본적으로 같다는 것부터 이해해야 한다. 만유인력법칙과 더불어 뉴턴 역학의 가장 기본적인 운동법칙(뉴턴의 제2법칙)은 다음과 같은 수식으로 나타낼 수 있다.

$$F = m \cdot a$$

질량이 m인 물체에 힘 F가 가해지면 그 물체는 가속도 a로 운동한다는 법칙이다. 예를 들어 우주 공간을 날아가는 우주선이 매초 초속 a미터씩 더 빨라지게 하려면 이 우주선에 $\dfrac{F}{m}$ (이때, m은 우주선의 질량)만큼의 힘 (추진력)을 주어야 한다. 이때 우주선에 타고 있는 사람은 우주선의 진행 방향과 반대방향의 힘을 받는데 그 힘을 관성력이라고 한다. 이 우주선이 위로 날아가고 있다고 상상해 보면 이 사람은 아래 방향으로 관성력을 받게 되고, 마치 지구에서처럼 자신의 무게를 느끼며 서 있을 수 있다.

지구에서 사람이 자신의 무게를 느끼는 것은 지구와 사람 사이의 만유인력, 즉 중력 때문인데 이때의 중력(몸무게)은 그 사람이 머리 위 방향으로 가속하며 날아가는 우주선에 타고 있을 때의 관성력과 동일하다. 그럼 지구에서 느끼는 무게와 같은 무게를 느끼려면 얼마나 빨리 가속하는 우주선에 타야 할까? 지구상에서는 매초 약 $9.8m$씩 가속하는 우주선에서 갖는 관성력과 동일한 중력을 갖는다. 그래서 이 가속도를 (지구에서의) 중력가속도라고 부르고 $g = 9.8m/\sec^2$이라고 쓴다. 다시 말하면, 지구상의 질량이 m인 물체는 $F = 9.8m$만큼의 중력을 받는다.

중력과 관성력이 동일하다는 것을 느끼게 하는 퀴즈를 하나 풀어보자. 다음 그림과 같이 앞으로 가속하는 자동차 안에 공기보다 가벼운 풍선 하나가 바닥에 줄로 고정되어 있다고 가정하자.

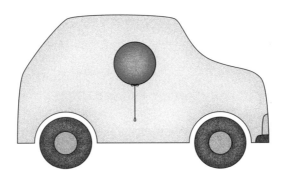

● **앞으로 가속하고 있는 자동차 내의 가벼운 풍선**

이 자동차가 서 있다가 앞으로 가속하며 달려 나가기 시작하면 이 차에 탄 물체나 사람들은 뒤쪽 방향으로 관성력을 받게 된다. 이때 차 안의 풍선은 앞쪽 방향으로 움직일까, 뒤쪽 방향으로 움직일까? 정답은 '앞으로 움직인다'이다. 그럼 왜 힘(관성력)은 뒤쪽으로 받는데 풍선은 앞으로 움직일까? 지구에서 중력은 아래로 받는데 풍선은 위로 뜨는 것과 같은 원리다. 풍선은 공기 중에서 '부력'에 의해 뜨는데 그 부력은 풍선이 공기보다 가볍기 때문에 중력의 반대방향으로 작용한다. 이 퀴즈에서 풍선도 관성력을 뒤쪽으로 받지만, 관성력은 중력과 같은 것이므로 풍선은 관성력의 반대방향으로 부력을 받아 앞으로 움직인다.

이 풍선의 예를 든 것은 일반상대성이론을 이해하려면 중력장(gravity field)의 개념을 이해해야 하기 때문이다. 중력장은 중력의 효과를 설명하기 위해 도입한 일종의 수학적 모형이다. 중력장은 벡터장(vector field)의 일종인데, 어떤 공간의 각 점에 (연속적인) 벡터가 대응될 때 그것을 그 공간의 벡터장이라고 한다. 즉, 어떤 공간의 중력장이란 그 공간의 각 점에 걸리는 중력을 한꺼번에 나타내는 수학적 모델이다.

아인슈타인의 일반상대성이론

일반상대성이론에 따르면 우주 공간을 날아가는 빛이 어떤 별 근처를 지나갈 때 그 별 방향으로 휘어진다. 즉, 질량이 있는 물체가 빛을 당긴다는 것인데 이는 마치 물체가 빛이라는 입자를 당기는 만유인력과 같은 느낌을 준다. 하지만 빛은 질량이 없으니 만유인력은커녕 '빛에 어떤 힘이 가해진다'라는 개념조차 도입하기 어렵다. 그러므로 빛이 별이 있는 방향으로 끌리는 것은, 빛은 직진성을 가지지만 그 별에 의해 공간이 휘어져 있기 때문이라고 해석하는 것이 더 자연스럽다. 이때 빛은 휘어진 공간의 측지선(geodesic, 두 점 사이의 지름선)을 따라 움직인다.

아인슈타인의 일반상대성이론을 한마디로 이야기하자면 시공간(spacetime)은 중력장에 의해 휘어진다는 것이다. 이때 물론 휘어진 정도인 곡률[54]은 질량에 비례한다. 예를 들어 엄청난 질량을 가진 블랙홀의 주변은 곡률이 매우 크기 때문에 그 주변을 지나가는 빛은 모두 블랙홀 때문에 생긴 깊은 (3차원) 계곡으로 빠져버린다.

빛이 중력에 끌린다는 새로운 물리학적 발견(실험적으로 증명되기 전까지는 가설이지만)을 아인슈타인은 1907년경에 이미 한 것으로 보이지만 그것의 과학적이고 정확한 표현을 얻기 위해서는 수학 공부가 필요했다. 이 공부에는 그의 대학 시절부터의 친구이자 수학자인 마르셀 그로스만(Marcel Grossmann, 1878-1936)이 많은 도움을 준 것으로 알려져 있다. 그로스만은 휘어진 공간에서의 기하학인 비유클리드기하학, 즉 리만의 기하학을 그에게 소개했다. 아인슈타인은 몇 년 간의 집중적인 수학 공부 끝에 1915년 11월에 물리학 역사상 가장 위대하다는 아인슈타인의 중력장 방정식, 즉 일반상대성이론을 발표했다.

위의 그림과 같이 앞으로 가속하는 우주선에 유리창이 마주 보고 있고 한쪽 창을 통해 빛이 들어왔다가 다른 쪽 창으로 나갈 때, 이 빛은 가속에 따른 중력장 때문에 직진하지 않고 아랫방향으로 살짝 휜다. 아인슈타인은 일반상대성이론을 착안할 때 혹시 이런 우주선을 상상하지 않았을까? 그는 과학 연구에 있어서 지식이나 문제풀이 능력보다는 상상력과 통찰력이 더 중요한 것임을 여러 차례 보여주었고, 그 자신 또한 여러 번 언급한 바 있다. 실은 수학과 같은 엄밀한 논리와 계산의 세계에서도 최고 수준의 수학자가 되기 위해서는 직관(intuition)이 지식이나 문제풀이 능력보다 더 중요할 수 있다.

하지만 그렇게 실력 있는 수학자는 아니었던 아인슈타인은 운이 나쁘게도 수학적 지식이 절실히 필요한 상황에 처했다. 이전의 그는 물리학에 있어서 수학의 중요성을 과소평가했고 수학은 지나친 현학적 과잉이라고 여겼으나,

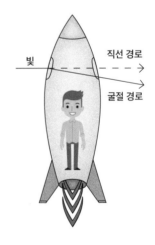

빛 직선 경로

굴절 경로

● **앞으로 가속하고 있는 우주선 내부를 통과하는 빛의 굴절**

일반상대성이론의 연구를 통해 새삼 수학의 중요성을 실감했다.

그의 새로운 이론에 대한 발표를 들었던 힐베르트가 (이미 53세였지만) 수학적 표현에 대한 연구를 시작했다는 소문을 들은 아인슈타인은 1915년을 매우 초조하게 보냈고 이때 수학 공부에 완전히 몰두했다. 힐베르트는 아인슈타인이 중력장 방정식을 발표하기 며칠 전에 이미 이와 유사한 방정식을 만들어 학회에 보냈다고 한다.[55] 하지만 그는 1943년 사망할 때까지 이 이론에 대한 자신의 기여에 대해 공개적으로 언급한 적이 없으며 모든 공을 아인슈타인에게 돌렸다. 당대 최고의 수학자 힐베르트는 다음과 같은 말을 했다.

● 아인슈타인은 말했다. "수학의 어려움에 대해 걱정하지 말아요. 내가 느끼는 어려움이 더 클 것이라는 것을 확신합니다."

"괴팅겐의 모든 젊은이가 아인슈타인보다 4차원 기하를 더 잘한다. 하지만 과제를 해결한 것은 아인슈타인이다."

아인슈타인은 워낙 유명하기도 하고 인기도 좋아서 늘 기자들이 따라다니며 이것저것 질문을 했다. 그는 인문학적인 통찰력이 매우 좋은 편이어서 유명한 말을 굉장히 많이 남겼다. 그중 수학에 대해 그가 남긴 많은 말 중에는 다음과 같은 것이 있다.

"정확한 자연과학에게 상당한 정도의 보장성(security)을 주는 것은 수학 이외에는 없다."

"수학의 어려움에 대해 걱정하지 말아요. 내가 느끼는 어려움이 더 클 것이라는 것을 확신합니다."[56]

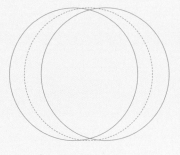

외계인이 지구에
와 있다면

$$\Sigma$$

지구에는 외계인들이 있을까, 없을까? UFO(미확인비행체)는 외계인들의 것이라고 믿는 사람들이 많다. 특히 미국인들은 대다수가 그렇게 믿는 듯하다. 과연 그렇게 많은 사람이 봤다는 UFO 중에 외계인들의 비행체는 하나도 없는 것일까? 만일 그중 하나라도 외계인들이 타고 다니는 비행체라면 여러 가지 추가적인 궁금증이 더 생긴다. 그들은 어떻게 지구까지 왔으며 온 목적은 무엇일까? 현재 그들은 어떤 일을 하고 있으며 어디에 살고 있을까? 그들은 악한 자들일까, 선한 자들일까? 그들이 만일 지구에 와 있다면 인류는 위험하지 않을까?

지금은 그들이 지구에 없지만 먼 옛날 지구에 와서 생명의 씨를 뿌려 놓고 떠났다는 이야기가 있다. 성경에 등장하는 여호와가 복수로 묘사되어 있으며 그 잔인함으로 볼 때 외계인이었을 거라는 이야기도 있다. 고대 이집트의 놀라운 문명은 그들이 남긴 것이라고 상상하는 사람들도 많다. 나는 지구에 외계인들이 와 있는지 아닌지 물론 잘 모른다. 하지만 외계인이 지구의 자원을 탐내서 왔다든지, 지구 정복을 위해 음모를 꾸미고 있다든지 하는 이야기는 믿지 않는다.

외계인은 어떤 모습일까?

○

외계인에 대한 이야기는 단순히 외계인이 지구에 존재한다는 정도를 넘어 구체성을 지닌 경우도 많다. 불시착한 외계 우주선에서 죽은 외계인을 발견하여 미국정보기관 또는 미국항공우주국(NASA)에서 보관하고 있다는 이야기, 외계 우주선에 납치되었다 돌아왔다는 사람들 이야기, 키가 작고 눈은 큰데 코와 입이 작고 회색의 피부를 가진 그레이(grey)계 외계인을 보았다는 이야기 등 수없이 많다.

일루미나티 음모론에 등장하는 외계인 이야기는 상당히 복잡하고 구체적이다. 그 음모론에 따르면 일루미나티 그룹의 최상층부를 이루는 13개 가문의 대부분은 랩틸리언이라고 불리는 파충류와 유사한 외계종족이라고 한다. 또한 유럽과 미국의 유명한 정치인, 왕족, 기업인들 대부분이 랩틸리언이거나 그 혼혈종이라고 한다. 그들이 파충류 모습을 하고 있는 것을 보았다는 목격자들도 있다. 랩틸리언 외에도 렙토이드, 노르딕 외계인 등 다른 외계 종족들도 있고 그들이 어떤 별에서 왔는지 다 알고 있다고도 한다. 이 모두가 영화 〈맨인블랙〉을 연상시키는데, 그런 음모론을 만들거나 믿는 사람들은 〈맨인블랙〉 시리즈 세 편 중 적어도 한 편은 본 것이 분명하다.

나는 SF 영화나 소설을 무척 좋아하지만 픽션과 논픽션은 구별한다. SF 영화나 소설을 어려서부터 유별나게 좋아했는데 초등학교 3학년 때 알게 된 『수수께끼의 별 X』는 너무 재미있어 10번을 읽었다. 초등학생 때 읽은 책들 중에는 요즘의 코로나19 팬데믹 상황을 연상시키는 소설

● 영화 속에서 외계인은 주로 파충류 같은 형태로 등장해 인간을 공격한다.

도 있었다. 먼 미래의 지구에 대한 이야기로, 지구의 인구가 수만 명에 불과하고 지구인들은 서로 직접 만나기를 꺼려해서 화상으로만 만난다는 설정이다. 그 지구에서 가장 힘든 직업은 의사이다. 사람들을 직접 만나야 하기 때문이다. 그 평화로운 지구에 수십 년 만에 살인사건이 발생하고 주인공 의사가 출동하는 것으로부터 소설이 시작된다.

가장 재미있게 본 외계인 영화는 스티븐 스필버그 감독의 〈E.T.〉와 〈우주전쟁〉, 그리고 톰크루즈 주연의 〈엣지 오브 투모로우〉 등이다. 외계인 영화 중에는 〈트랜스포머〉, 〈슈퍼맨〉, 〈아바타〉처럼 착한 외계인이 등장하는 경우도 있지만 아무래도 외계인들의 침공으로 위기에 빠진 지구를 그린 영화가 좀 더 많은 것 같다. 〈인디펜던스 데이〉, 〈딥 임팩트〉,

〈퍼시픽 림〉, 〈스카이라인〉, 〈월드 인베이전〉 등 특색 있는 영화들이 많다. 그런데 이런 영화에서 외계인들은 왜 지구를 공격할까? 대개 그 배경에는 외계인도 에너지, 자원, 물 등 지구에 있는 것들이 필요하고, 인간에게 지구가 필요하듯 거주할 행성이 있어야 하며 인간과 유사한 감정과 욕망을 가지고 있을 것이라는 믿음이 깔려 있다. 실제로 외계인들이 지구를 공격한다면 인류는 어떻게 될까? 영화처럼 인류가 기적적으로 외계인에게 승리를 거두는 것이 조금이라도 가능할까?

지구까지 올 정도의 외계인들은 인류보다 최소한 수천 년 이상 (확률적으로는 1억 년 이상) 더 진화했을 것이다. 과학 수준이 훨씬 더 높을 것은 당연하기 때문에 인류가 무력으로 이긴다는 것은 전혀 불가능하다. 영화의 한 장면처럼 외계인의 컴퓨터 시스템에 바이러스를 넣어 파괴한다든지, 외계인의 전투기를 탈취하고 몰래 침투하여 폭탄을 터트린다든지, 외계인의 모체를 죽임으로써 자손을 순식간에 다 사라지게 한다든지 하는 식으로 최후의 승리를 거두는 것은 실제로는 가능할 법하지 않다. 과학이 훨씬 뒤처져 있는 현대 인류의 군대도 그보다 훨씬 뒤처진 군대에게 그런 식으로 당하지 않을 것이다. 외계인들과 인류의 전쟁은 마치 탱크와 비행기를 앞세운 현대 군대가 5000년 전의 이집트 군대와 전쟁하는 것과 유사하겠다.

이미 지구에 와 있다면

○

외계인들이 지구에 와 있다면 과연 어떨까? 그들이 인류의 멸망을 도

● 외계인들은 인류와 달리 탄소화합물이 아닐 수도 있다. 물질적으로나 정신적으로 우리와 완전히 다른 존재일 것이다.

모하지 않을까? 전쟁을 일으키거나 지구환경을 파괴하거나 또는 일루미나티 음모론자들의 주장대로 인류의 멸망을 위해 바이러스를 유포하지는 않을까? 결론부터 이야기하면 나는 외계인들이 인류나 지구를 해치지 않을 것이라고 생각한다. 이런 이야기를 굳이 하는 이유는 먼 미래의 과학이 인류에게 가져다 줄 커다란 변화를 강조하기 위해서이다. 외계인들이 지구에 와 있다면 어떨지 상상해 보는 것은 먼 미래에 과학이 우리를 어떻게 바꿀지 상상해 보는 것과 일맥상통한다.

한번 상상의 나래를 펼쳐보자. 외계인이 만일 지구까지 왔다면 그들의 과학 수준은 인류보다 훨씬 높다는 뜻이다. 외계인과 인류가 추구하는 가치는 워낙 차이가 커서 이해 충돌이 일어날 일이 없을 것이다. 그들이 원하는 것과 인류가 원하는 것은 전혀 겹치지 않을 것이다. 지구에 존재하거나 인류가 필요로 하는 것을 그들은 과학의 힘으로 이미 모두 성취했을 것이기 때문이다.

아주 먼 훗날 지금보다 과학이 진보하면 인류에게 어떤 일이 일어날까? 첫째, 수명을 인위적으로 연장하고 모든 질병으로부터 벗어날 수 있다. 둘째, 핵융합 등을 통해 무궁무진한 에너지를 얻을 수 있다. 셋째, 유기화합물로 이루어진 신체를 무기물질로 대체할 수 있다. 넷째, 인공지능의 발달로 인류가 하던 일을 인공지능이 대신할 것이고 삶에 필요한 요소가 지금과는 완전히 다른 것들로 바뀔 것이다. 다섯째, 뇌과학의 발전으로 뇌의 기능을 인위적으로 개선하거나 신체와 분리할 수 있다. 여섯째, 현실세계와 가상세계의 벽이 없어지고 현실에서 얻지 못하는 물질이나 기쁨을 가상세계에서 얻을 것이다.

지구에 와 있을지도 모르는 외계인들, 그리고 먼 미래의 인류는 욕구 충족과 행복 추구라는 현생 인류의 기본적인 행동 양식조차 필요로 하지 않을 수 있다. 그런 의미에서 외계인들은 인류를 공격할 이유가 없다. 인류와 이해충돌이 일어나지 않을 것이다. 그들에게는 부족한 물질도 없고 에너지를 무궁무진하게 얻는 방법도 알고 원하는 모든 것을 현실세계와 가상세계에서 얻을 수 있을 텐데, 왜 굳이 인류의 것을 빼앗고 지구를 괴롭히겠는가? 외계인들은 인류와는 전혀 다른 생명체여서 단백질, 탄수화물, 지방 등과 같은 탄소화합물로 이루어져 있지 않거나 물이 생명 유지에 전혀 필요하지 않을 수도 있다. 파충류 형태라든가 문어와

스무 번째 이야기

같이 생겼다는 것은 그저 인간적인 상상일 뿐이고 외계인들은 물질적으로나 정신적으로 우리와는 완전히 다른 생명체일 확률이 크다.

설혹 외계인들이 지구에 온 목적이 있고 지구에서 무엇인가를 탈취하거나 인류에게 해를 끼칠 것이라면 그들은 큰 걸림돌 없이 그렇게 할 것이다. 인류는 그것을 막을 힘이 없다. 지금까지 조용한 것을 보면 외계인들이 아직은 지구에 오지 않았거나, 옛날에 지구를 떠났거나, 지구에 있지만 인류를 해칠 마음이 없는 게 분명하다. 외계인들이 지구에 와 있다고 하더라도 우리는 그들을 두려워할 필요가 없다.

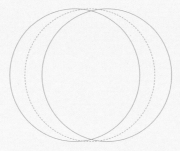

1만 년 후의 인간을
상상하다

Σ

과학의 현재와 미래를 이해하려면 먼 미래의 과학을 상상할 필요가 있다. 그러한 상상을 통해 과학은 이제 막 태동했고 앞으로 무궁무진하게 더 발전할 예정이라는 것, 과학은 인류의 행복과 영속에 도움을 준다는 것을 느껴볼 수 있다. 또한 지금 순수과학이나 수학에서 하는 연구들이 언젠가는 과학의 발전과 인류의 번영에 쓰일 것이니 지금 당장은 실용성이 부족하더라도 가치가 있다는 시각을 가질 수 있다.

지구 멸망 시나리오가 넘쳐나는 시대이다 보니 사람들은 불안해한다. 미래를 보는 긍정적인 관점은 부정적인 관점보다 인기가 없다. 데이비드 싱클레어는 『노화의 종말』에서 다음과 같은 이야기를 한다.

"나의 16살 먹은 장남 알렉스가 내가 취하고 있는 낙관론을 받아들이기 어려워한다."

싱클레어는 알렉스가 지구온난화를 걱정하고 세상의 테러와 불행에 대한 소식을 매일 스마트폰으로 접하기 때문이라고 이해하고, 한편으로는 그가 강한 윤리 의식을 갖고 있다는 점에 뿌듯해한다. 하지만 어느 날 알렉스가 아버지에게 "아빠 세대도 그 전의 모든 세대와 똑같이 인류가 지구에 저지르는 파괴 행위를 막으려는 행동을 전혀 하지 않아요. 그런데 지금 사람들이 더 오래 살도록 돕고 싶다고요? 그럼 그 사람들이 세계를 더 심하게 파괴할 수 있겠네요?"라고 말해 평생을 수명 연장 연구에 노력을 기울여 온 아버지를 심란하게 만든다.

얼마 전에는 우연히 TV에서 지구 멸망의 10대 시나리오에 대한 다큐멘터리를 보았는데, 거기에서 블랙홀에 의해 지구의 모든 공기가 빨려 들어가는 충격적인 그래픽 장면을 보았다. 그런 시나리오는 너무 황당한 이야기여서 SF영화나 소설에도 잘 나오지 않는데 다큐멘터리 프로에서 그런 프로그램을 만들다니 놀라웠다. 그런 재앙이 수백 년 이내에 일어날 가능성은 전혀 없다. 지구에서 가장 가까운 블랙홀이 1000광년 이상 떨어져 있으니 최소한 1000년 동안은 지구가 블랙홀에 빨려 들어갈 확률은 없다.

인류가 멸망하지 않는 한 과학은 지속적으로 발전한다. 유발 하라리는 『호모 데우스』에서 "오늘날 사람들은 옛날의 그리스, 인도, 아프리카의 신들보다 더 쉽게 더 먼 거리를 이동하고 의사소통한다"라고 말하며 인간은 과학의 힘으로 인간의 경지를 뛰어넘어 신과 같은 존재가 될 수 있다고 말한다. 인간은 새로운 기술로 뇌, 즉 인간의 의식과 마음을 인위적으로 조절할 수 있을 것이고 그렇게 된다면 지금까지와는 전혀 다른 인간들의 시대가 열리게 된다.

로봇이나 인공지능이 발달하면 미래에 언젠가 인간들을 능가하여 인류를 노예화하거나 멸망시키는 일이 발생할 것이라고 염려하는 사람들이 많다. 인공지능을 연구하는 과학자들은 그런 일이 일어날 가능성에 동의하지 않는다. 인공지능의 발달은 과학의 발달과 같은 속도로 일어나게 되어 있다. 인공지능은 늘 인간의 완벽한 통제 아래 인간과 화합하는 방향으로 발전할 것이다.

평균수명 1000세

○

노화 연구는 이미 상당한 결과가 있고 매우 빨리 발전하고 있다. 요즘 태어나는 아기들은 의학 발전과 환경의 개선으로 별다른 노화학적 처치 없이 120세까지 살 수 있는 것으로 추측된다. 앞으로 100년 동안 발전할 노화학의 도움으로 150세 이상 살 수도 있다.[57]

300년 뒤에는 어떻게 될까? 인간의 수명 연장 가능성은 앞으로 무궁무진하다. 1000년 후에는 인간들이 1000년 이상 살 수 있는 세상이 올지 모른다. 그로 인한 계층 간의 갈등을 예상하는 사람들도 있으나 나는 그런 걱정은 하지 않는다. 그때가 되면 인류는 그 정도의 사회적 갈등은 해결할 수 있는 소양을 갖출 것이라고 믿기 때문이다.

현실과 가상의 융합

○

가상현실(VR) 기술은 이미 많이 발전해 있고, 아주 빠른 속도로 발전할 것이다. 인류에게 없어서는 안 될 기술이 될 날이 멀지 않았다. 가까운 미래에 사람들은 현실세계에서 얻지 못하는 것을 컴퓨터가 만든 가상의 세계에서 얻을 것이다. 그 세계에서는 멋진 곳으로 좋은 친구와 함께 여행을 갔다올 수도 있고, 사람들에게 존경받고 사랑받는 사람이 될 수도 있다. 하고 싶은 것을 다 하고 이루고 싶은 것을 다 이루고 갖고 싶은 것을 다 가질 수 있다. 현실세계에서 느끼는 감정과 똑같은 감정을 느낄 수 있다. 결국 현실세계와 가상세계를 굳이 구별할 필요도 없게 될 것이다. 영화 〈매트릭스〉와 〈레디 플레이어 원〉은 이 두 세계의 미묘한 섞임을 스릴러로 잘 만들어낸 명작이다. 미래에 사람들은 포터블 가상현실 기술 또는 뇌와 직결된 가상현실 기술을 통해 두 세계를 오갈 것이다. 실시간으로 두 세계가 혼합된 삶을 살며 개개인의 행복 지수가 높아질 것이다.

핵융합 무한 에너지

○

핵융합으로 에너지를 얻을 수 있다면 그야말로 무한의 에너지원을 얻는 것이나 다름없다. 핵융합 에너지 기술은 아직까지는 플라즈마를 엄청난 고온 상태에서 안정적으로 가두어야 하는 비현실적인 기술일 뿐이지만 우리나라는 일찍부터 이 기술 연구에 많은 예산을 쏟아붓고 있다. 한국핵융합에너지연구원(Korea Institute of Fusion Energy, KFE)은 한 해에 2,000억 원 이상을 쓰고 있고 확보한 자산도 1조 원이 넘는다.

한국핵융합에너지연구원은 34개국이 참여하는 국제핵융합실험로(International Thermonuclear Experimental Reactor, ITER) 공동 개발 사업에도 참여하고 있다. 이 실험로는 프랑스의 카다라슈에 건설하고 있다. 국제학융합실험로 사업은 2035년경부터 핵융합에너지를 얻는 것이 목표인데, 가능할지 그렇지 않을지는 누구도 장담하지 못한다. 21세기

● 건설 중인 국제핵융합실험로의 모습. 2035년경부터 핵융합에너지를 얻는 것이 목표이다. 핵융합으로 에너지를 얻을 수 있다면 무한의 에너지원을 얻는 것이나 다름없다.

말까지는 성공하기를 희망할 뿐이다. 분명한 사실은 1000년씩 기다리지 않아도 비교적 가까운 미래에 인류는 무궁무진한 에너지원을 얻는다는 것이다.

슈퍼지능의 탄생

○

생명을 복잡한 신호를 주고받고 데이터를 처리하는 기계적인 물체로 보는 것이 올바른 시각인가? 기계에는 감정이나 마음이 없지만 인간에게는 마음이 있는데 그 복잡하고 미묘한 마음을 단순히 기계적인 알고리즘만으로 볼 수 있는가? 이 점에 대해서는 아직도 대다수가 그렇지 않다고 여기는 듯하다. 특히 문학가와 예술가들에게는 말도 안 되는 관점일 것이다. 현대의 과학에서는 생명을 기계적인 대상으로 보는 것이 아직은 무리일 수 있다. 하지만 과학이 앞으로 일정 수준 이상으로 발전한다면 대중도 과학자들의 시각을 받아들이지 않을까?

앞서 소개한 미첼 멜라니의 논문 내용과 같이 인공지능이 일반적인 예상과는 달리 그리 쉽게, 그리 빨리 우리에게 다가오지는 않을 것이라고 예상하는 전문가들도 있지만, 인공지능에 대한 낙관적인 예상이 대세이다. 『라이프 3.0』[58]의 저자인 MIT 교수 막스 테그마크(Max Teg-mark, 1967-)는 이 책에서 곧 인류가 맞이하게 될 초지능 기계(superintel-ligent machine)의 개념과 역할, 그리고 지능과 인식에 대해 그의 지식과 상상력을 총동원하여 자세히 분석한다.

사람들은 벌써부터 인공일반지능(Artificial General Intelligence, AGI)과 같이 기존의 인공지능보다 더 강력한 인공지능에 대한 이야기를 한다. 인공일반지능은 기존의 인공지능보다 좀 더 인간에 가까운 인공지능, 그리고 좀 더 창의적인 능력을 가진 인공지능이다. 테슬라 회장 일론 머스크와 같은 사람들의 예상보다 시간이 좀 더 걸릴지는 몰라도 언젠가 인류는 슈퍼지능을 가진 기계와 함께, 그런 기계와 지능에 의해 완전히 달라진 신체를 갖고 살아갈 날이 올 것이다.

고도로 진화한 인간

○

예전에 엄마와 딸이 차를 타고 가다가 교통사고가 나서 서로 영혼이 바뀌는 드라마를 본 적이 있다. 그런 드라마에는 주인공들이 거울을 보고는 뒤바뀐 자신의 모습에 놀라는 장면이 등장한다. 사람들은 그 장면을 보며 두 사람의 '영혼'이 바뀌었다고 생각한다. 나는 영혼 대신 뇌가 바뀌었다고 말하는 것이 좀 더 정확한 표현이라고 생각하지만, 영혼이든 뇌든 주인공들은 자신의 몸이 다른 사람과 뒤바뀌었다고 생각하고 시청자들도 그렇게 받아들인다. 이 장면에서 잠시 생각해 보자. 결국 사람들은 '나'라는 주체가 몸이 아니라 '뇌'라고 본능적으로 느끼는 것이다. 만일 먼 훗날 고도로 발달된 뇌과학에 의해 뇌를 몸으로부터 분리한다면 그때 '나'라는 자아는 뇌와 함께한다는 뜻이다. 과학기술이 충분한 수준에 이르러서 기술적으로 가능하기만 하다면, 뇌를 몸으로부터 분리한다고 해도 사람들은 큰 거부감 없이 받아들일 수 있을지도 모른다.

최근 〈경향신문〉에 뇌과학자 정재승 교수의 인터뷰 기사가 실렸다. "우리나라 자살률, 절반으로 낮추는 것이 인생의 목표이자 꿈"이라는 제목의 기사였다. 그는 의사결정을 못 하는 사람들의 의사결정 체계를 바꿔주는 연구를 하고 있다고 했다. 그 기사에는 "뇌를 쪼개 분석해 봐야 '정신'을 알아낼 수는 없다", "자살은 물질적 문제나 뇌의 문제가 아니라 영적인 문제이다"와 같은 댓글들이 올라와 있었다. 그런 글들을 보면 대중의 뇌에 대한 인식과 과학을 보는 시각을 어느 정도 느낄 수 있다. 인간의 생각(의식)과 마음의 구조가 얼마나 복잡한데 그것을 그까짓 과학의 힘으로 밝힌다니, 말도 안 된다고 생각하는 사람이 상당히 많을 것이다. 이 문제는 실제로 매우 어려운 이슈여서 전문지식이 부족한 사람이 의견을 구체적으로 정하기는 쉽지 않다. 더구나 종교적 영역과 겹치면 의식과 마음에 영적인 요소까지 더해진다. 뇌에 물질 이상의 뭔가가 합해지면 인간의 의식과 마음에 대한 문제는 더욱 어렵고 예민한 이슈가 된다.

최근 뇌과학은 크게 각광받는 연구 분야이다. 뇌의 기전(mechanism)을 완전히 이해하는 것은 아직 요원하지만 그래도 과학자들은 뇌 안에서 일어나는 기초적인 작용들을 이해하기 시작했다. 우리의 뇌는 수백억 개의 뉴런들이 그물처럼 연결된 매우 복잡한 시스템이다. 수백억 개 뉴런이 수백억 개 전기신호를 주고받으면서 생각과 경험을 생산한다. 뇌세포 간의 신호교환과 상호작용은 뇌 세포 그 자체보다 더 복잡한 어떤 것, 즉 의식과 마음을 창조한다.

우리는 다른 곳에서도 이와 비슷한 역학을 본다. 예를 들면 기후의 변화 같은 것이다. 기후는 태양에너지와 공기, 물과 같은 물질이 지구라는 거대한 공의 표면에서 엄청나게 복잡한 변화를 겪는 것을 뜻한다. 우리는 사회적으로도 수많은 자동차의 흐름, 수천만 명의 주식 거래로 일어나는 예측 불허의 변화 등을 본다. 이 모든 것은 지금은 우리의 사고력과 데이터 처리 능력으로는 해석하기 어려운 복잡성을 띠지만, 어디까지나 '유한'의 복잡성일 뿐이다. 언젠가는 과학의 힘으로 그런 것을 이해하고 제어할 날이 올 것이다.

인류가 뇌의 기전에 대해 지금보다 훨씬 더 많이 이해하면 어떤 변화가 일어날까? 인류가 다른 동물과 다른 이유는 특별히 뛰어난 뇌가 있기 때문이다. 인류가 지금까지 이룩한 위대한 문명, 특히 과학은 순전히 인간의 뇌에 의해 이루어진 것이다. 즉, 인류에게는 뇌가 핵심이다. 뇌의 기전을 이해하면 뇌의 기능을 개선하는 방법도 찾게 될 것이다. 그렇게 되면 '뇌에 의해 뇌의 능력이 증진되는' 상황이 벌어지고 결국은 뇌에 의해 과학의 발전 속도도 점점 더 빨라질 것이다.

신체의 노화뿐만 아니라 뇌의 노화도 걱정할 필요가 없다. 원래 어른의 뇌세포 자체는 분열(자기 복제)을 하지 않기 때문에 노화하지 않는다. 다만 뇌는 질량은 작지만(물론 다른 동물보다는 크다) 우리 몸이 쓰는 에너지의 약 5분의 1을 쓴다. 그렇기에 뇌가 잘 작동하려면 뇌와 연결된 복잡한 신경망의 기능을 유지하기 위해 혈액 공급, 영양 수급 등에 많은 노력을 기울여야 한다. 따라서 신체가 노화해 혈액 공급이 원활하지 않으면 뇌세포의 일부가 죽거나 뇌 전체의 기능이 현저히 떨어진다.

과학이 신체의 노화를 막는 수준에 이르면 뇌의 노화도 막을 수 있을 것이다. 노화를 극복하는 데 걸리는 시간이 길게 잡아 300년이라고 치면, 뇌를 제외한 몸 전체를 사이보그화해 노화에서 벗어나는 데까지 걸리는 시간은 길게 잡아 1000년이면 충분하지 않을까? 적다고 느껴진다면 통 크게 5000년으로 잡자.

생명이라고 하는 유기화합물은 수십억 년 전부터 지구상에서 진화해 왔고 유기의 영역에서 존재해 왔다. 하지만 인간에 의해 미래의 언젠가는 유기의 세계에서 벗어날 수도 있다. 팔다리와 같은 운동기관 외에도 눈, 귀 같은 감각기관을 '기계'와 같은 무기물로 대체할 수도 있고 더 먼 미래에는 뇌를 제외한 온몸의 기관을 모두 무기물로 대체할 수도 있다. 그렇게 된다면 수명을 걱정할 필요도 없고 인간이 살기 좋은 외계의 행성을 찾을 필요도 없으며 우주 공간을 어디나 쉽게 돌아다닐 수도 있을 것이다. 호흡이나 영양 섭취와 같은 유기적 생명체를 유지하기 위해 필수적인 행위들이 이 새로운 생명체에게는 필요 없게 될 것이다.

더 나은 삶을 살다

○

1만 년 후의 과학은 어떤 모습일지 상상해 보자. 여기서 1만 년은 먼 미래를 나타내는 상징적인 숫자이다. 현대의 과학자들이 이루고자 하는 과학적 성취가 100년 이내에 일어날 수도 있고 몇천 년이 걸릴 수도 있다. 먼 미래까지 시간이 흘러 인류가 이루어 나갈 과학적 성취에 대해 나는 다음과 같은 일들이 가능할 것이라고 상상한다.

- 수명 연장
- 인공지능, 빅데이터
- 3차원 교통 기술의 발전
- 3차원 영상 기술의 발전
- 뇌의 기전에 대한 이해와 뇌기능 개선
- 세포, 신경, 신호 교환 등 신체의 모든 비밀 이해
- 감염, 암 등 모든 질병 해결
- 모든 단백질의 구조에 대한 이해와 새로운 단백질의 인공 합성

● 과학이 발전하는 과정에서 인류의 비전도 진화할 것이다. 결국 세상은 인류의 행복지수를 높이는 방향으로, 인류가 원하는 방향으로 나아갈 것이다.

· 핵융합에 의한 무궁무진한 에너지 확보

· 현실세계와 가상세계의 융합

· 필요한 모든 물건의 제조

· 우주의 기원, 블랙홀, 은하계의 비밀 이해

· 뇌 이외의 신체를 무기적 물질로 대체

· 우주 공간에 대한 이해와 우주여행

· 양자역학, 핵물리학의 주요 문제, 통일장이론 등의 이해

- 뇌와 신체의 분리
- 뇌라는 생체 물질과 정신(마음과 의식)의 구분 소멸
- 수학, 과학 연구도 인공지능이 대신 수행
- 인류의 일(직업), 돈(경제), 갈등(불행) 모두 소멸
- 욕구 충족, 행복 추구, 생식과 같은 모든 삶의 방식 변화

실제로는 과학이 발전하는 과정에서 더 넓은 비전이 생겨나고 더 다양한 방면에서 성취와 변화가 일어날 것이 분명하다. 과학이 미래에 가져올 변화가 지금은 두려울 수도 있다. 그냥 자연인으로 살고 싶다고 외치는 사람들도 있을 것이다. 하지만 사람들은 점점 더 과학과 친숙해질 것이라 믿는다. 먼 훗날 과학이 인류에게 선사할 새로운 패러다임의 삶의 형태는 인류의 행복지수를 높이는 방향으로, 그리고 인류 모두가 원하는 방향으로 변화해 갈 것이다.

과학은 합리를 추구하고 사람들을 선하게 만든다. 나는 수백 년 이내에 국가 간의 전쟁이 사라지는 것은 물론이고, 전쟁이나 테러에 쓰일 살상 무기도 사라질 것이라고 믿는다. 파스칼은 다음과 같은 유명한 말을 남겼다.

"현대는 결코 우리의 목적이 아니다. 과거와 현재는 수단이며 미래만이 우리의 목적이다."

주

1 당시에는 컴퓨터 프로그래밍을 전산이라고 불렀다. 컴퓨터공학이란 말은 아직 등장하지 않았다.

2 종교와 과학에 관한 이야기는 '열세 번째 이야기'에서 자세히 다룰 것이다.

3 Bloomberg, Google Ventures and Search for Immortality, https://www.bloomberg.com/news/articles/2015-03-09/google-ventures-bill-maris-investing-in-idea-of-living-to-500

4 https://www.chosun.com/international/topic/2021/08/08/WGTUHT-BY2VCPJNYDOSFYPR5MJQ

5 그랜드 슬램이란 메이저대회인 호주오픈, 프랑스오픈(롤랑가로스), 윔블던, US오픈을 모두 우승하는 것을 말한다. 한 해에 4개 대회를 모두 우승하는 것을 강조하기 위해 '캘린더' 그랜드 슬램이라고 부르기도 한다.

6 스티븐 단도 콜린스 저, 조윤정 역, 『로마군의 전설을 만든 카이사르 군단』, 다른세상, 2010.

7 인간의 한계 기록을 알아보기 위해 열린 이벤트성 경기인 데다 여러 명의 페이스메이커들과 같이 뛰었기 때문에 이 기록은 비공인 기록이다.

8 밈 이론이라는 말 대신 밈 학설이란 말을 쓴 것은, 영어 단어로는 구별하기 어

렵지만 우리말로 '학설'이라는 말은 '아직은 논란의 여지가 있는 정립되지 않은 이론'이라는 어감을 갖고 있기 때문이다. 나는 '모방자'라든가 '문화 유전자'와 같은 번역어보다는 밈이라는 단어를 선호한다. 표음문자인 한글은 중국의 한자와 달리 원어의 발음을 그대로 나타내는 데에 불편이 없는데 굳이 모든 단어를 (원래 우리말도 아닌) 한자어로 번역할 필요는 없다고 생각한다.

9 독일어로 과학은 'Wissenschaft'로, 원래는 지식이라는 뜻이다.

10 양세욱 저, 『근대어 성립에서 번역의 역할 – 중국의 사례』, 새국어생활 제22권 제1호(2012), 국립국어원.

11 천체와 천체 사이의 거리를 나타내는 단위. 1광년은 빛이 초속 30만 km의 속도로 1년 동안 나아가는 거리로 9조 4,670억 7,782만 km이다. 기호는 ly 또는 lyr.

12 스웨덴 10%, 덴마크와 핀란드와 노르웨이 9%, 미국 6%, 영국과 독일 4%, 호주와 프랑스의 3%만이 미래를 낙관적으로 보았다.

13 'Institution'는 대개 연구소, 학교 등의 기관을 지칭할 때 쓰는데, 스미소니언의 경우에는 'Institution'의 적당한 우리말을 찾기 어려워 그냥 '스미소니언 재단'이라고 부르겠다.

14 이때 COP는 'Conference of the Parties'의 약자이다.

15 경제에 있어서의 에너지 비효율성을 의미하는 말로 국내총생산(GDP) 대비 에너지 생산량을 의미한다. 에너지 집약도가 상대적으로 더 높다는 말은 같은 돈을 버는 데에 더 많은 에너지를 소비한다는 뜻이다.

16 생산된 에너지 양당 이산화탄소 배출량 또는 국내총생산(GDP) 대비 온실가스 배출량을 의미한다. 탄소 집약도가 상대적으로 더 높다는 말은 에너지 집약도와 화석연료 의존도가 높다는 뜻이다.

17 https://www.nytimes.com/2013/09/14/opinion/overpopulation-is-not-the-problem.html

18 곱셈의 공식은 없었고 분수는 $\frac{2}{3}$를 제외하고는 분자가 1인 것만 사용했다. 하지만 이 파피루스에 $\frac{1}{24}+\frac{1}{58}+\frac{1}{174}+\frac{1}{232}$를 계산하는 문제가 있다. 계산법이 거의 개발되지 않은 상황인데도 $\frac{2}{29}$라는 답이 적혀 있는 것을 보면 당시에도 머리 좋은 사람들은 얼마든지 많았으리라 짐작할 수 있다.

19 러시아와 중국은 좀 예외라 할 수 있다. 이 두 나라는 수학이나 물리학과 같은 기초과학을 중시하고 그 결과 항공우주기술이나 국방산업, IT기술 등의 수준이 매우 높지만 국내 대학들의 수학 수준은 그리 높지 않다. 그 이유는 그 나라 출신의 최고 수학자와 이론과학자들이 대부분 대우가 더 좋은 미국이나 서유럽에서 활동하고 있기 때문이다.

20 예컨대 2차방정식의 일반해 공식은 중학교 과정에서 배운다. 3차, 4차 방정식의 일반해 공식도 있지만 몇 가지 경우로 나누어야 하고 공식 자체도 복잡하므로 학교수학에서 배우지는 않는다.

21 예를 들어, 모든 정수의 집합 Z는 덧셈이라는 연산을 가지므로 군이 된다. 또한 이 집합은 곱셈도 함께 갖는데 그래서 환(ring)이기도 하다. 실수의 집합 R이나 유리수의 집합 Q도 덧셈과 곱셈 두 개의 연산을 가지므로 환이기는 한데, 이 두 연산이 아주 좋은 성질들을 모두 갖고 있으므로 체(field)라고 부른다.

22 이 아름다운 수에는 불행히도 이름이 없다. 오일러가 붙인 이탤릭체로 쓴 기호 e가 표준적인 기호일 뿐이다. 소수로 나타내면 2.71828… 정도이고 고등학교 과정에서는 극한 $\lim_{x\to\infty}(1+\frac{1}{x})^x$의 극한값으로 정의되지만, 다른 정의로는 $\sum_{n=1}^{\infty}\frac{1}{n!}=1+1+\frac{1}{2}+\frac{1}{6}+\frac{1}{24}\cdots$로 나타낼 수 있다. 적분으로는 $\int_1^e\frac{1}{x}dx=1$이 되는 수

이다. 즉, $y=\frac{1}{x}$의 그래프와 x-축, 그리고 수직선 $x=1$, $x=$e로 둘러싸인 영역의 넓이가 1이 된다.

23 2차방정식의 일반해 공식은 중학교 때 배운다. 이 공식은 알려진 지 1000년이 넘는다.

24 페르마의 마지막 정리가 성립함을 의미하는 다니야마-시무라 추측도 갈루아 대응과 유사하게 서로 다른 두 개념 사이의 대응관계를 의미한다.

25 MacTutor, History of mathematics, https://mathshistory.st-andrews.ac.uk

26 헝가리 발음으로는 볼리아이가 아니라 '보여이'라고 한다. 헝가리 사람들은 성을 먼저 쓰기 때문에 헝가리식 발음은 '보여이 야노시'이다. 그는 가우스의 절친한 친구인 수학자 보여이 파르카시(Boluai Farkas, 1775-1856)의 아들로 이 부자는 둘 다 수학과 언어에 있어 천재적인 재능을 가졌다. 이들은 원래 트란실바니아 출신이며, 그들의 고향은 지금은 루마니아에 속해 있다.

27 원래 기하급수(geometric series)란 무한등비급수를 의미한다. 그래서 수학적으로는 '기하급수적으로'란 말보다는 '지수적으로(exponentially)'라는 말이 더 합리적인 말이지만 관용적으로 쓰이고 있으니 웬만하면 그대로 수용하는 것이 좋을 것 같다. 10여 년 전에 국립국어원에서 수학에서 쓰고 있던 최대값, 최소값이란 말을 최댓값, 최솟값으로 바꾼다고 일방적으로 발표했다. 또 최근에는 코로나19 사태로 방송에서 557명을 말할 때 "오백 쉰 일곱 명"이라는 식으로 십의 자릿수(이것도 국립국어원이 자리수를 자릿수로 바꿨다)부터 순우리말로 말하는 것을 자주 듣게 되는데 이런 예들은 모두 언어의 관용성에 대한 이해 부족으로부터 나온 무리수라고 생각한다. 숫자(수자가 아니다. 개수는 개수가 맞다. 이것도 일관성이 없다)를 읽을 때 한자어와 우리말을 섞어서 읽는 방송

용어는 우리에게 익숙하지 않거니와 말하기도 불편하다. 이런 말은 한국말을 배우는 외국인들에게는 재앙에 가깝다.

28   https://www.britannica.com/topic/philosophy-of-science

29   David E. Rowe, Hilbert's early career: encounters with allies and rivals. Nath. Intellligencer 27(1), 2005, 72-82.

30   David E. Rowe, Klein, Hilbert, and Götingen Mathematical Tradition, Vol. 5, Science in Germany: The Intersection of Institutional and Intellectual Issues (1989), pp. 186-213. 이 논문은 3년 후 다소 확장되어 그의 박사학위 논문이 된다.

31   Solomon Golomb, Mathematics after forty years of space age, The Mathematical Intelligencer 21(1999), 38-44.

32   제2차 세계대전의 종전을 전후하여 그는 미국 정부가 주도하는 과학기술 관련 여러 가지 주요 연구와 정책 결정에 깊이 참여하게 된다.

33   〈한국경제〉 2019년 8월 18일, "4차 산업혁명 '한일전' 수학에 달렸다"

34   인공지능의 핵심 분야로 경험을 통해 자동으로 개선하고 능력을 발전시키는 컴퓨터 알고리즘의 연구 분야이다. 몇 년 전에 이세돌 9단과의 바둑 시합에서 이겨 세상을 놀라게 했던 알파고에 사용된 기술은 딥러닝(deep learning)이라고 부르는 좀 더 진화된 머신러닝으로, 일종의 인공신경망과 같은 정보입출력 계층을 활용해 데이터를 학습하는 인공지능이다.

35   $(3, 4, 5)$, $(5, 12, 13)$과 같이 $n=2$일 때 m이 해를 '피타고라스 수'라고 한다.

36   arXiv:2014.1287v2, 28 April, 2021. https://arxiv.org/pdf/2104.12871.pdf

37   북쪽의 홋카이도(북해도)는 메이지 시대 이후에 일본의 역사에 진입했다고

할 수 있으니 여기서는 제외한다.

38   여러 가지 형태의 은덩어리를 은자(銀子)라 불리는 화폐로 사용했다. 지금도
     중국어에는 은행(銀行)이라는 말과 (음식점과 같은 곳의) 계산대를 가리키는 수
     은대(收銀台)라는 말이 남아 있다.

39   볼리비아에서 1546년에 4,000m가 넘는 고지에서 포토시 광산이 발견되었
     고, 이 도시는 순식간에 신대륙 최대의 도시로 성장한다. 한때는 이곳의 은 생
     산량이 전 세계 생산량의 약 60% 정도를 차지했다. 수십만 명의 인디오 노예
     들이 이곳에서 착취와 수은 중독으로 죽어갔다.

40   China and Eutorpe, 1500-2000, Silver Trade, Columbia University Asia
     for education, http://afe.easia.columbia.edu/chinawh/web/s5_4.html

41   이곳의 아리타야키(有田燒) 외에도 하기야키, 사쓰마야키, 가라쓰야키, 다카
     도리야키, 아가노야키 등 조선 도공들에 의해 시작된 도자기 생산지들이 있
     다. 일본어로 도자기를 야키모노(燒物)이라고 하는데 '구운 물건'이라는 뜻이
     다. 도자기를 굽는 가마는 일본어로도 그냥 '가마'이다.

42   그의 책 『알마게스트(Almagest)』는 유클리드의 『원론』, 뉴턴의 『프린키피아』
     와 더불어 역사상 가장 위대한 수학서적으로 꼽는다. 『알마게스트』는 그의
     책 『수학집성』의 아랍어 버전이다. '알마게스트'는 영어식 이름이고 아랍어로
     는 '알마지스티'라 한다.

43   생몰연도는 확실하지 않으나 84세까지 산 것은 분명하다. 그의 묘비에 그의
     사망 시 나이가 답이 되는 간단한 수학 문제가 적혀 있다. 그 정수론에서 등장
     하는 디오판토스 방정식은 $x^n+y^n=z^n$이나 Pell 방정식($x^2-ny^2=\pm 1$ 꼴)과 같이
     정수해를 갖는 방정식을 의미한다. 유명한 페르마의 마지막 정리는 1637년
     에 페르마가 라틴어로 출간된 디오판토스의 『산학』의 여백에 적은 것이다.

44   문제 중에 방정식 $x^3+2x^2+10x=20$의 해를 구하는 것도 있었는데 그
    는 해가 $\sqrt{a+\sqrt{b}}$ (a, b는 유리수) 꼴이 아님을 기하적으로 보여주고, 근사값
    1.3688081075를 제시했다. 여기서 중요한 것은 당시에는 아직 수학기호가
    발전하지 않아 방정식의 미지수를 x와 같은 문자로 나타내거나 등호, 덧셈
    기호, 제곱 표기 등을 사용하는 법을 몰랐다는 것이다. 더구나 소수는 지금과
    같은 10진법 소수가 아니라 아라비아식인 60진법 소수를 사용했다.

45   수학에서는 실수의 집합을 기호 R로 나타낸다. 정수의 집합은 Z, 유리수의
    집합은 Q로 나타낸다.

46   Pew Research center, Public Praises Science, Scientists Fault Public,
    Media, July 0, 2009.

47   Miller, Scott, Okamoto, Public Acceptance of Evolution, Science 313,
    AAAS.

48   그는 6.25 전쟁 당시 연합군 사령관이었으며 인천상륙작전을 직접 지휘했기
    에 한국인들에게는 너무나 유명한 장군이다. 나는 어릴 때 어른들로부터 그
    의 이름을 많이 들었다. 익숙한 이름이기에 성인이 된 후에 그의 이름이 영어
    식 발음으로는 연음으로 발음하는 '매가더'가 아니고 '매칼썰'에 가깝다는 게
    몹시 낯설었다. MacArthur는 스코틀랜드 성으로 Mac은 '아들'이라는 뜻이
    다. 그의 할아버지 아서 맥아더 시니어(Arthur MacArthur Sr.)가 스코틀랜드에
    서 미국으로 이민을 갔는데, 그는 위스콘신주의 네 번째 주지사였다고 한다.

49   하노버의 새 국왕 에른스트 아우구스트 1세(Ernst August I, 재위 1837-1851)가
    헌법을 개정하려고 하자 7명의 괴팅겐 대학 교수들이 반대했고 그 결과 이들
    은 해고되거나 하노버에서 추방되었다. 이 사건은 후에 독일에 민주적 공화
    국이 세워지는 데에 기여했다는 평가를 받는다.

50 A review of the history of Japanese mathematics, Tsukane Ogawa, Revue d'histoire des mathematiques 7(2001), 137-155.

51 박정희 대통령의 일본 이름 다카키(高木)와 한자는 같으나 발음이 다르다. 일본 이름에는 이와 같은 경우가 종종 있다.

52 https://www.migrationpolicy.com/article/international-students-united-states-2020

IIE(Institute of International Studies): International Student Data from the 2020 Open Doors Report, 2021년 1월 21일.

53 Lance Kokonos and Ian Ona Johnson, The forgotten rocketeers, German scientists in the Soviet Union 1945-1959(2019년 10월 28일), War on the Rocks.

54 곡률(curvature)은 부드러운 곡선이나 곡면의 각 점에서 휘어진 정도를 나타낸다. 곡선의 경우, 한 점의 아주 작은 근방은 어떤 원(circle)의 일부분으로 간주할 수 있는데 이때 그 원의 반지름의 '역수'를 그 점에서의 곡률이라고 한다. 2차원 물체인 곡면의 경우에는 2차원 구면(sphere)의 반지름의 역수이다. 3차원 이상의 물체에 대해서도 이와 같은 방식으로 곡률을 정의할 수 있다. 예를 들어, 반지름이 r인 원이나 구면은 모든 점에서 항상 일정한 곡률 $\frac{1}{r}$을 갖는다.

55 오랫동안 이것이 정설로 받아들여졌지만, 그것은 진실이 아니라는 결론을 내린 논문도 있다.

L. Corry, J. Stachel, Belated decision in the Hilbert-Einstein priority dispute, Science 278 (1997), 1270-1273.

56 이 말은 원래는 수학의 어려움에 대해 질문한 9세 소녀 바버라의 질문에 대

한 답이었다고 한다. 하지만 그러한 정황은 잊히고 아인슈타인이 한 대답만 명언으로 사람들에게 기억되고 있다.

57 데이비드 싱클레어 저, 이한음 역, 『노화의 종말』, 부키, 2020.

58 현 인류의 삶을 '라이프 2.0' 버전이라 한 것이다.

사진 출처

20쪽, 23쪽, 25쪽, 27쪽, 39쪽, 41쪽, 45쪽, 51쪽, 59쪽 셔터스톡

61쪽, 66쪽 위키피디아

73쪽, 77쪽, 81쪽, 83쪽, 91쪽 셔터스톡

99쪽, 101쪽 위키피디아

107쪽 셔터스톡

112쪽 위키피디아

115쪽, 122쪽, 128쪽 셔터스톡

139쪽, 150쪽, 152쪽 위키피디아

156쪽 셔터스톡

177쪽, 181쪽 위키피디아

189쪽 셔터스톡

191쪽, 196쪽, 198쪽 위키피디아

211쪽 셔터스톡

212쪽(왼쪽), 212쪽(오른쪽), 213쪽, 215쪽 위키피디아

223쪽 셔터스톡

227쪽 위키피디아

문명을 이끈 수학과 과학에 관한 21가지 이야기

수학은 우주로 흐른다

초판 1쇄 발행 2021년 12월 14일
초판 5쇄 발행 2023년 4월 3일

지은이 송용진
펴낸이 김선식

경영총괄 김은영
콘텐츠사업9팀장 봉선미 **콘텐츠사업9팀** 강지유
편집관리팀 조세현, 백설희 **저작권팀** 한승빈, 이슬
마케팅본부장 권장규 **마케팅4팀** 박태준, 문서희
미디어홍보본부장 정명찬 **브랜드관리팀** 안지혜, 오수미
크리에이티브팀 임유나, 박지수, 변승주, 김화정
뉴미디어팀 김민정, 이지은, 홍수경, 서가을
지식교양팀 이수인, 염아라, 김혜원, 석찬미, 백지은
디자인파트 김은지, 이소영 **유튜브파트** 송현석, 박장미
재무관리팀 하미선, 윤이경, 김재경, 안혜선, 이보람
인사총무팀 강미숙, 김혜진, 지석배, 박예찬, 황종원
제작관리팀 이소현, 최완규, 이지우, 김소영, 김진경, 양지환
물류관리팀 김형기, 김선진, 한유현, 전태환, 전태연, 양문현, 최창우
외부스태프 표지 및 본문 디자인 말리북 **일러스트** 말리북

펴낸곳 다산북스 **출판등록** 2005년 12월 23일 제313-2005-00277호
주소 경기도 파주시 회동길 490 3층
전화 02-702-1724 **팩스** 02-703-2219 **이메일** dasanbooks@dasanbooks.com
홈페이지 www.dasanbooks.com **블로그** blog.naver.com/dasan_books
종이 (주)아이피피 **출력 및 제본** 한영문화사 **후가공** 평창피앤지

ISBN 979-11-306-7906-8 (03400)

다산북스(DASANBOOKS)는 독자 여러분의 책에 관한 아이디어와 원고 투고를 기쁜 마음으로 기다리고 있습니다.
책 출간을 원하는 아이디어가 있으신 분은 다산북스 홈페이지 '투고원고'란으로 간단한 개요와 취지, 연락처 등을 보내주세요.
머뭇거리지 말고 문을 두드리세요.